智能建造应用与实训系列

建筑物联网工程综合实训

主　编　纪颖波

副主编　朱颖杰　姜腾腾　孙玉龙

参　编　崔智鹏　李慎超　马云飞　黄国瑞　叶建东
白玉星　姚福义　刘　康　高喜峰　吴　贝
许立言　李　贝　肖彧洁　刘雨萌

机械工业出版社
CHINA MACHINE PRESS

本书基于校企深度合作编写，系统介绍了物联网的基本理论、关键技术和在智能建造中的应用场景，提供了翔实的项目案例和分阶段的实训指导。本书共分为3篇9章，理论篇系统介绍了物联网工程所涉及的基本概念、发展现状、关键技术，并着重介绍了物联网在智能建造工程场景中的应用要求。案例篇以数智化预制构件工厂管理系统、智慧工地数字化综合监管系统和基于数字孪生综合智慧建筑管理平台三个案例，介绍物联网技术在智能建造生产、施工、运维三个阶段的应用。实训篇配套开发了建筑物联网工程综合实训软硬件系统，基于智能建造工程三维场景和VR场景，由易到难分阶段开展虚拟实训和虚实联动实训，并通过沉浸式测评评估学习成果。

本书适合作为高等院校智能建造及土木类专业物联网相关课程的教材或参考用书，也可供从事智能建造和物联网相关工作的工程技术人员阅读和参考。

图书在版编目（CIP）数据

建筑物联网工程综合实训/纪颖波主编. —北京：机械工业出版社，2024.1
（智能建造应用与实训系列）
ISBN 978-7-111-74241-8

Ⅰ.①建…　Ⅱ.①纪…　Ⅲ.①智能技术–应用–建筑工程–研究　Ⅳ.①TU-39

中国国家版本馆CIP数据核字（2023）第218041号

机械工业出版社（北京市百万庄大街22号　邮政编码100037）
策划编辑：薛俊高　　　责任编辑：薛俊高　刘　晨
责任校对：张慧敏　李小宝　　封面设计：张　静
责任印制：张　博
北京联兴盛业印刷股份有限公司印刷
2024年1月第1版第1次印刷
184mm×260mm・13印张・299千字
标准书号：ISBN 978-7-111-74241-8
定价：45.00元

电话服务　　　　　　　　　　网络服务
客服电话：010-88361066　　机　工　官　网：www.cmpbook.com
　　　　　010-88379833　　机　工　官　博：weibo.com/cmp1952
　　　　　010-68326294　　金　　书　　网：www.golden-book.com
　　机工教育服务网：www.cmpedu.com

前　言

物联网是继计算机、互联网之后新一代的信息通信技术。随着智能建造引领建筑业转型升级，建筑业开始进入大数据、信息化、智能化时代，物联网技术在其中起着重要作用。很多高校相继在智能建造和相关专业中开设物联网课程。本书基于智能建造工程背景，系统全面地介绍物联网技术的相关专业知识和案例应用，并配套开发了建筑物联网工程综合实训软硬件系统，力求让读者全面了解智能建造领域物联网技术的相关理论和应用，并在此基础上使用配套软硬件系统进行沉浸式和互动式的实训学习，帮助读者提高分析、解决物联网工程技术实际问题的能力。

本书共分3篇9章，前3章为理论篇，第1、2章系统介绍物联网基础知识和关键技术，第3章介绍了物联网在智能建造工程场景中的应用要求。第4~6章为案例篇，按智能建造生产、施工、运维三个阶段分别介绍了物联网技术综合应用的典型案例。第7~9章为实训篇，第7章介绍建筑物联网工程综合实训软硬件系统的主要内容和功能，第8、9章以智能建造生产阶段物联网工程中两个典型系统为例，分别详细介绍了软硬件系统的虚拟实训和虚实联动实训内容。

本书由北方工业大学纪颖波教授任主编，北方工业大学朱颖杰副教授、云顿（北京）科技有限公司CEO姜腾腾、中铁建设集团有限公司孙玉龙所长任副主编，参加编写的人员包括云顿（北京）科技有限公司专家崔智鹏、李慎超，三一筑工总工程师马云飞，中建一局集团建设发展有限公司专家李贝，北京建谊投资发展（集团）有限公司技术顾问肖彧洁等。本书在编写过程中，还参考了许多其他相关领域的标准、书籍和论著，在此不便逐一注明，特向相关作者表示诚挚的谢意。

由于编者的水平有限，书中难免存在许多错误和不足之处，敬请广大读者予以批评指正。

编　者

2023年6月于北京

目　录

前言

第1篇　理论篇

第3篇　实训篇

第 1 篇

理 论 篇

第1章　物联网技术导论

1.1　物联网定义

物联网（Internet of Things，缩写 IoT）是继计算机、互联网之后新一代的信息通信技术。关于由谁最早提出物联网的初步概念各类资料众说纷纭，但目前比较受到认可的说法是在 1999 年来自于麻省理工学院 Auto-ID 实验室的 Kevin Ashton 教授最早阐释了“物联网”的基本内涵。受限于当时的技术水平，Ashton 提出的“物联网”概念是基于无线射频技术（RFID）与无线通信技术。随着 20 余年来感知标识技术、信息传输处理技术等关键技术的快速发展，“物联网”的内涵与概念与过去相比也早已发展得大不相同且五花八门，各国各机构组织根据其本身对物联网技术的认识与需求提出了各种不同的定义（表 1-1）。而我国对于物联网的定义可以参考 2010 年温家宝总理在第十一届全国人民代表大会第三次会议上所做的政府工作报告注释：“物联网是指通过信息传感设备，按照约定的协议，把任何物品与互联网连接起来，进行信息交换和通信，以实现智能化识别、定位、跟踪、监控和管理的一种网络。它是在互联网基础上的延伸和扩展的网络。”如果说互联网的出现方便了“人与人”之间的信息交流与沟通问题，那么物联网就是在互联网的基础上进一步地方便了“人与物”“物与物”之间的信息交流与沟通问题。

表 1-1　美国、欧盟和国际电信联盟对物联网的定义

美国	为了将所有的物品与网络连接在一起从而方便识别和管理，将各种传感设备（如射频识别设备、红外传感设备、全球定位系统等）与互联网结合起来形成一个巨大的网络
欧盟	将目前互联的计算机网络拓展到互联的物品网络
国际电信联盟	物联网主要解决物与物、人与人、人与物之间的互联 任何时间、任何地点，人们都能与任何东西相连

1.2　物联网技术架构

物联网作为一个系统的网络，其内部具有一定的架构区分。根据区分原则和物联网应用面向对象、使用技术等方面的不同而有不同的架构区分方式。而就物联网使用技术方面而言，物联网使用的关键技术一般包括感知识别技术、信息传输技术与信息处理技术，在此基础上对物联网进行分层即可大致分为感知层、网络层和应用层，如图 1-1 所示。

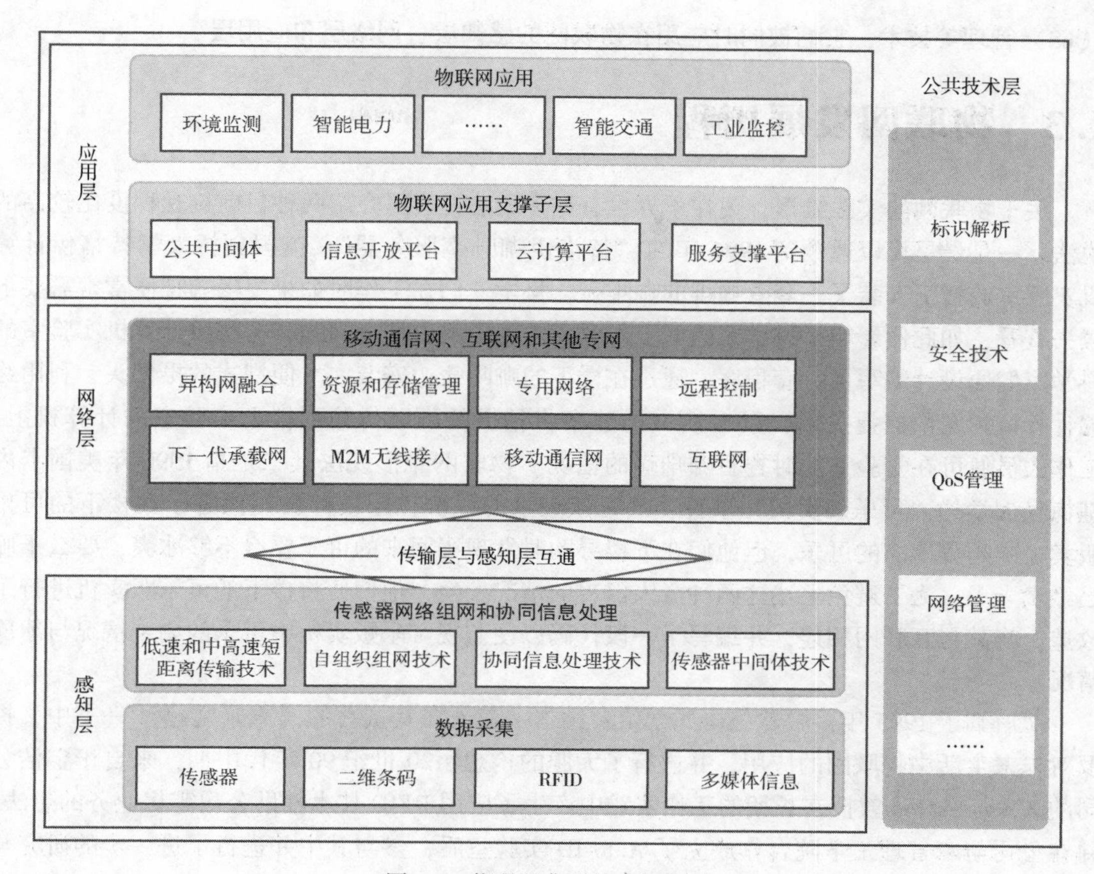

图 1-1　物联网典型技术架构图

感知层是整个物联网的底层与基础，是沟通物联网系统与现实物理世界的桥梁。感知层主要负责两项工作，即对现实世界的物体识别和对现实世界物体的数据进行采集。整个物联网系统中的数据可以说基本都是来自于物联网的感知层。感知层所包含的设备大致可以分成两类，即自动感知设备和人工信息生成设备，自动感知设备包括各种传感器（二氧化碳传感器、温度传感器、湿度传感器、光照条件传感器等）、监控摄像头、RFID 标签及读写器、智能家用电器等，而人工信息生成设备则主要包括智能手机、PDA、个人计算机等。

网络层在物联网系统中起到了传输、连接的作用，网络层将物联网系统中的感知层与应用层连接到了一起，负责将感知层获取到的数据信息传递到应用层。其内部主要包括各种私有网络、互联网、有线和无线通信网和网络管理系统等。网络层分为物接入互联网和互联网传输两部分。其中物接入互联网方法主要有以下几种：以太网/光纤、串口通信、ZigBee、Wi-Fi、Bluetooth（蓝牙）、LORA、NB-LoT、4G/5G。互联网传输主流协议包括 TCP、HTTP、MQTT、CoAP 等。

应用层主要由各种应用服务器组成（包括数据库服务器），主要负责对通过感知层采集后经由网络层传输过来的各种数据进行管理和处理，最终辅助使用对象对应用业务内容进行分析与决策。同时，应用层也负责对感知层各种识别感知设备的远端数据更新与云台操作。

此外，还有一个公共技术层。公共技术层包括标识与解析、安全、网络管理和服务质量

（QoS）管理等技术，它们被同时应用在物联网的感知层、网络层和应用层。

1.3 物联网发展历程

关于物联网的实践雏形，现在学界也有许多说法，这里介绍两种目前接受程度比较高的说法。一是最早可以追溯到1991年的“特洛伊咖啡壶服务器”：英国剑桥大学特洛伊计算机实验室的楼下安装了一套煮咖啡的咖啡壶，科学家们在工作时如果要喝咖啡便常常需要下楼去查看，如此便影响了科学家们的工作效率。为了解决这一问题，特洛伊计算机实验室的科学家们便设计编写了一套程序：通过在楼下的咖啡壶边安装一个便携式的摄像头，利用终端计算机的图像捕捉技术，以3帧/s的速率将拍摄的画面传输到楼上实验室的计算机上，工作人员便可在实验室随时查看咖啡壶的情况。物联网雏形说法其二是指1990年美国卡内基梅隆大学的“可乐贩卖机”事件：当时该大学的一群程序设计员们执着于在楼下的可乐贩卖机中购得冰凉的可乐，但他们在下楼寻购时发现买回来的可乐要么不够冰爽，要么干脆已经卖光了。为了避免上述这两种令人沮丧的情况发生，他们便将楼下的可乐贩卖机进行了改造，将其与互联网相连，并编写了一段代码以便监视可乐贩卖机中可乐的剩余情况与冰冻情况。

而后到了1995年，微软公司的创始者比尔·盖茨在其撰写的《未来之路》一书中，提及对未来生活中物联网的应用，并进行了大胆的构想。20世纪90年代中期，来自于宝洁公司的Kevin Ashton教授在长期的工作实践中产生了应用RFID技术辅助公司零售业务的想法，并在公司与麻省理工学院合作成立了Auto-ID实验室后，参与其中并进行了进一步的研究与探讨，最终于1999年正式对“物联网”“万物互联”的基本内涵进行了阐述。2004年，日本总务省提出U-Japan计划，力求实现“人与人、物与物、人与物之间的连接”“将日本建设成一个随时、随地、任何物体、任何人均可连接的泛在网络社会”。2005年，在信息社会世界峰会上，国际电信联盟发布了《ITU互联网报告2005：物联网》，进一步阐述并引用了“物联网”的概念。2009年，韩国通信委员会出台了《物联网基础设施构建基本规划》，提出到2012年实现“通过构建世界最先进的物联网基础设施，打造未来广播通信融合领域超一流信息通信技术强国”的目标。欧盟委员会发表了欧洲物联网行动计划，描述了物联网技术的应用前景，提出欧盟政府要加强对物联网的管理，促进物联网的发展。2013年，德国发布了第一版《德国工业4.0标准化路线图》，力求推动以物联网和“信息物理融合系统”为代表的新一代信息技术，推动传统制造业的智能化转型，进入以智能化制造为主导的“工业4.0”阶段。

我国的物联网行业发展最早受到广泛重视始于2009年，时任国务院总理的温家宝到无锡视察时高度肯定了物联网技术的研究发展，并提出在无锡高新区建设“感知中国中心”，由此拉开了中国物联网发展的序幕。2010年，国务院发表题名为《国务院关于加快培育和发展战略性新兴产业的决定》，同年我国又有《中共中央关于制定国民经济和社会发展第十二个五年规划的建议》文件，两份文件标志着我国政府已经将物联网作为当前世界新一轮经济和科技发展的战略制高点，并认为发展物联网对于促进经济发展和社会进步具有重要的现实意义。文件中要求物联网相关行业要做到抓住机遇，明确方向，突出重点，加快培育和壮大物联网。2014 年，国家发改委发布《物联网发展专项行动计划（2013—2015 年）》，明确了物联网行业标准制定、技术研发、商业模式、政府扶持、人才培养等一系列专项计划，指出物联网行业在我国的发展方向。之后几年内，我国物联网市场规模不断扩大，到 2015 年我国物联网产业的市场规模已经达到了 7500 亿人民币，是 2009 年我国物联网市场规模的 7.14 倍。在“十二五”时期结束时，物联网在我国的应用推广已进入了实质阶段。“十三五”期间，在国家提出的发展规划纲要中，继续提倡与鼓励物联网行业的发展，并提出要“发展物联网开环应用”，规划中提及要致力于加强物联网通用协议和标准的研究，推动物联网不同行业不同领域应用间的互联互通、资源共享和应用协同，要求物联网行业要通过开环应用示范工程推动集成创新，总结形成一批综合集成应用解决方案，进而促进传统产业转型升级，提高信息消费和民生服务能力，提升城市和社会管理水平。据估算，“十三五”末期，我国物联网总体产业规模达到 2 万亿元人民币左右（图 1-2），超出“十三五”初期设定的 1.5 万亿元人民币的目标值。“十四五”期间，发展纲要里指出我国的物联网发展重点进一步深化为推动物联网全面发展，并将物联网纳入七大数字经济重点产业，对物联网接入能力、重点领域应用等作出了部署。

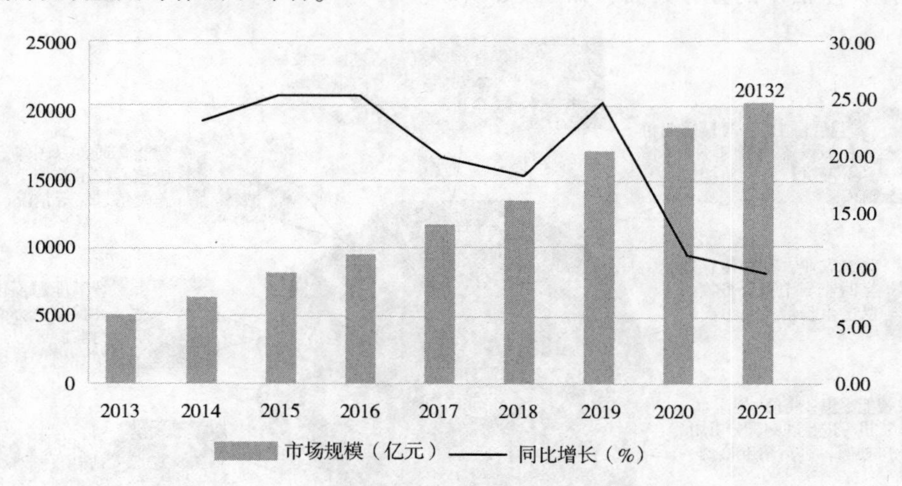

图 1-2　2013—2021 年我国物联网市场规模统计

目前我国物联网四大聚集区包括环渤海地区、长三角地区、珠三角地区和中西部地区。

1. 环渤海地区

环渤海地区以北京、天津为核心，是我国物联网产业重要的研发、设计、设备制造及系统集成基地。环渤海地区关键支撑技术研发实力强劲，感知节点产业化应用与普及程度较高，网络传输方式多样化，综合化平台建设迅速，物联网应用广泛。

2. 长三角地区

长三角地区以上海、无锡为核心，是我国物联网技术和应用的起源地，在发展物联网产业领域拥有得天独厚的先发优势。长三角地区电子信息产业基础深厚，物联网发展定位产业链高端环节，从物联网硬件核心产品和技术核心两个环节入手，形成产业核心和行业龙头集聚地。

3. 珠三角地区

珠三角地区以深圳、广州为核心，是国内电子整机的重要生产基地。珠三角地区围绕物联网设备制造、软件及系统集成、网络运营服务，以及应用示范领域，重点进行核心关键技术突破与创新能力建设，着眼于物联网基础设施建设、城市管理信息化水平提升及农村信息技术应用等方面。

4. 中西部地区

中西部地区以重庆、成都为核心，产业发展迅速。中西部地区各重点省市结合自身优势，布局物联网产业，湖北、四川、陕西、重庆、云南等地依托其在科教、人力、产业资源，构建完整的物联网产业链和产业体系，重点培育物联网龙头企业，大力推广示范工程。

1.4 物联网的应用场景

随着我国物联网行业以及传感器技术、网络通信技术的快速发展，物联网目前已经逐渐被应用于生产生活中的方方面面，如图 1-3 所示。

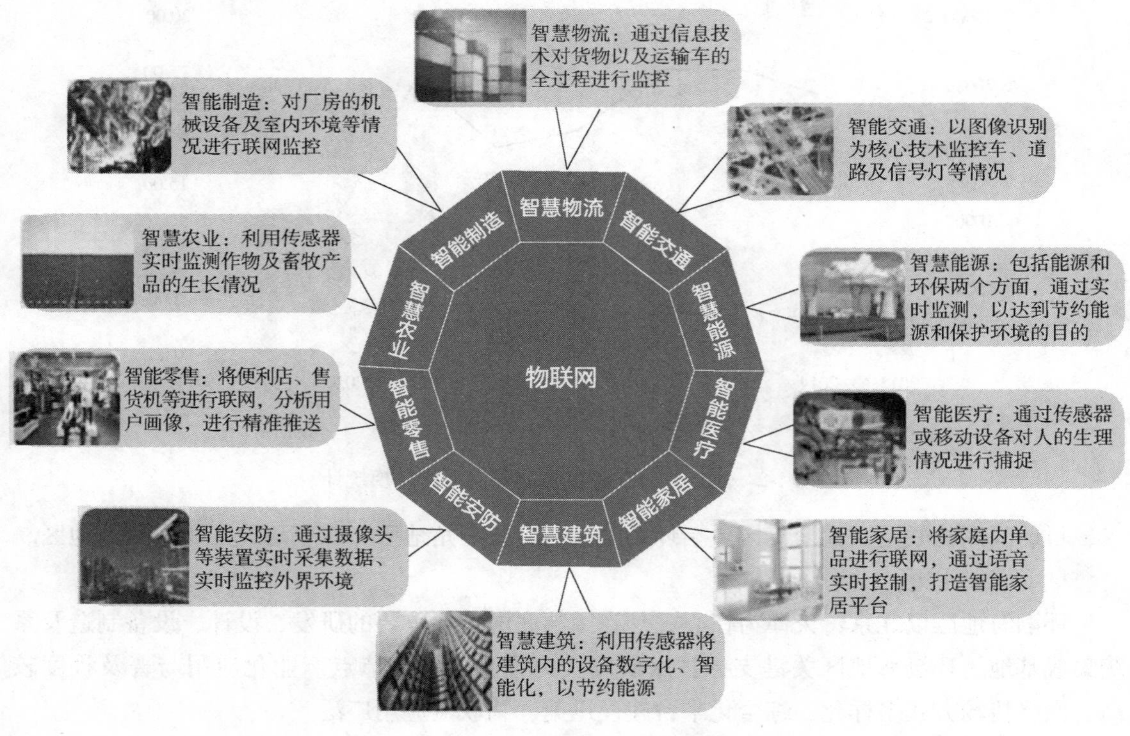

图 1-3　物联网的主要应用场景

物联网虽然应用前景广泛，也受到国家政策的大力扶持，但我国物联网行业的发展目前还存在着许多不足之处，其中包括：缺乏关键技术、竞争力薄弱；缺乏统一有力的产业生态与标准规范；产业的商业模式依然不够成熟清晰；安全技术水平不足等。

1.5 物联网实训

为顺应时代发展潮流、抓住时代发展机遇，同时响应国家培养新时代复合型人才的相关号召，培养物联网产业人才、为相关专业学生提供物联网实训的必要性日益突出。通过物联网相关理论知识的教学与物联网技能实训相结合的方式，让学生了解物联网的基础概念、关键技术，学习物联网在工程应用中的实际典型案例，并参与基于专业场景的物联网实训，以理论和实践相结合的方式，培养并提升学生的物联网基础素养。

习题与思考题

1. 请简述物联网的定义。
2. 物联网的技术架构组成是什么？各部分的功能是什么？
3. 物联网在生产生活中的应用有哪些？

第 2 章　物联网领域的关键技术

物联网具有数据海量化、连接设备种类多样化、应用终端智能化等特点，其发展依赖于感知识别技术、信息传输技术、信息处理技术、信息安全技术等。

2.1　感知识别技术

感知识别技术作为物联网的基础，其作用是采集物理世界中各种类型的数据，实现信息的感知和识别，主要包括传感器技术、识别技术和定位技术。

2.1.1　传感器技术

传感器是物联网的重要组成部分，是整个系统的基石。国家标准《传感器通用术语》（GB/T 7665—2005）将传感器定义为能感受被测量并按一定规律转换成可用输出信号的器件或装置，通常由敏感元件和转换元件组成。传感器技术是智能建造过程中获取信息的重要手段，是实现自动检测和自动控制的首要环节。

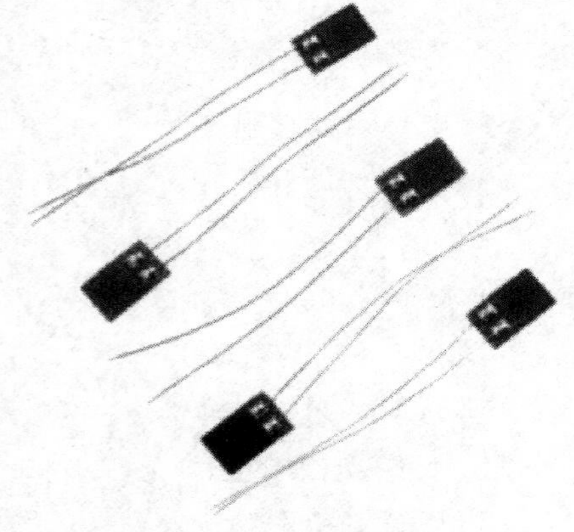

图 2-1　第一代传感器（电阻应变传感器）

1. 传感器的发展历程

（1）第一代传感器——结构型传感器　第一代传感器诞生于 20 世纪 50 年代，它利用结构参量变化来感受和转化信号，例如电阻应变传感器，它是利用金属材料发生弹性形变时电阻的变化来转化电信号的（图 2-1）。

（2）第二代传感器——固体型传感器　第二代传感器由半导体、电介质、磁性材料等固体元件构成，如能够进行声音感应、光感应和触屏的传感器，雷达设备和红外线温度传感器（图 2-2）。

图 2-2　第二代传感器（红外线温度传感器）

（3）第三代传感器——智能传感器　智能传感器是利用嵌入式技术将传感器与微处理器集成在一起，具有环境感知、数据处理、智能控制与通信功能的智能终端设备（图 2-3）。其具有自学习、自诊断、自补偿能力，复合感知能力及灵活的通信能力。智能传感器在感知物理世界的时候反馈给物联网系统的数据更准确、更全面，可达到精确感知的目的。

图 2-3　第三代传感器
（智能传感器）

2. 常见传感器

（1）热敏传感器　热敏传感器是目前应用较为广泛的一种传统传感器，通过利用传感器的元件性能会随着环境温度变化而发生变化的原理来进行工作（如热电效应等）。热敏传感器主要应用在温度测量方面，有测量范围广、测量精度高、结构简单的优点。目前市面上用得比较多的热敏传感器主要有热电偶传感器、热电阻传感器等。

（2）光敏传感器　光敏传感器也称光电式传感器或光电器件，是一种基于光电效应制成的传感器。其主要工作原理是将待测量的量变化转化为光量的变化，进而通过光敏元件转化为电量的变化。通过上述原理也可以发现，光敏传感器不仅可以对光量进行测量，只要通过合理的环境设计，也可以对待测量物体的空间位置变化、受力情况、静止情况等一系列物理量进行测量。这一原理同样也使得光敏传感器具有精度高、反应快、测量形式多样等优点，但与此同时，也造成了其器件成本较高、对环境要求较为苛刻等缺点。常见的光敏传感器主要有光电池、光电管、光敏电阻等。

（3）气敏传感器　气敏传感器是一种主要用于测量环境中某种特定气体成分与浓度变化的传感器。气敏传感器中应用较多的是半导体气敏传感器，其工作原理主要是利用待测气体与半导体表面接触时，产生的电导率等物性变化来检测气体。气敏传感器具有灵敏度高、结构简单、测量数据离散性较大等特点。

（4）磁敏传感器　磁敏传感器是一种主要借助霍尔效应、磁阻效应或电磁感应定律来将待测物体由运动等因素发生的磁物理量的变化转化为电物理量变化的传感器。磁敏传感器主要应用于待测物体的电磁场、角速度、加速度、振动等方面。磁敏传感器具有对环境温度较为敏感、结构相对较为简单等特点。

3. 传感器技术在智能建造中的应用

以智慧工地为例，施工现场的传感器主要用于采集施工现场环境信息、构件的性能、设备的运行等反映施工生产要素状态的数据，常用的传感器包括以下几种。

（1）振弦式传感器　用于支护结构、建筑构件应力监测等（图 2-4）。如振弦式表面应变计、振弦式钢筋计和振弦式裂缝计。

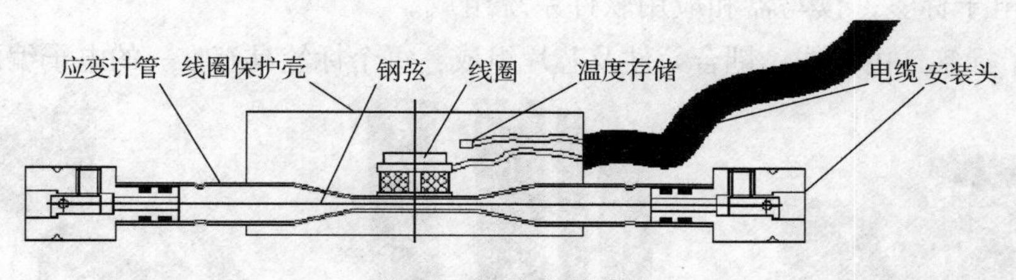

图 2-4　振弦式传感器

（2）重量传感器、幅度传感器、高度传感器和回转传感器　可被用于塔式起重机、升降机等竖直运输机械的运行状态监控，对塔式起重机、升降机发生超载和碰撞事故进行预警和报警（图2-5）。

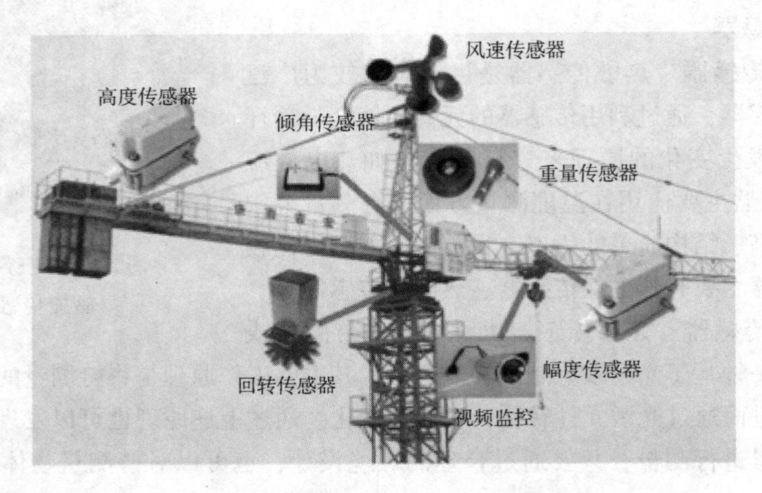

图2-5　塔式起重机上的传感器应用

（3）环境监测传感器　环境监测包括温度、湿度、PM2.5、PM10、噪声、风速等，负责施工现场各区域的环境监测。

（4）烟雾感应传感器　主要用于现场防火区域的消防监测。

（5）红外线传感器　主要用于周界入侵的监测。

（6）运动传感器　既可以用于施工机械的运行状态监控，记录机械运行轨迹和效率，也可以用于劳动人员运动和职业健康状态监测。

2.1.2　识别技术

对物理世界的识别是实现物联网全面感知的基础，常用的识别技术有二维码、无线射频识别技术（RFID）、条形码、图像和视频识别等。本节重点介绍RFID技术及图像和视频识别技术。

1. RFID技术

RFID是通过无线电信号识别特定目标并读写相关数据的无线通信技术。该技术不仅无须在识别系统与特定目标之间建立机械或光学接触，而且能在多种恶劣环境下进行信息传输，因此，在物联网的应用中有着重要的意义。

RFID由电子标签、读写器和应用软件系统组成。

（1）电子标签　由天线、耦合元件及芯片组成，每个标签具有唯一的电子编码（图2-6）。

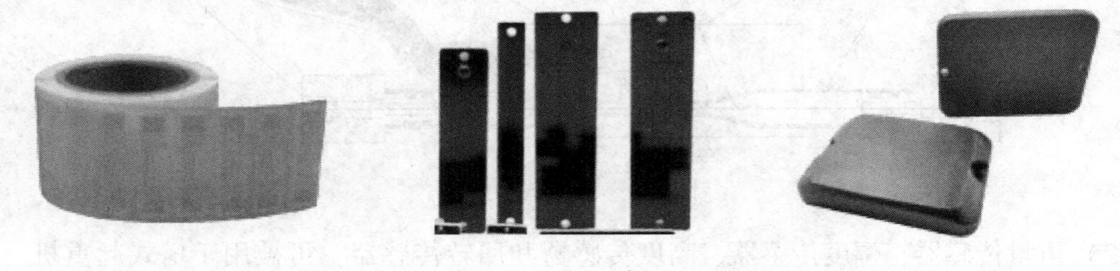

图2-6　RFID标签

（2）读写器　读取或写入标签信息的设备，可设计为手持式读写器或固定式读写器（图2-7）。

（3）应用软件系统　把接收的数据进一步处理成人们所需要的数据。

图2-7　读写器

RFID技术的优点包括读取性强，非接触识别；读写速度快，大多数情况不到100ms；抗污染能力和耐久性高；可重复使用，RFID标签可重复增删改，方便信息更新；信息容量大，RFID能够适应容量需求增加的趋势；安全性强等。

RFID在构件生产、运输和吊装追踪、施工安全管理、进度检测等方面有着越来越广泛的应用，可以与BIM技术等建筑信息技术结合，从多方面提高施工管理水平。例如：将RFID用于身份识别、人员管理、预制构件和危险物品追踪等（图2-8）；将RFID技术应用于传统的施工现场管理内容，基于RFID形成全新的施工管理内容。

图2-8　RFID在智慧工地的应用

2. 图像和视频识别技术

图像和视频识别技术是指对图像或视频进行对象识别，以识别各种不同模式的目标和对象的技术，是计算机科学的一个重要领域。近年来，随着人工智能技术的发展，视频和图像识别技术的水平有了大幅提升，该技术也在各领域有了广泛深入的应用。

在智能建造框架下，图像和视频是信息的重要来源之一。以智慧工地为例，部分图像和视频识别技术已经成熟地应用在施工现场。通过施工现场布置的摄像头获取视频信号，对视频信号进行处理和分析，应用于人脸识别考勤、安全帽和危险行为识别辅助安全管理等（图2-9）。图像识别技术的另一典型应用是二维码的识别，将构件信息、工程信息等存储在二维码中，通过扫描识别读取，显著提升了智能建造生产、施工和运维管理的效率。

图2-9　图像或视频识别安全帽

2.1.3 定位技术

定位技术主要有卫星定位、基站定位、Wi-Fi 定位、蓝牙定位、红外线定位、超宽带定位、RFID 定位、ZigBee 定位和超声波定位，其中前两种适用于室外定位，后几种适用于室内定位。

1. 室外定位

（1）卫星定位　卫星定位是通过接收太空中卫星提供的经纬度坐标信号进行定位（图 2-10），包括美国的 GPS、俄罗斯的 GLONASS（格洛纳斯）、欧盟的 Galileo（伽利略）、我国的北斗等，其中 GPS 系统是现阶段应用最为广泛、技术最为成熟的卫星定位技术，我国的北斗卫星定位系统也逐渐成熟。

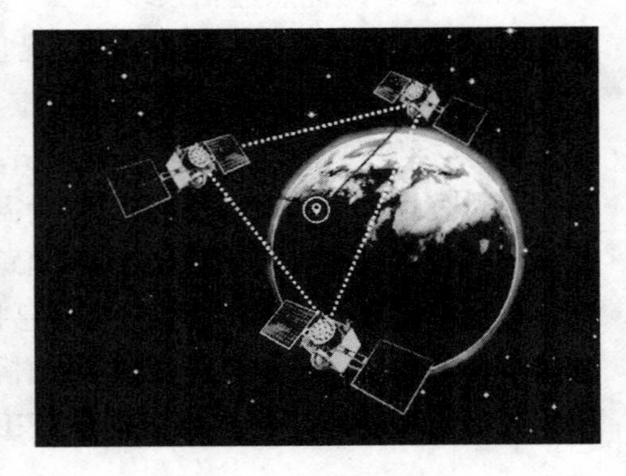

图 2-10　卫星定位系统

（2）基站定位　基站定位是指利用手机通信的蜂窝基站进行定位，通过电信移动运营商的网络获取移动终端用户的位置信息。相比于卫星定位，基站定位有定位速度更快和受天气影响较小的优点。

2. 室内定位

（1）Wi-Fi 定位　该技术主要有两种方法，几何测距法和位置指纹法，前者利用信号传播模型进行位置估计，后者通过创建信号强度与位置坐标的指纹库进行定位，相比前者定位精度更高且更易部署。Wi-Fi 定位精度可达到米级。

（2）蓝牙定位　该技术定位原理和 Wi-Fi 定位原理类似，包括测距法和指纹匹配法，蓝牙定位的精度比 Wi-Fi 定位精度高，达到亚米级。蓝牙室内定位最大的优势是设备体积小、成本低、部署简单。蓝牙定位不受视距的影响，但易受到环境影响，稳定性稍差。

（3）RFID 定位　该技术通过非接触式双向通信交换数据实现目标定位，同样可以采用近邻法、多变定位法、接收信号强度等方法确定标签所在位置。RFID 定位的优势是成本低、精度相对较高，而缺点是作用距离短、不具备通信能力、定位速度较慢。

（4）红外线定位　该技术是通过红外线发射器和接收器完成，一种是通过几何测距方式，通过测量传感器和信号源之间的距离和角度估算目标的位置，另一种是运用红外线组网来实现定位。红外线定位具有精度高、速度快等优点，缺点是距离短、仅限直线传输，难以应对复杂的室内环境，可与其他定位技术结合互补。

此外，ZigBee 定位、超声波定位、超宽带定位等也可实现室内定位。

3. 定位技术在智能建造中的应用

室外定位技术在包括高层建筑、港口工程、桥梁等施工的定位观测和施工测量中有着广泛的应用，如构件、人员和机械设备的定位跟踪，大地测量等。利用室内定位技术，可对构件工厂和施工现场室内的构件、物料、人员、机械设备进行实时定位，定位信息可被应用于构件管理、人员管理、安全管理等。

2.2 信息传输技术

信息传输技术是物联网系统的中流砥柱，在物联网系统中起着承上启下的作用，借由信息传输技术，物联网感知设备采集到的数据得以向上传输，用户在计算机中的命令与操作也得以向下传递。这里将分别从有线与无线两个角度对物联网系统中的一系列常用的信息传输技术及与这些技术相关的硬件接口设备做一些简单的介绍。

2.2.1 常用的有线信息传输技术

信息传输技术中涉及的通信方式和协议繁多，本节主要介绍常用的有线通信方式以太网、串口通信、USB、M-Bus、PLC，以及常用的通信协议 TCP、OPC、MQTT、Modbus 等。

1. 以太网

以太网（Ethernet）是目前最普遍的一种局域网通信技术，IEEE 组织的 IEEE 802.3 标准制定了以太网的技术标准，它规定了包括物理层的连线、电子信号和介质访问控制的内容。以太网使用双绞线作为传输媒介，根据速度等级分为标准以太网（10Mbps）、快速以太网（100Mbit/s）、千兆以太网（1000Mbit/s）等。

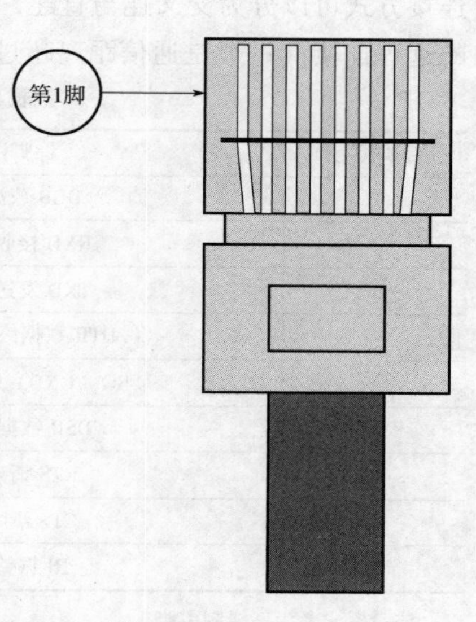

图 2-11　RJ45 接口

以太网使用最为广泛的物理层网络接口是 RJ45 接口，如图 2-11 所示。RJ45 接口主要由插头（接头、水晶头）和插座（模块）组成。RJ45 信息模块有 T-568A 与 T-568B 两种结构类型：在 T-568A 中，与之相连的 8 根线从左到右依次为：白绿、绿、白橙、蓝、白蓝、橙、白棕、棕；在 T-568B 中，与之相连的 8 根线从左到右依次为：白橙、橙、白绿、蓝、白蓝、绿、白棕、棕。其中定义的差分传输线分别是白橙色和橙色线缆、白绿色和绿色线缆、白蓝色和蓝色线缆、白棕色和棕色线缆。与 RJ45 接口连接的网线分为交叉网线和直连网线：交叉网线是指一端按照 T-568A 标准、另一端按照 T-568B 标准连接的网线；直连网线是指网线两端都是按 T-568A 标准或 T-568B 标准连接的网线。同层的设备连接一般使用交叉网线，不同层设备的连接一般使用直连网线。

2. 串口通信

RS-232 接口是最早诞生且常用的串行通信接口，这种通信方式的数据编码的各位并不是同时发送，而是按照一定的顺序，逐个地在信道中传送和接收的，因而这种通信传输方式也被称为逐位传输（Bit-by-Bit Transmission）。在串行通信中，数据的每一位按照顺序逐个在传输线路中进行数据传输，相较于其他传输方式传输速度较慢，但实现较为简单。RS-232 接口是其他串行接口的前身和基础，也被称为“标准接口”。RS-232 接口标准最早于 1970 年由美国电子协会联合其他相关厂家共同制定，最早依靠于电话线作为传输媒介，数据传输依赖于公共电话网络。最早 RS-232 接口标准采用了 25 脚的 DB-25 连接器，而后简化为 DB-9 连接器，因而，RS-232接口有 9 针串口和 25 针串口两种类型，目前，25 针串口的使用已经相对较少，较为通用的为 9 针串口，如图 2-12 所示，在连接时采用一对 DB9 公头与 DB9 母头。其各个针脚的定义与功能见表 2-1。RS-232 分为三线制与九线制，两种线制的不同在于采用线数量不同，九线制为全部 9 个引脚组成，三线制为第 2、3、5 引脚组成。九线制相较于三线制除去用线数量更多外，通信可靠性更高。RS-232 的连接方式可以分为交叉连与直连，交叉连常用于距离较短的近程连接，直连常用于距离较远的远程连接（一般是通信距离超过 15m，需要使用延长线的时候）。

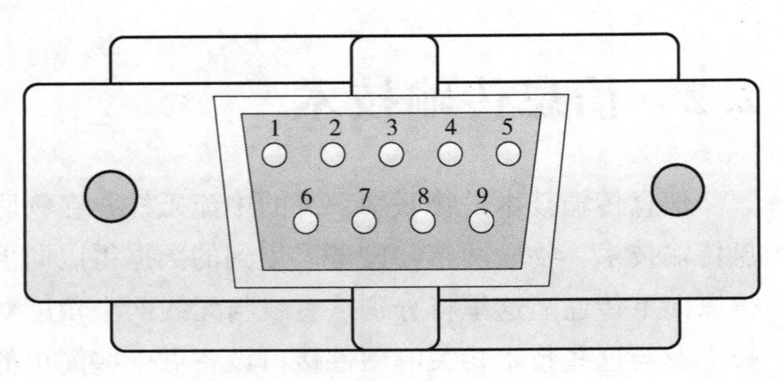

图 2-12　RS-232 的 9 针串口

表 2-1　针脚编号及其定义与功能

针脚编号	针脚定义	功能
1	DCB 载波检测	DCE 接收到远程载波信号
2	RXD 接收数据*	DTE 接收串行数据端
3	TXD 发送数据*	DTE 发送串行数据端
4	DTR 数据终端准备好	DTE 准备就绪
5	SG（GND）信号地线*	信号接地端
6	DSR 数据准备好	DCE 准备就绪
7	RTS 请求发送	DTE 请求发送
8	CTS 清除发送	DCE 已准备好接收（清除发送）
9	RI 振铃提示	DCE 与线路接通，出现振铃

注：标 * 者为三线制引脚。

传统的 RS-232 接口有抗干扰性差、传输距离短、传输速度慢、电平偏高等缺点，美国电子工业协会为了解决这一系列问题，于 1980 年提出了 RS-422 标准，RS-422 采用了平衡差分技术以取代原来 RS-232 的单端传输，信号抗干扰能力相较于 RS-232 更强。RS-422 接口标准一般有 TXA、TXB、RXA、RXB 和信号地共五根线，因为一般不使用公共地线，使得共模干扰被减到了最小，传输距离与传输速度都有了显著的增加，最大传输距离可增加约至 1219 m，最大速率可增加至 10 Mbps，传输距离与传输速度成反比。RS-422 可以全双工工作。

RS-485 接口是一种非常常见的使用了串行通信的通信接口，如图 2-13 所示。RS-485 接口是在 RS-422 接口的基础上发展起来的一种新型接口，因而其

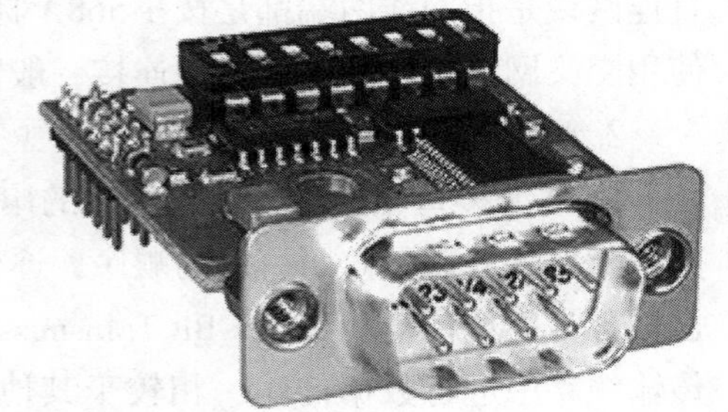
图 2-13　RS-485 接口

许多的电气规定都与 RS-422 相仿，是一个定义平衡数字多点系统中的驱动器和接收器的电气特性的标准。RS-485 可以采用两线制接线，实现多点双向通信（RS-232 只能以点对点双向通信），但只能以半双工方式工作。RS-485 最大传输距离为 1219 m，最大传输速率为 10 Mbps，RS-485 的传输距离和传输速率成反比。

3. USB

USB（Universal Serial Bus），即通用串行总线，是连接计算机系统与外部设备的一种串口总线标准，也是一种输入输出接口的技术规范，被广泛地应用于个人计算机和移动设备等信息通信产品。USB 接口有“万能接口”之称，包括 USB Type-A、USB Type-B、Mini-USB、Micro-USB、USB Type-C 等。每种物理形态还有不同的传输协议，比如 USB 1. x、USB 2. 0、USB 3. x 等。2019 年，USB 4 发布，传输速度能达到 40 Gbps，统一使用 USB Type-C 接口。

4. M-Bus

M-Bus 全称为 Meter-Bus，是一种 2 线制的总线标准，主要用于一栋建筑、一个园区内热表、水表等公用事业仪表的组网和远程自动抄表，属于局域网的一种，采用了总线形拓扑组网结构，主要运用于建筑物和工业能源消耗数据采集等。M-Bus 具有可靠性高、成本低、远距离、多点连接（可连接上百个仪器）的特点。M-Bus 以半双工方式工作，M-Bus 通信示意图如图 2-14 所示。

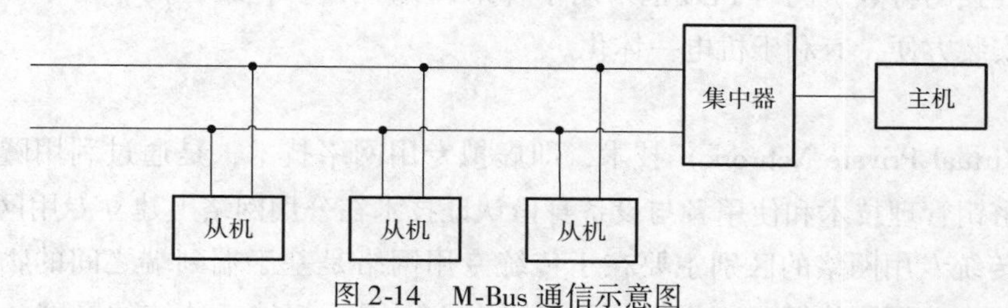

图 2-14　M-Bus 通信示意图

5. PLC

PLC 即可编程逻辑控制器（Programmable Logic Controller）的简称，是一种数字运算电子操作系统装置，主要运用于自动化控制，可以将控制指令随时载入内存以进行存储和执行。PLC 可分为小型、中型、大型，分类依据为其输入/输出口的数量，即 I/O 点数，不同类型的 PLC 结构和原理均大致相同。PLC 以微处理器为核心，靠硬件软件支持实现功能，一个 PLC 主要由 CPU、存储器（系统存储器、用户存储器）、电源部件、输入接口、输出接口与外部接口等组成（图 2-15），其中输入接口主要包括各种开关、继电器触点、行程开关、模拟量输入、传感器等，输入接口与微处理器间通常用光电隔离装置隔离；输出接口主要包括照明、电磁装置、执行机构等；外部接口主要包括外存储器、条码读入器、编程器、监控设备、计算机、打印机等。

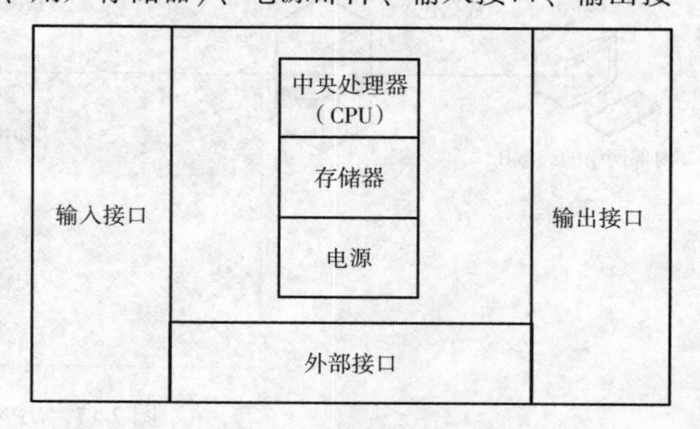

图 2-15　PLC 基本组成示意图

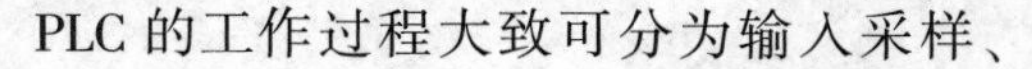

PLC 的工作过程大致可分为输入采样、

程序处理、输出刷新三个主要部分（图 2-16），三个部分被视为一个扫描周期，PLC 的 CPU 在工作期间重复执行上述三个阶段。在输入采样阶段，PLC 依次扫描输入状态和输入数据变量并进行存储，经过输入接口输入到主机中，在主机中经过处理后，处理结果以输出变量的形式写入输出寄存器，最后以驱动输出。

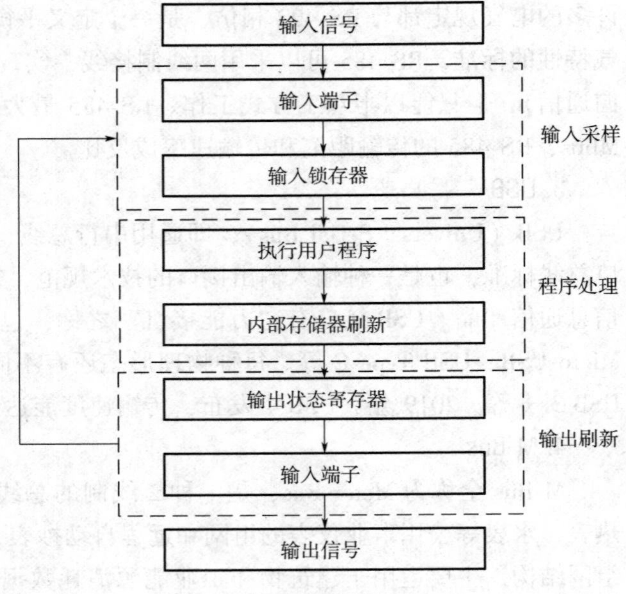

图 2-16　PLC 的工作过程图

PLC 采用了大规模集成电路与微处理器，减少了系统器件数，使用了大量模块化设计，并在设计和制造过程中采用了一系列的隔离和抗干扰措施，具有保护电路与自诊断功能，这使得 PLC 具有可靠性高、灵活性强、适应各种环境、抗干扰性强的特点。同时 PLC 也采用了梯形图编程语言，编程简单易于操作。PLC 的体积较小，安装方便，有利于机电一体化。

6. VPN

VPN（Virtual Private Network）技术，即虚拟专用网络技术，是通过利用隧道技术、加解密技术、密钥管理技术和使用者与设备身份认证技术在公用网络上建立专用网络的网络技术。VPN 与传统专用网络的区别主要在于传统专用网络是基于端到端之间的物理连接，而 VPN 则是架构在公用网络服务商提供的网络平台上。因而相较于传统的专网，VPN 成本更为低廉，不受距离和地域限制，但安全性可能较差一些。VPN 的工作原理主要如图 2-17 所示。

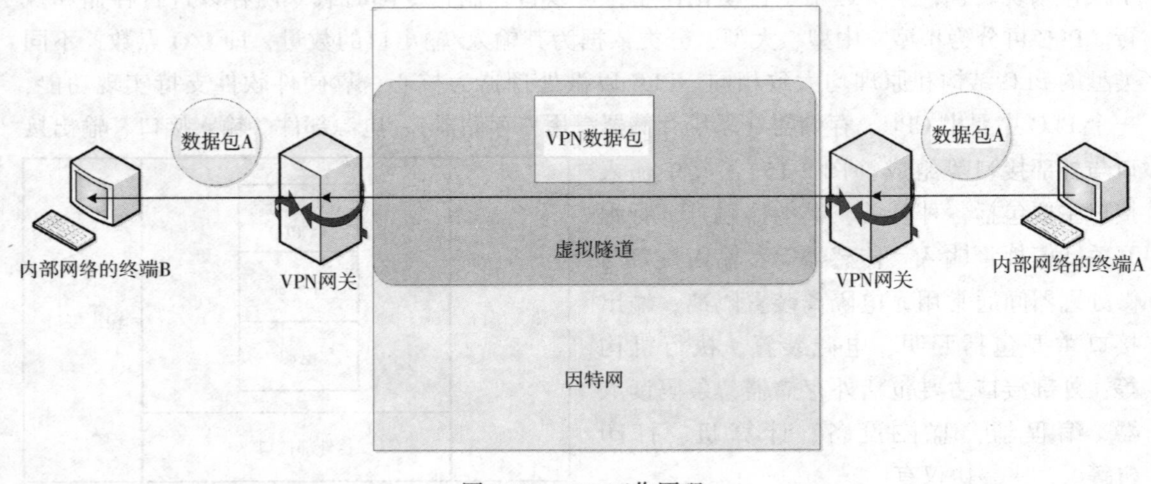

图 2-17　VPN 工作原理

当你想通过外部网络的终端A访问内部网络的终端B时，会通过终端A发送一个目标地址为终端B的内部IP地址的访问数据包A。这一访问数据包在被VPN网关接受后会进行检查，在确认这一数据包的目标地址属于终端B的内部网络后，会将数据包A封装成VPN数据包。这一VPN数据包的地址是目标内部网络的VPN网关的外部地址，因而这一数据包就借由因特网传递给了内部网络的VPN网关。内部网络的VPN网关在对这一数据包检查后发现其来自于终端A所在网络的VPN网关，因而将其判定为VPN网关并对其进行解包，并还原为目标地址是终端B的内部IP地址的原始数据包A，数据包A最终凭借其目标地址顺利到达终端B处。

7. TCP

TCP（Transmission Control Protocol）技术，即传输控制协议技术，是一种面向连接的、可靠的、基于字节流的传输层通信协议技术。创造TCP协议的意义主要就是为了在传递信息时常常出现各种不可靠情况的互联网上提供一种相对可靠的、抗干扰性强的、专门用于端到端字节流的传输协议。TCP是一种面向广域网的通信协议，其设计目的是为了跨越多个网络进行通信。

TCP协议的主要工作原理就是在其上层的应用层向传输层发送用于网间传输的、用8位字节表示的数据流时，将这些数据流分割成适当长度的报文段，之后再将处理好的数据包向下传给网络层，并通过网络层将处理过的数据包传送给接收端的TCP传输层。TCP协议为了保证报文传输的可靠，会给每个数据包分配一个序号，然后接收端实体的传输层每成功收到一次字节就发回一个相应的确认（ACK）；依据发回确认的往返延迟（RTT），发送端实体会判定包是否丢失并决定是否重新传送可能已经丢失的包。

值得一提的是，上述文中的“应用层”“传输层”“网络层”等词来自于TCP/IP协议中的网络体系结构划分。TCP/IP协议指的是一种能够在多个不同网络间实现信息传输的协议簇，是网络世界中应用最为基本的协议，这一协议对网络通信中的通信标准和通信方法进行了规定。TCP/IP协议是一个有着四层体系结构的协议，从上到下依次为：应用层、传输层、网络层和数据链路层。这一划分来源于国际标准化组织（ISO）在1978年提出的“开放系统互联参考模型”，即著名的OSI/RM模型（Open System Interconnection/Reference Model），划分的目的是为了使不同计算机厂家生产的计算机能够相互通信，以便在更大的范围内建立计算机网络。TCP/IP协议对这一模型进行了简化，将原来七层的划分简化为四层（也有五层分法，即在数据链路层下增加一个物理层）。体系中的每一层都有其对应的协议与硬件设备，且每一层都向上一层提供服务，同时又是下一层的用户，具体如图2-18所示。

应用层的主要协议有Telnet、FTP、SMTP等，是用来接收来自传输层的数据或者按不同应用要求与方式将数据传输至传输层；传输层的主要协议有UDP、TCP，是使用者使用平台和计算机信息网内部数据结合的通道，可以实现数据传输与数据共享；网络层的主要协议有ICMP、IP、IGMP，主要负责网络中数据包的传送等；网络访问层又称为网络接口层或数据链路层，主要协议有ARP、RARP，主要功能是提供链路管理错误检测、对不同通信媒介有关信息细节问题进行有效处理等。

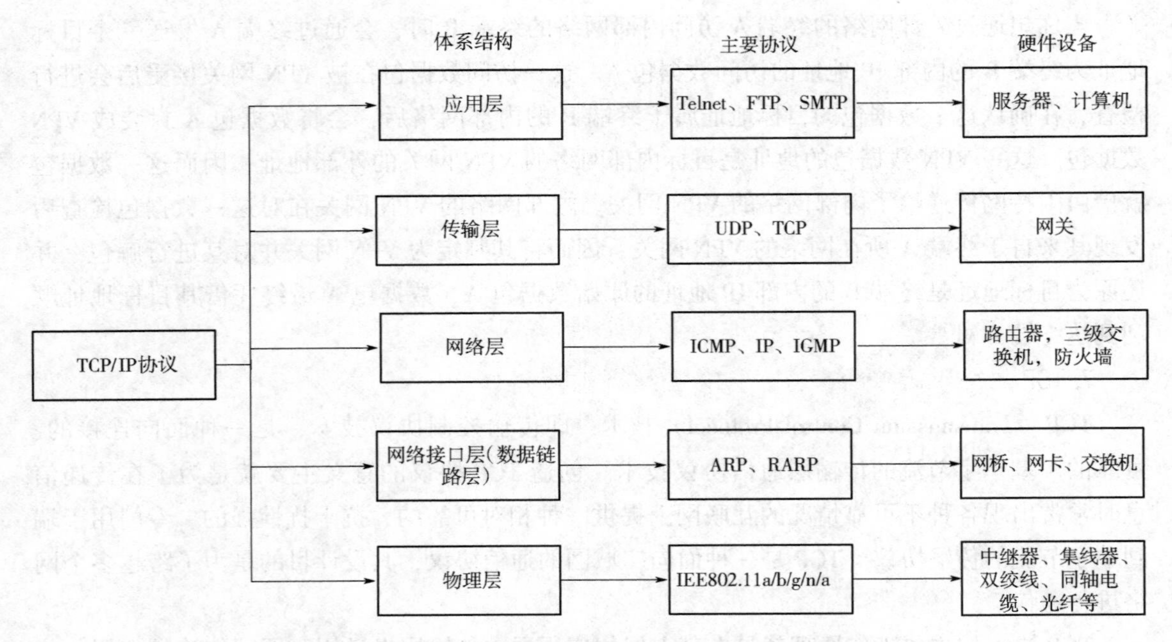

图 2-18　TCP/IP 协议簇的分层、主要协议与对应硬件设备

8. Bacnet

Bacnet（Building automation and control net works）技术，即楼宇自动化与控制网络技术，是一种常用于智能建筑的通信协议技术。这一通信协议主要针对智能建筑及其控制系统，可用于建筑的暖通、照明、门禁、空调等系统及其相应的设备，具有成本低廉、部署简易的特点。Bacnet 的物理层通信接口种类繁多，包括 RS-232、RS-485、以太网络接口等。

9. OPC

OPC（OLE for Process Control）技术，即用于过程控制的 OLE 技术，是一项应用于自动化及其他行业的数据安全交换客户操作性标准。这一标准可以实现多个厂商设备间信息的无缝传递，且独立于平台。OPC 是为了连接数据源（OPC 服务器）和数据的使用者（OPC 应用程序）之间的软件接口标准。数据源可以是 PLC、DCS、条形码读取器等控制设备。随控制系统构成的不同，作为数据源的 OPC 服务器既可以是和 OPC 应用程序在同一台计算机上运行的本地 OPC 服务器，也可以是在另外的计算机上运行的远程 OPC 服务器。OPC 协议支持多种物理层接口应用。

10. MQTT

MQTT（Message Queuing Telemetry Transport）技术，即消息队列遥测传输协议技术，是一种基于客户端与服务器的消息发布、订阅传输协议。该协议构建于 TCP/IP 协议上，面向性能较差、计算能力有限的远程设备与较差的网络情况设计的。这一协议的正常工作有赖于一个消息中间件。MQTT 协议支持多种物理层接口应用。

11. Modbus

Modbus 是一种串行通信协议，是由施耐德电气公司为使用 PLC 通信而发表的一种协议。目前，Modbus 已经成为工业领域通信协议的业界标准，是工业电子设备之间的常用连接方式。Modbus 通信协议相较于其他通信协议，具有易于部署和维护、没有版权要求等特点。Modbus 通信协议允许多个设备在同一个网络上连接通信。Modbus 常用的物理接口协议为 RS-485 接口。

2.2.2 常用的无线信息传输技术

常用的无线信息传输技术主要有 NB-IoT、ZigBee、LoRa、Wi-Fi、蓝牙、4G/5G 等，下面逐一进行介绍。

1. NB-IoT

NB-IoT（Narrow-Band Internet of Things）技术，即窄带物联网技术，是一种基于现有的蜂窝网络建设的使用 LTE（Long Term Evolution，长期演进）的无线通信技术。窄带物联网使用了窄带通信技术，因而具有抗干扰性强的特点。NB-IoT 可以直接部署于 GSM 网络、UMIS 网络和 LTE 网络。

NB-IoT 也是低功耗广域网（Low Power Wide Area Net Work，LPWAN）中的重要一员。低功耗广域网指的是一种覆盖广泛、成本低廉、部署简单，支持低功耗设备在广域网的蜂窝数据连接的物联网网络接入技术，其具有窄带、低速率、低功耗、低成本、高容量、广覆盖等特点。NB-IoT 技术由 3GPP 负责标准化，它的射频宽度为 180 kHz 左右。NB-IoT 使用了 License 频段，主要有 3 种部署方式，具体为独立部署、保护带部署和带内部署（图 2-19）。独立部署主要指在重耕 GSM 频段部署，GSM 信道带宽相较于 NB-IoT 带宽略大，可以为 NB-IoT 提供部署空间；保护带部署主要指将 NB-IoT 部署于 LTE 的边缘保护频带的没有使用的部分；带内部署即将 NB-IoT 部署在 LTE 载波资源块中。

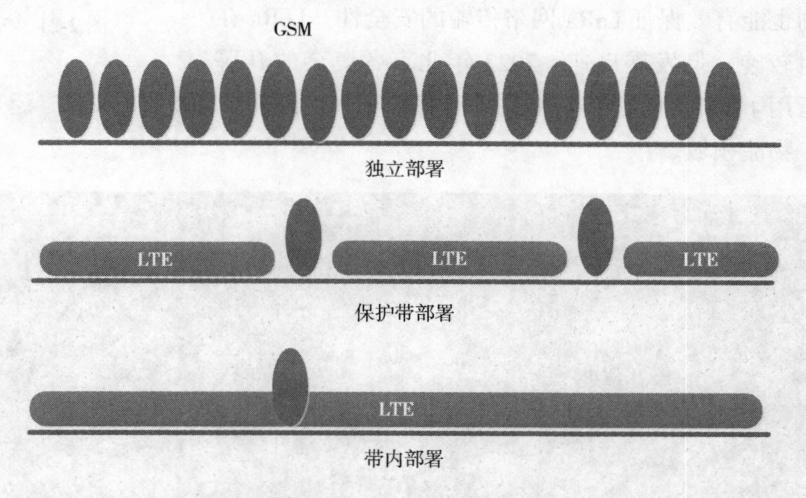

图 2-19　NB-IoT 部署方式

NB-IoT 的硬件设备主要是 NB-IoT 基站（图 2-20）与 NB 卡（图 2-21）。NB 卡主要面向企业用户，是三大运营商（移动、联通、电信）三网专用号段，通过专用网元设备支持短信、无线数据和语音基础通信服务，提供通信连接管理和终端管理等智能通道服务。窄带物联网目前依靠中国移动、中国联通、中国电信三大网络运营商的支持，在我国物联网行业发展较为快速。我国已建成全球最大 NB-IoT 窄带物联网，实现了全国主要城市乡镇以上区域的连续覆盖。根据相关官方数据及从运营商获取的信息，截至 2022 年 9 月，中国电信部署 NB-IoT 基站数量超过 42 万台，在网 NB-IoT 终端数 1.77 亿；中国移动部署 NB-IoT 基站数量为 35 万台，在网 NB-IoT 终端数超过 1 亿；中国联通部署基站数 10 万台，国内 NB-IoT 网络的整体覆盖率超过 97%。NB-IoT 目前被广泛地应用在电网、交通、医院、工农业、运输等领域。

图 2-20　NB-IoT 基站

2. LoRa

LoRa（Long Range）是美国 Seamtech 公司的私有物理层技术，主要采用了窄带扩频技术，抗干扰能力强，灵敏度高。LoRa 使用了线性扩频调制技术，使得其通信距离在空旷区域异常的远。LoRa 也是低功耗广域网的代表性技术，具有功耗低、成本低、易于部署、标准化程度高等特点。

LoRa 技术被公共网络、私有网络和混合网络所利用，可以提供比蜂窝网络更广的范围。LoRa 设备的部署可以简单集成到现有的基础设施中。LoRa 网络也具有自适应数据速率（ADR），即通过改变实际速率来确保可靠的数据包传送、优化网络性能和终端节点容量规模。LoRa 利用终端识别标识（Dev EUI）、应用标识（App EUI）和 AES-128 应用密钥的肖像权加密机制也能有效保证 LoRa 网络传输的安全性。LoRa 在我国起步相对较晚，但发展迅速，2022 年北京冬奥会的开幕式表演中就运用了 LoRa 低延迟控制系统（图 2-22）。目前，LoRa 技术被广泛应用于建筑、消防、农业、物流领域。

图 2-21　NB 卡

图 2-22　2022 年北京冬奥会开幕式表演中的 LoRa 低延迟控制系统运用场景

一个完整的LoRa网络硬件系统通常由四个部分组成，即终端节点、网关节点、网络服务器和应用服务器（图2-23）。

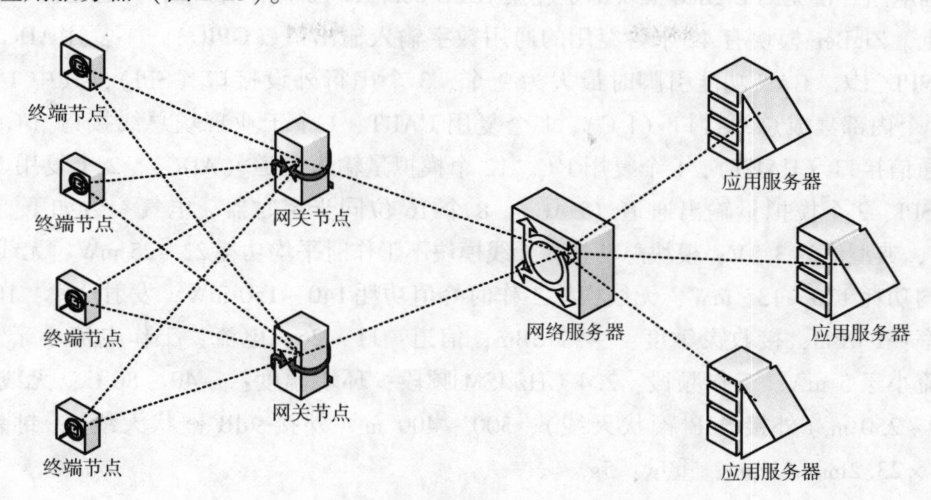

图2-23　LoRa网络硬件系统

3. ZigBee

ZigBee中文译名“紫蜂”，是一种基于蜜蜂间的交流方式研究发明的一种近距离无线通信技术。ZigBee无线通信技术主要基于大量的微小传感器，具有低功耗、低成本、低速率、近距离、低延迟、高容量等特点。著名的ZigBee联盟在2002年成立，主要由英国的Invensys公司、美国的摩托罗拉公司、荷兰的飞利浦公司和日本的三菱电器公司等组成。

按照OSI模型，一个完整的ZigBee网络通常分为4层，从下往上依次为物理层、媒体访问控制层、网络层和应用层，物理层和媒体访问控制层主要由IEEE 802.15.4标准定义，网络层和应用层由ZigBee联盟定义。每层负责完成规定的任务，并且向其上层服务，各层接口由定义好的逻辑链路来提供服务。ZigBee的物理层主要负责无线硬件设备的开关、能量检测、手法数据包和信道质量评估；媒体访问控制层主要负责信道访问控制、信标帧发送、同步服务和提供可靠的传输机制；网络层主要负责设备的发现和网络的配置；应用层主要负责将不同的应用映射到ZigBee网络中去。ZigBee技术目前广泛应用于家居、工农业和医院等。

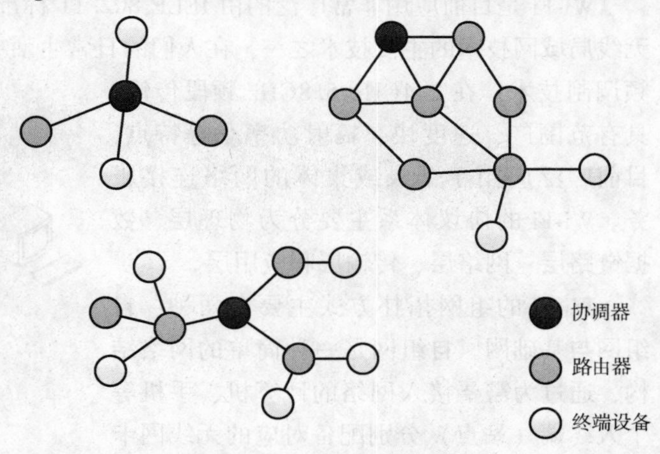

图2-24　常见的ZigBee拓扑结构

常见的ZigBee拓扑结构有三种类型，分别为星形结构、网状结构、树形结构（图2-24）。一个完整的ZigBee网络通常由唯一的一个协调器、多个路由器与多个终端设备组成。其组网方式具有节点容量大、可以重复快速自组网等特点。

ZigBee 技术的主要实现硬件是 ZigBee 模块（图 2-25），这是一种围绕 ZigBee 芯片技术推出的外围电路。常见的 ZigBee 模块都是遵循 IEEE 802. 15. 4 的国际标准，并且运行在 2. 4GHz 的频段上。ZigBee 模块有 42 个含复用的通用数字输入输出口（GPIO），不复用 ADC /DAC/ UART/ SPI/ I^2C/ CAN 功能引脚时最大为 9 个、3 个串行外设接口（SPI），其中 1 个复用 ADC、2 个内部集成总线接口（I^2C），1 个复用 UART、1 个工业现场总线接口（CAN）、4 个串行通信接口（UART），1 个复用 I^2C、12 个模拟量输入通道（ADC），2 个复用 DAC，4 个复用 SPI、2 个模拟量输出通道（DAC）、8 个 16 位同步定时器。电气参数如下。电源：2 ~3. 6V，典型值为 3. 3V；模块总功耗：无线模块不工作时平均功耗 22 ~25 mW、无线模块工作时平均功耗 130 ~135 mW、无线模块工作时峰值功耗 140 ~150 mW；发射功率：100 mW；天线功率：1 dBm；接收灵敏度：－97 dBm；信道：11 ~26；电流：工作电流小于 55 mA，待机电流小于 5 mA；工作频段：2. 4 GHz ISM 频段；环境温度：－40 ~80℃；无线传输距离：200 ~250 m（外接 5dB 鞭状天线）、300 ~400 m（外接 9dB 鞭状天线）；封装尺寸：38. 6mm ×23. 2mm ×3mm；重量：5g。

图 2-25　ZigBee 模块

4. Wi-Fi

Wi-Fi 是目前应用非常广泛的由 IEEE 802. 11 标准定义的一种短距离无线通信技术，是无线局域网技术的主要技术之一，在人们的日常生活中随处可见。Wi-Fi 使用了直接序列扩频调制技术，在 2. 4GHz/5. 8GHz 频段传输，具有范围广、速度快、辐射功率小等特点，目前广泛应用于个人或集体的网络连接服务。Wi-Fi 的协议体系主要分为物理层、数据链路层、网络层、传输层和应用层。

Wi-Fi 的组网拓扑方式主要有两种：自组网与基础网。自组网是一种简单的网络结构，通过为需要接入网络的计算机、手机等个人终端（站点）分别配备对应的无线网卡或打开其 Wi-Fi 模块即可实现计算机之间的连接与共享（图 2-26）。基础网组网方式是一种结合了有线局域网与无线局域网的组网

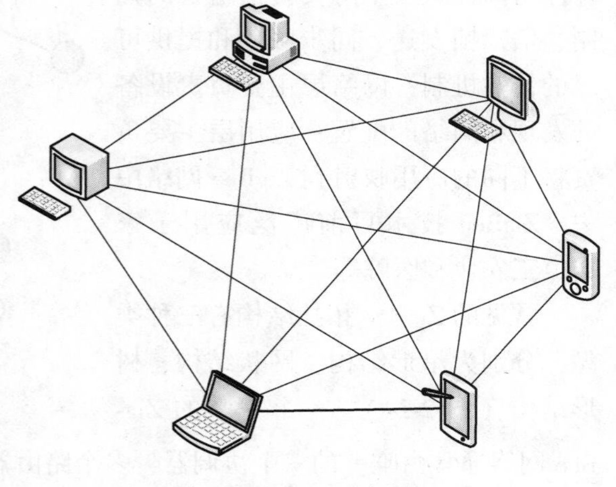

图 2-26　Wi-Fi 自组网

方式，它的组成同时需要“站点”与“无线接入点”（即无线网络的创建者）。通过将无线接入点作为网桥，使接入组网的站点们实现连接与共享（图2-27）。

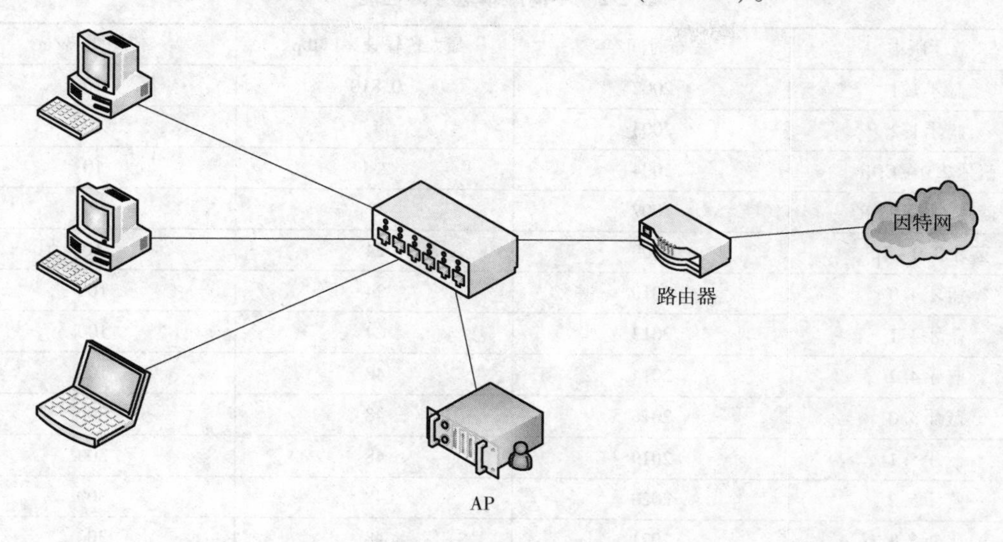

图2-27 Wi-Fi基础网

Wi-Fi功能的实现主要基于Wi-Fi模块（图2-28）。Wi-Fi模块又称串口Wi-Fi模块，属于物联网传输层，功能是将串口或TTL电平转为符合Wi-Fi无线网络通信标准的嵌入式模块，内置无线网络协议IEEE 802.11b.g.n协议栈以及TCP/IP协议栈。Wi-Fi模块可分为三类：通用Wi-Fi模块、路由器Wi-Fi模块、嵌入式Wi-Fi模块。Wi-Fi模块的尺寸为：32mm×20mm×4.5mm。常见的Wi-Fi设备即Wi-Fi的无线路由器（图2-29），在无线路由器的无线电波覆盖范围内都可以采用Wi-Fi连接进行上网。

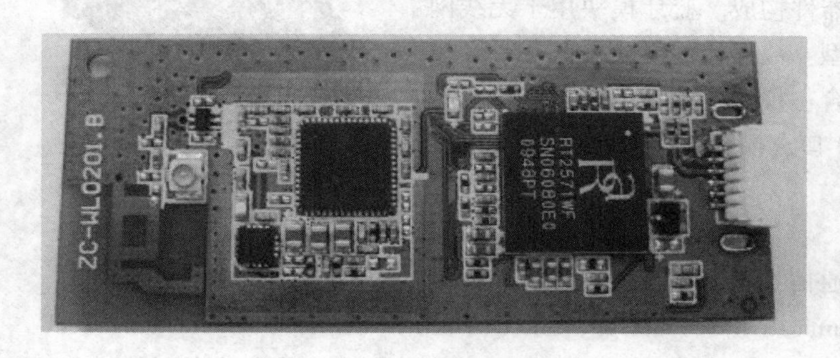

图2-28 Wi-Fi模块

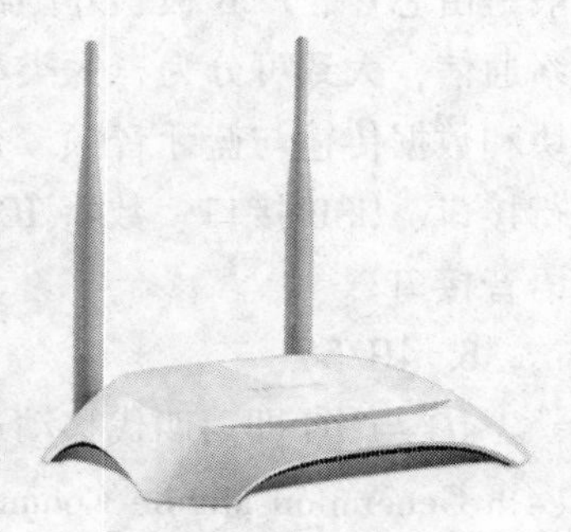

图2-29 无线路由器

5. 蓝牙

蓝牙是目前应用非常广泛的一种开放的、用于短距离无线数据传输和语音通信的通信技术标准。具有低成本、抗干扰性强、应用范围广、安全性较高等特点。蓝牙工作在全球通用的2.4GHz ISM频段，使用IEEE 802.15标准。蓝牙技术是由爱立信公司、诺基亚公司、东芝公司、国际商用机器公司和英特尔公司于1998年5月联合宣布的一种通信技术。随着多年的发展，蓝牙已经迭代更新到了蓝牙5.4版本，相较于最早的蓝牙1.0版本，蓝牙5.4版本的传输速率、传输距离、稳定性等各项指标均有了大幅度的提升。不同版本蓝牙的性能见表2-2。

表2-2　不同版本蓝牙的性能

蓝牙版本	发布时间/年	最大传输速率/Mbps	传输距离/m
蓝牙1.1	2002	0.810	10
蓝牙1.2	2003	1	10
蓝牙2.0+EDR	2004	2.1	10
蓝牙2.1+EDR	2007	3	10
蓝牙3.0+HS	2009	24	10
蓝牙4.0	2010	24	100
蓝牙4.1	2013	24	100
蓝牙4.2	2014	48	100
蓝牙5.0	2016	48	300
蓝牙5.1	2019	48	300
蓝牙5.2	2020	48	300
蓝牙5.3	2021	48	300
蓝牙5.4	2023	48	300

蓝牙采用了高速跳频和时分多址等技术，让许多包括手机、个人计算机在内的终端设备不需要借助于物理连接就可以实现对因特网的无线连接与资源分享。蓝牙目前被广泛应用于商务办公、工农业、军事、家居等各个领域。

蓝牙功能的实现基本是基于蓝牙模块（图2-30）来实现的。所谓蓝牙模块指集成蓝牙功能的芯片基本电路集合，一般是由芯片、PCB板、外围器件构成。蓝牙模块用于无线网络通信，大致可分为三大类型：数据传输模块、蓝牙音频模块和数据传输与蓝牙音频二合一模块。蓝牙模块的接口分串行接口、USB接口、数字IO口、模拟IO口、SPI编程口及语音接口。

图2-30　蓝牙模块

6. 4G/5G

4G与5G即第四代移动通信技术与第五代移动通信技术（4th Generation Mobile Communication Technology、5th Generation Mobile Communication Technology）。所谓移动通信指的就是处于通信中的两方至少有一方是处于移动状态下的信息通信，其包括移动用户与固定用户之间的信息通信，也包含移动用户与固定用户之间的移动通信。移动通信的建立主要依赖于无线通信技术与无线网络技术的发展与进步。

第一代移动通信技术主要采用AMPS、NMT、TACS三种窄带模拟系统标准，只能提供基本的语音会话业务，且保密性差，不同系统之间互不兼容；第二代移动通信技术使用了数字制式，主要采用GSM与CDMA两种工作模式，第二代移动通信技术支持传统语音通信、文字和多媒体短信的传输；第三代移动通信技术即3G技术，其在原先第二代通信技术的基础上还支持更快的数据传输服务，3G 技术的主流标准分别是 CDMA2000、TD-SCDMA 和 W-CDMA。4G 通信技术是在 3G 通信技术的基础上升级发展而来的新一代通信技术，4G 技术主要集合了 3G 技术与 WLAN（无线局域网）技术。相较于 3G 技术，4G 技术的传输速率更快、应用范围更广。4G 技术的关键技术包括正交频分复用技术、智能天线应用数字信号处理技术、MIMO（多输入多输出技术）等。5G 技术是目前新一代的移动通信技术，5G 技术相较于 4G 技术峰值速率更大、连接频谱效率更大、时延更低、支持更快的移动通信需求，应用前景广泛。

4G 与 5G 等移动通信的实现主要依赖于移动通信系统，而其中最为常见且在陆地上覆盖最广的就是蜂窝系统。蜂窝系统主要由移动网络中的移动台（MS）、基站（BS）、基站控制器（BSC）与移动业务交换中心（MSC）组成，移动台即用户使用的移动终端设备，如手机等；基站的作用是实现覆盖范围内的移动终端与移动通信系统之间的无线通信；基站控制器负责为基站与移动业务交换中心信息交换提供接口；移动业务交换中心的主要任务是实现服务区内各个无线小区间的信息交换、服务区内外的信息交换和对服务区内各个无线小区进行集中控制管理。蜂窝系统的覆盖区域通常被划分为多个无线小区，每个小区内设基站，基站通过有线线路连接到交互中心，具体如图 2-31 所示。移动通信系统还包括集群系统、卫星通信系统等。

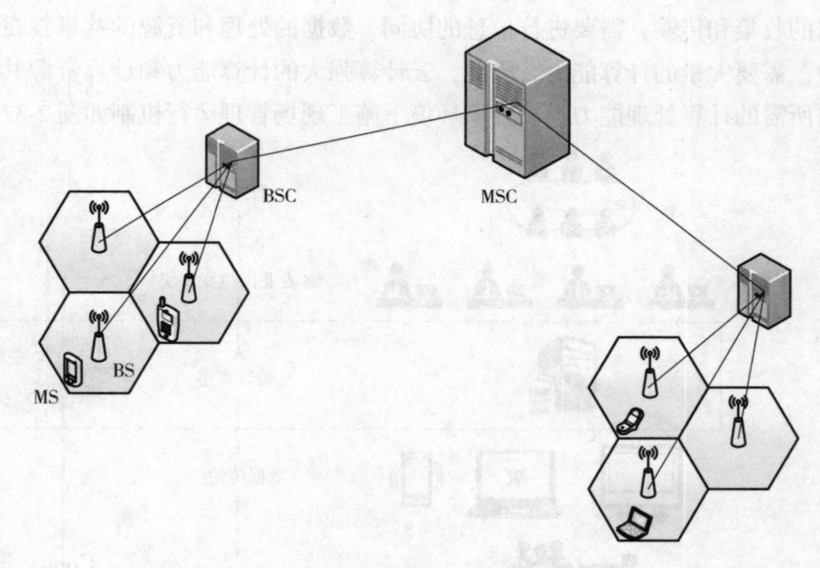

图 2-31　蜂窝系统

2.3　信息处理技术

物联网采集的数据往往具有海量性、时效性、多态性等特点，给数据存储、数据查询、质量控制、智能处理等带来了极大挑战。信息处理技术的目标是将传感器等识别设备采集的数据收集起来，通过信息的挖掘等手段发现数据内在联系，获取新的信息，为用户下一步操作提供支持。当前的信息处理技术有云计算技术、智能分析相关技术等。

2.3.1 云计算

云计算（Cloud computing）是分布式计算的一种，指的是通过网络“云”将巨大的数据计算处理程序分解成无数个小程序，然后通过多部服务器组成的系统进行处理和分析这些小程序得到结果并返回给用户。中国云计算专家委员给出的定义为：通过整合、管理、调配分布在网络各处的计算资源，并以统一的界面同时向大量的用户提供服务。借助云计算，资源能够被快速提供，可以在瞬息之间处理数以亿计的信息。

云计算服务形式多种多样，目前主要的服务形式有以下三种。

（1）软件即服务（Software-as-a-Service，SaaS） 将软件部署到云端，由服务提供商来维护和管理软件，用户无须购买软件，只需接入互联网即可随时随地使用软件。

（2）平台即服务（Platform-as-a-Service，PaaS） 提供软件开发环境的一种服务。PaaS服务使得软件开发人员可以在厂商提供的平台基础上定制开发自己的应用程序并传递给其他客户，不需购买服务器等设备。

（3）基础设施即服务（Infrastructure-as-a-Service，IaaS） 把由多台服务器组成的基础设施提供给客户，用户可以付费使用一定数量的硬件设施，如内存、硬盘、CPU 等。

在智能建造发展过程中，云计算是不可或缺的应用基础技术之一。物联网、移动互联等技术进行大数据的收集和传输，需要进行信息的协同、数据的处理和资源的共享，在对数据进行处理的过程中，需要大量的计算能力。因此，云计算强大的计算能力和计算资源共享，将帮助提供智能建造所需的计算处理能力。云计算环境下施工现场管理运行机制如图 2-32 所示。

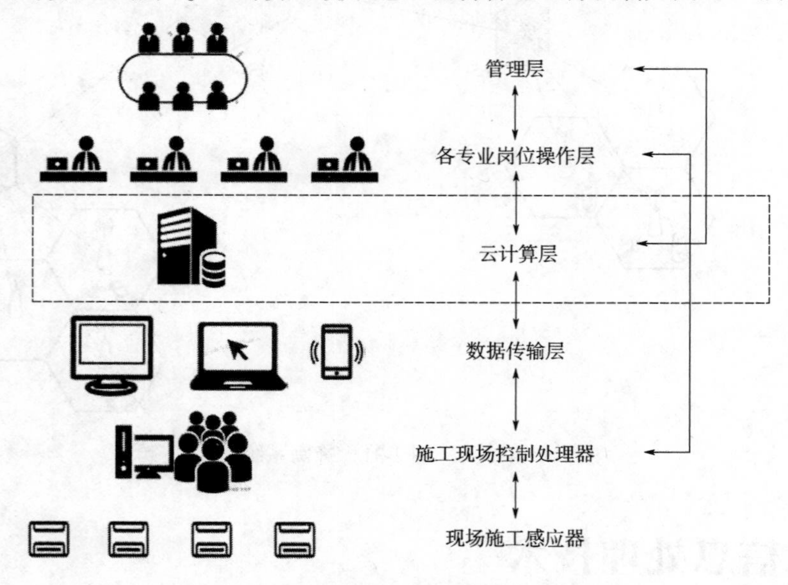

图 2-32 云计算环境下施工现场管理运行机制

2.3.2 机器学习

机器学习即通过向机器输入样本数据使机器自主学习数据，是人工智能技术中一个重要分支。监督式学习、半监督式学习和非监督式学习是机器学习的三种典型学习方式。监督式学习常用于数据拟合和分类，需要带标签的训练样本信息；半监督式学习所使用的训练样本信息不完整，部分样本有标签而部分没有；非监督式学习需要的训练样本只有特征无标签，可进行数据降维、聚类等。

以建筑智慧运维为例，感知识别技术收集了建筑使用过程的大量数据，机器学习算法可以对收集到的数据进行处理、分析、学习，从数据中挖掘规律，提供预测和分类结果，用于各种建筑运维管理决策。例如，利用视频监控系统采集建筑内部的视频信号，通过机器学习实现人脸识别、客流统计、车牌识别等功能，辅助门禁和通道状态决策。

2.3.3 决策理论

决策理论通过把系统理论、计算机科学、运筹学等学科综合起来，运用于管理决策问题。例如，在建设项目管理中，基于模糊决策理论和多属性决策的施工招标投标评标、工程质量以及工程设计方案进行的排序。决策者的最终决策还受到众多影响因素，如感知效用、认知偏差、多目标权衡等。决策理论和方法将为建筑项目管理者提供科学的决策过程支持。

2.3.4 BIM + 物联网

BIM 与物联网的集成应用，实质上是建筑全过程信息的集成与融合。BIM 技术发挥上层信息集成、交互、展示和管理的作用，而物联网技术则承担底层信息感知、采集、传递、监控的功能。二者集成应用可以实现建筑全过程“信息流闭环”，实现虚拟信息化管理与实体环境硬件之间的有机融合。将物联网采集、处理、分析的数据结合 BIM 模型实现智能建造数字孪生场景的构建，辅助优化管理决策。

2.4 信息安全技术

信息安全问题是互联网时代十分重要的议题，安全和隐私问题也是物联网发展面临的巨大挑战。物联网除面临一般信息网络的物理安全、运行安全、数据安全等问题外，还面临特有的威胁和攻击，如物理俘获、传输威胁、阻塞干扰、信息篡改等。

保障物联网安全涉及防范非授权实体的识别，阻止未经授权的访问，保证物体位置及其他数据的保密性，保护个人隐私、商业机密和信息安全等诸多内容，如网络非集中管理方式下的用户身份验证技术、离散认证技术、云计算和云存储安全技术、高效数据加密和数据保护技术、隐私管理策略制定和实施技术等。

2.5 常用工具软件

2.5.1 编程语言

C#是微软公司为 Visual Studio 开发平台发布的一种基于 C 和 C++ 的简洁、安全、面向对象的编程语言（图 2-33）。可以用这套语言编写运用于. net framework 和 . net core 的各种应用程序。C#在继承了 C 语言和 C++语言的强大功能的同时去掉了上述两种语言中许多复杂的特点，并提供了可视化工具。C#吸取了 Visual Basic 的简单可视化操作与 C++的高运行效率，结合 Visual Studio 开发平台优秀的可视化用户界面与 C#自身强大的操作能力和创新的语言特性，将程序员们从复杂混乱的旧编程体验中解脱出来。

图 2-33　C#语言标志

C#编程语言最早由微软公司的安德斯 · 海尔斯伯格在 2001 年主持开发而成并得以正式发布，是第一款面向组件的编程语言，它的源码会编译成 msil 再运行。C#语言设计时就提出了“简单、现代、通用”的要求。C#最早仅支持在微软自家的 Windows 平台上开发与使用，但随着 C#不断更新迭代，目前最新的 C# 11. 0 版本已经可以在 Mac、Linux 等多个不同操作系统上使用。C#也是一种兼顾了系统开发与应用开发的“全能型”语言。C#现在不仅能够开发基于控制台运行的应用程序，也能够开发 Windows 窗体应用程序、网站、手机等多种应用程序。C#也做到了与 Web 的紧密结合，支持绝大多数的 Web 标准（如 html、xml、soap 等）。C#也具有相对完善的安全性，在 C#语言中已经不再使用指针，而且不允许直接读取内存等不安全的操作。C#语言具有的灵活的版本处理能力与内置的版本控制功能也使 C#在开发、维护中更为容易。

目前，C#语言被广泛运用于几乎所有的领域，包括游戏软件的开发、智能手机应用程序开发、网络系统开发、操作系统平台开发、桌面应用系统开发等。

Java 是由 Sun Microsystems 公司的詹姆斯 · 高斯林开发的一款面向对象的语言（图 2-34）。Java 语言吸收了 C 语言和 C++语言的许多优点，且十分可靠。Java 语言也具有简单的特点，它取消了指针，而替换为引用，也不具有运算符重载、自动强制类转换、显示内存分配等复杂功能。Java 语言也是一款分布式的语言，支持因特网应用的开发。Java 的应用编程接口中提供了网络应用编程接口，其内有网络应用编程的类库。Java 语言也是一款安全的编程语言，其常常被应用到网络中，Java 为了防止恶意代码的攻击特意准备了一个安全机制，对通过网络下载的类也具有安全防范机制。Java 是一款多线程的编程语言，同时也提供多线程之间的同步机制。Java 也具有跨平台性，Java 编程语言编写出的应用程序可以跨越在不同的系统上运行。

图 2-34　Java 语言标志

目前 Java 语言被广泛地运用于各种桌面软件、网络程序编程等。Java 分为三个版本，即 Java SE、Java EE 和 Java ME：

1）Java SE（即 Java Platform，Standard Edition，Java 标准版）也称为 J2SE，是一种主要用于桌面软件的编程，允许开发和部署在桌面、服务器、嵌入式环境和实时环境中使用，Java SE 是基础包，为 Java EE 提供基础。

2）Java EE（即 Java Platform，Enterprise Edition，Java 企业版）也称为 J2EE，主要用于分布式的网络程序开发，可以帮助开发和部署可移植的、健壮的、可伸缩的、安全带服务器端Java应用程序，Java企业版是在Java标准版的基础上构建而成的，可以提供Web服务、组件模型、管理和通信API，可以用于实现企业级的面向服务体系结构和Web2.0应用程序。

3）Java ME（即Java Platform，Micro Edition，Java平台微型版）也称为J2ME，主要用于嵌入式系统的开发与移动设备的开发，旨在为嵌入式设备和移动设备上的应用程序提供一个灵活、健壮的开发环境。Java ME具有健壮的安全模式和许多内置网络协议，也对可以动态下载的联网或离线应用程序提供支持。

2.5.2 架构设计软件

搭建物联网的第一步就是确立整个物联网体系的架构设计，这里使用微软公司的Microsoft Office Visio软件以辅助这一过程的进行。

Microsoft Office Visio软件是微软公司为Windows操作系统出品的一款流程图，是矢量绘图软件，这一款软件是Microsoft Office系列软件的一个部分，在2000年被微软公司收购后正式成为微软公司旗下的一款产品。值得一提的是，Microsoft Office Visio软件虽然是Office系列软件的一员，但常常单独进行出售，而不是捆绑于Microsoft Office套餐中。Microsoft Office Visio软件主要面向商务人士与IT行业人士，用于将复杂的抽象逻辑关系转换为让人一目了然的各类型图表。软件提供了包括基本流程图、跨职能流程图、组织架构图、详细网络图等一系列模板，并支持用户对模板内各种形状、文本、箭头线条的随意增减与修改，且对.NET语言和多种数据库具有良好的支持，非常适合用于物联网的架构设计。Microsoft Office Visio 2010软件界面如图2-35所示。

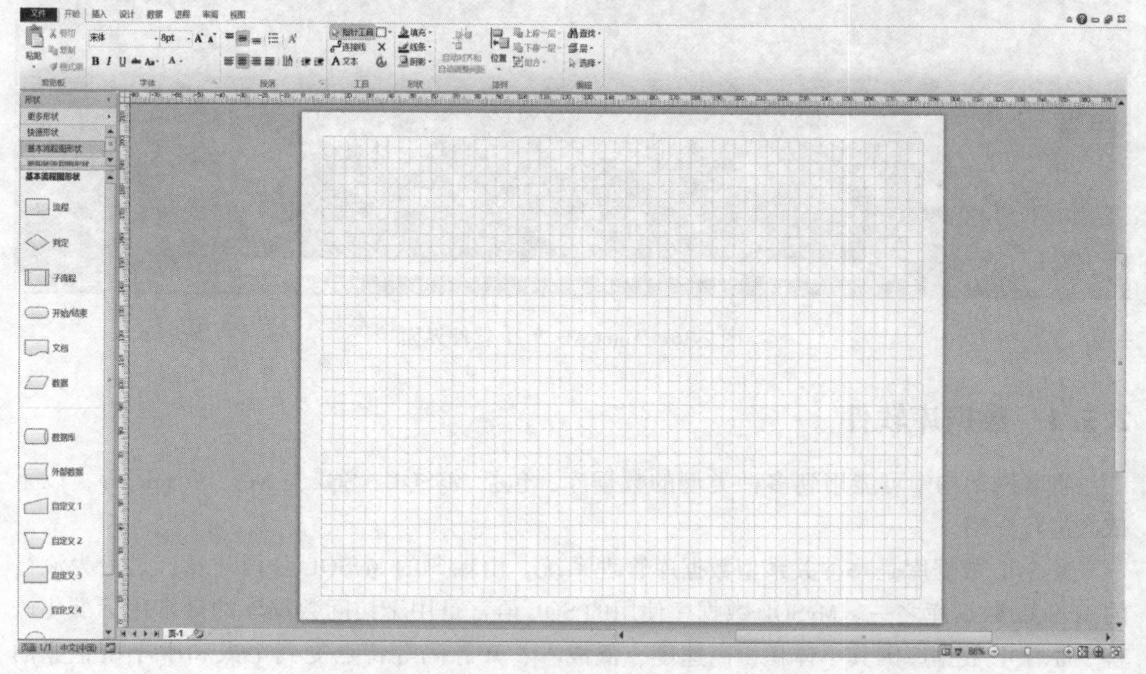

图2-35 Microsoft Office Visio 2010软件界面

2.5.3 物联网图纸设计软件

物联网图纸设计软件主要是利用计算机辅助设计软件（Computer Aided Design），即CAD软件进行的。

通常意义上的CAD指的是计算机辅助设计技术，这一技术自20世纪50年代美国诞生第一台计算机绘图系统后就开始起步，60年代中期开始出现商品化的计算机绘图设备。到了20世纪70年代，完整的计算机辅助设计系统开始成型，80年代随着工程工作站的出现，CAD技术开始在中小型企业逐步普及。目前各类计算机辅助设计软件已经在建筑设计、电子电气、服装业、计算机等各个行业得到广泛应用。

目前智能建造领域物联网图纸设计常用的CAD软件是来自于欧特克公司（Autodesk）的AutoCAD软件。这款软件可用于二维、三维图形绘制编辑与图形设计，是目前世界上广为流行的一款绘图软件，可以基于多种操作系统运行。AutoCAD的文件标准格式为dwg，交换格式为dxf，样板文件格式为dwt。AutoCAD 2021软件界面如图2-36所示。

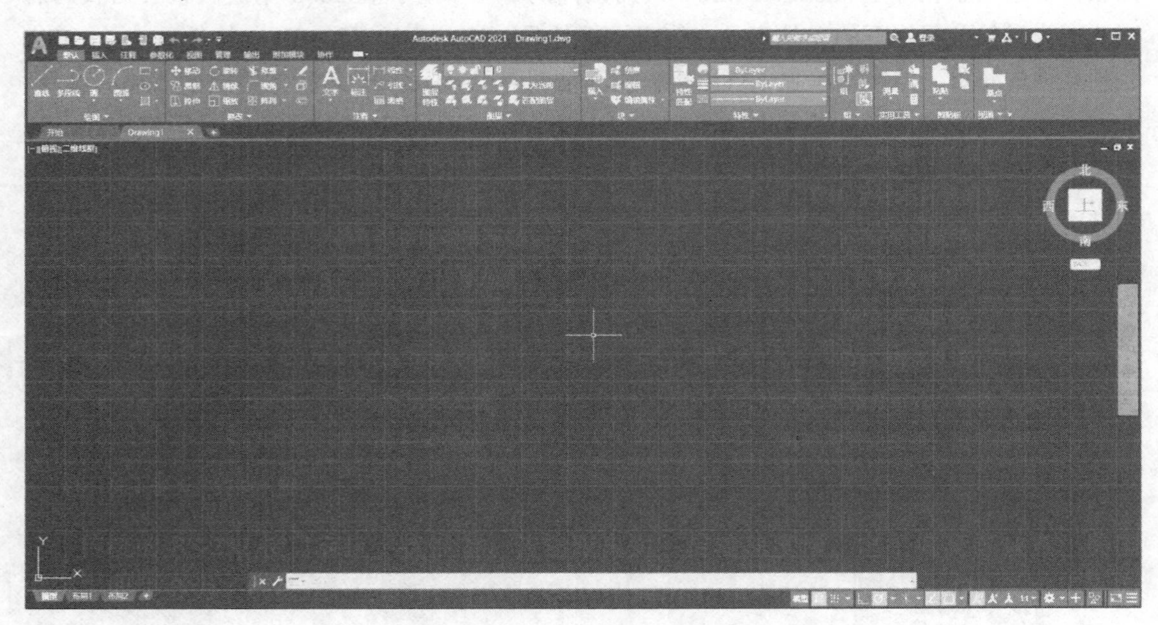

图2-36 AutoCAD 2021软件界面

2.5.4 数据库软件

物联网架构中可能用到多种类型的数据库，包括MySQL、SQL server、Oracle等，以下依次进行介绍。

MySQL数据库是一种关系型数据库管理系统，由瑞典的MySQL公司开发，是最为流行的MySQL数据库之一。MySQL数据库使用的SQL语言是用于访问数据库的最常用标准化语言。MySQL数据库因其小体积、高速度、低成本、开源码等特点受到个人和中小型企业的欢迎。MySQL数据库使用了C语言和C++语言编写，支持多种操作系统，支持多线程，能作为单独的应用程序应用，也能作为一个库嵌入到其他软件中去。MySQL 数据库也支持 TCP/IP、JDBC 等多种数据库连接途径。

SQL server 是由微软公司推出的关系型数据库管理系统软件，使用了集成的 BI 工具提供企业级的数据管理，为关系型数据库和结构优化数据提供了安全可靠的存储功能。SQL server 数据库主要基于微软公司的 Windows 操作系统，具有可伸缩性好、相关软件集成程度高等优点，面向于大型企业使用。

Oracle 数据库是甲骨文公司的一款关系型数据库管理系统，具有系统可移植性好、适应性强、高吞吐量等特点。Oracle 数据库是以分布式数据库为核心的一组软件产品，是世界上使用最为广泛的一种通用数据库系统，并且支持多种不同的操作系统使用。

分布式数据库并不是某个公司的数据库系统产品，而是一种通过将数据放在不同的较小的计算机系统上，而后将位于不同位置的数据库通过网络互相连接起来，组成的一个逻辑上集中、物理上分散的大型数据库。目前比较热门的分布式数据库主要包括华为的 GaussDB、腾讯的 TDSQL、中兴的 GoldenDB、微软的 Cosmos DB 等。

习题与思考题

1. 请简述物联网的关键技术及其作用。
2. 无线射频识别技术（RFID）的工作原理是什么？
3. 请简述无线传输技术的类型及其特点。
4. 请简述云计算应用于智能建造的优势。
5. 物联网编程语言的分类及其优点是什么？
6. 应用于物联网架构的数据库的特点是什么？

第3章 智能建造工程场景中的物联网

3.1 预制构件智能工厂管理

3.1.1 背景

国务院办公厅于2016年9月27日下发《国务院办公厅关于大力发展装配式建筑的指导意见》（以下简称《指导意见》），《指导意见》中指出：装配式建筑是用预制部品部件在工地装配而成的建筑。发展装配式建筑是建造方式的重大变革，是推进供给侧结构性改革和新型城镇化发展的重要举措，有利于节约资源能源、减少施工污染、提升劳动生产效率和质量安全水平，有利于促进建筑业与信息化工业化深度融合、培育新产业新动能、推动化解过剩产能。《指导意见》中重点任务指出：优化部品部件生产。引导建筑行业部品部件生产企业合理布局，提高产业聚集度，培育一批技术先进、专业配套、管理规范的骨干企业和生产基地。支持部品部件生产企业完善产品品种和规格，促进专业化、标准化、规模化、信息化生产，优化物流管理，合理组织配送。积极引导设备制造企业研发部品部件生产装备机具，提高自动化和柔性加工技术水平。建立部品部件质量验收机制，确保产品质量。

2021年10月21日，中共中央办公厅、国务院办公厅印发了《关于推动城乡建设绿色发展的意见》（以下简称《意见》），《意见》中指出：大力发展装配式建筑，重点推动钢结构装配式住宅建设，不断提升构件标准化水平，推动形成完整产业链，推动智能建造和建筑工业化协同发展。2022年11月23日，住房和城乡建设部办公厅发布《住房和城乡建设部办公厅关于印发装配式建筑发展可复制推广经验清单（第一批）的通知》（以下简称《通知》），《通知》中指出：大力发展预制构件智能生产。提高预制构件智能化水平，有效提升预制构件生产品质。

国内预制构件工厂市场具有入门门槛低、参与者数量多的特点，这使得我国预制构件工厂规模在近几年快速扩张的同时，典型城市预制叠合板的价格也在一路走低（图3-1）。这使得处于行业中下游的企业们逐渐举步维艰，行业转型升级迫在眉睫。而在众多的行业升级方法中，为预制构件工厂引入现代化综合管理系统，对预制构件工厂进行信息化、数字化、智能化升级无疑随着当今的信息化浪潮逐渐成为一个热门选择。根据有关统计，目前我国的预制构件工厂已经有近73%完成了信息化转型，这些完成信息化转型的构件工厂已经具备了信息化的管理能力并配套了管理工具，已经具备了初步的智能化建造能力，而其中的一些头部工厂甚至已经开始谋求数字化、智能化的转型。

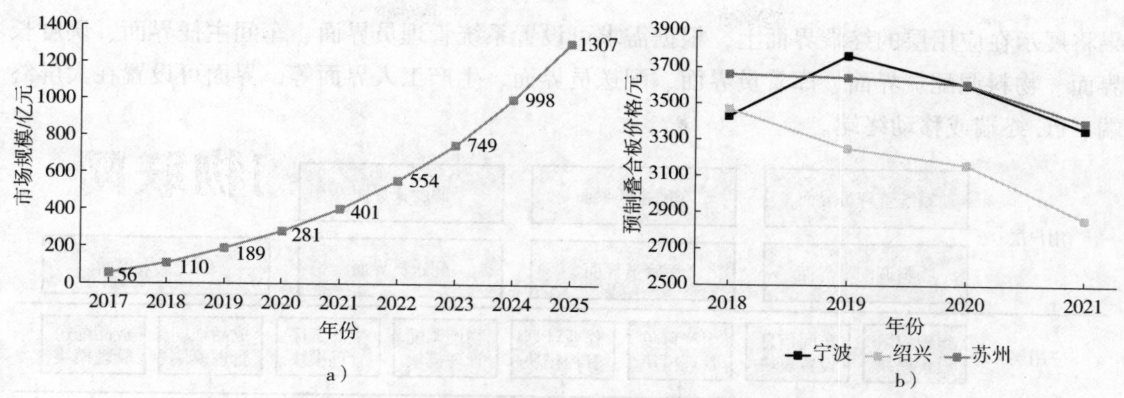

图 3-1　我国近年预制构件厂市场规模预测与典型城市预制叠合板价格走向

a）市场规模　b）价格走向

3.1.2　相关标准

现行的预制构件智慧工厂相关标准较少，本节主要参考的标准有《预拌混凝土绿色生产及管理技术规程》（JGJ/T 328—2014）、《预制混凝土构件工厂质量保证能力要求》（T/CECS 10130—2021）、《预拌混凝土智能工厂评价要求》（T/CBMF 89—2020/ T/CCPA 16—2020）、《混凝土预制构件智能工厂　通则》（T/TMAC 012. 1—2019）和 CECS 标准《混凝土预制构件智慧制造工厂评价标准》（征求意见稿）。

3.1.3　基本要求

预制构件智慧工厂应用物联网技术打通生产设备、环境、人员等相关数据接口，完成 IT 与 OT 的跨网互通，终端设备形成闭环组网，实现了生产全要素的无线连接、远程数据采集与设备交互，实现排产—浇筑—养护—质检—转运等全流程的自动化、智能化作业。

预制构件智能工厂以无人或少人辅助为原则，通过智能化、自动化设备进行生产施工；利用物联网技术和监控技术加强信息管理服务，实现多个数字化车间的统一管理与协同生产，应将车间的各类生产数据进行采集、分析与决策，并将优化信息再次传送到数字化车间，实现车间的精准、柔性、高效、节能的生产模式。

3.1.4　架构设计

预制构件智能工厂管理平台架构通常包括数据层、平台层、应用层和用户层（图3-2），可根据实际项目情况进行调整和扩展。以下对各层的基本内容、数据管理和主要功能要求进行介绍。

数据层主要包括构件的 BIM 模型文件、构件加工图、技术文档、设备感知数据、环境和视频监控数据、构件定位数据等。平台层包括 BIM 解析与显示、Tomcat 服务器、流程管理、文档管理等相关平台。基于数据层和平台层的信息输入到应用层，应用层根据业务需要设置组织权限设置模块、车间信息设置模块、生产订单管理模块、作业计划管控模块、物理调配管理模块、生产工序管理模块、成品堆场管理模块、成品配送管理模块等。应用层的结果将展示在应用层的终端界面上，根据需求可设置系统管理员界面、车间主任界面、调度长界面、物料调配员界面、库管员界面、配送员界面、生产工人界面等，界面可设置在大屏终端、PC 终端或移动终端。

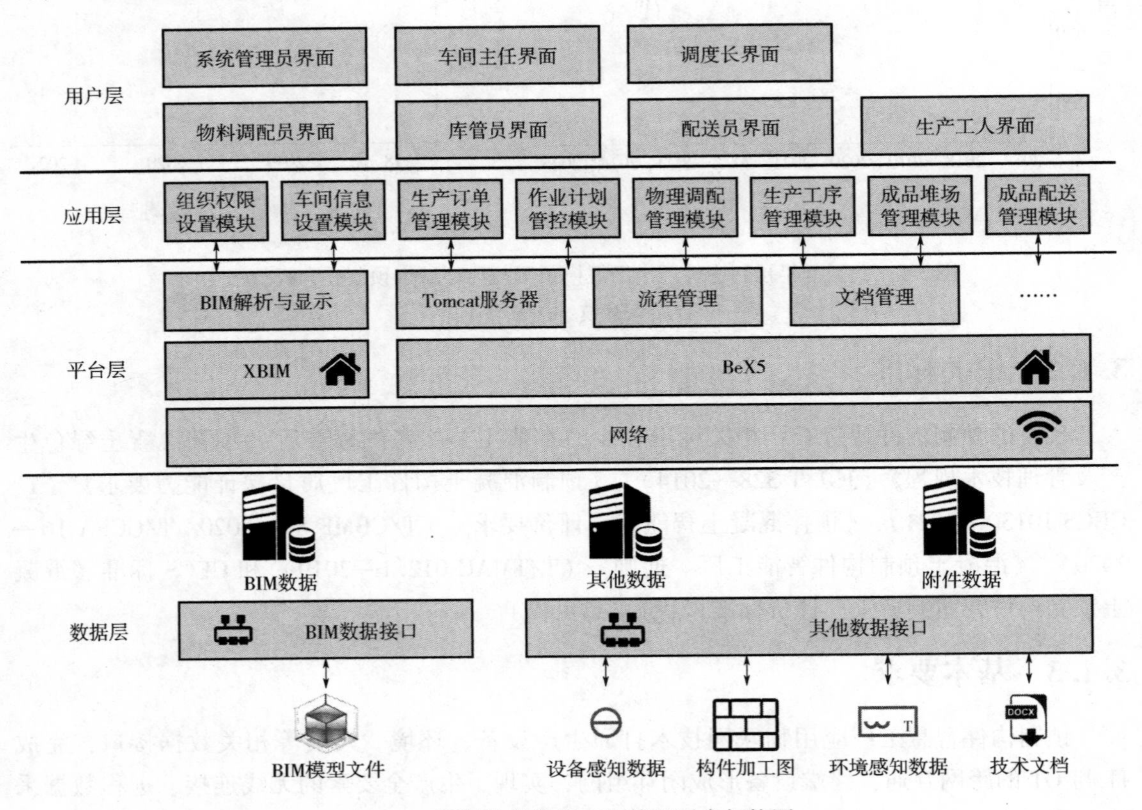

图 3-2　预制构件智能工厂管理平台架构图

3.1.5　功能要求

以混凝土预制构件智能生产车间为例，智能应用按工艺流程控制生产设备进行生产活动，并实时监测设备的执行情况，实现全流程的自动化作业，见表 3-1。

表 3-1　智能应用及其定义

序号	智能应用类型	智能应用定义
1	智能排产	制造执行系统按照订单生成构件排产计划，将构件定位尺寸信息发送给分布式控制系统。分布式控制系统将构件定位尺寸信息发送至工厂内的智能设备
2	智能浇筑混凝土	分布式控制系统指示布料系统按照构件尺寸准备混凝土方量并在布模区域定量浇筑混凝土，视觉系统通过信息传输网络反馈给边缘云平台，实时分析布料情况，反馈给分布式控制系统，调整下料量保证浇筑效果
3	智能养护	分布式控制系统控制养护系统对构件进行养护，养护系统的环境监测传感器通过信息传输网络向分布式控制系统上报环境监测数据，分布式控制系统调整养护系统参数、稳定养护系统环境

（续）

序号	智能应用类型	智能应用定义
4	智能质检	5G视觉质检应用部署于成品取码区，完成成品构件的质量自动化检测
5	智能转运	边缘云分析码垛结果，指示分布式控制系统控制自动运输车AGV将质检合格的成品构件转运到仓储区 运输设备应满足以下技术指标要求： （1）运输车应当具备定位功能，实时记录车辆运行状态信息和路线的交通状态信息、装载和输送的产品状态信息，并将信息进行有效传输 （2）运输车应在前方与两侧安装摄像头，并能将监控信号实时传送至调度中心 （3）运输车应采用必要的信息技术实现与泵车进行匹配验证 （4）运输车运送混凝土到达现场后可实现扫码签收

3.1.6 组网

预制构件智能工厂的组网通常要求应当实现工厂全要素全面互联互通互换，具体可分为工厂设施的全面互联、工厂系统的全面互通与工厂数据全面互换，见表3-2。

表3-2 智能预制构件生产制造工厂组网要求

序号	组网要求	组网要求详细解释
1	设施全面互联	建立各级标识解析节点和公共递归解析节点，促进信息资源集成共享
		建立工业互联网工厂内网，工业以太网、工业现场总线、IPv6等技术，实现生产装备、传感器、控制系统与管理系统的互联
		利用IPv6、工业物联网等技术实现工厂内、外网以及设计、生产、管理、服务各环节的互联，支持内、外网业务协同
2	系统全面互通	工厂的总体设计、工艺流程及布局应建立数字化模型并可进行模拟仿真，应用数字化三维设计与工艺技术进行设计仿真
		建立制造企业生产过程执行系统，实现计划、调度、质量、设备、生产、能效等管理功能
		建立企业资源计划系统，实现供应链、物流、成本等企业经营管理功能
		建立产品数据管理系统，实现产品设计、工艺数据的管理
		在此基础上，实现生产过程执行系统、企业资源计划系统与数字化三维设计仿真软件、产品数据管理系统、供应链管理等系统的互通集成
3	数据全面互换	建立生产过程数据采集与监视控制系统，实现生产进度、现场操作、质量检验、设备状态、物料传送等生产现场数据自动上传，并实现可视化管理
		实现生产过程执行系统、资源计划系统与数字化三维设计仿真软件、产品数据管理系统、供应链管理等系统之间的多元异构数据互换

这里以某实际运用了物联网技术的混凝土预制构件生产制造车间为例。该混凝土预制构件生产制造车间采用独立专网的方式构建工厂5G网络，独立部署专有的无线和核心网设备，为工厂提供与运营商公网络隔离的、满足工厂特殊需求的超大带宽、超低时延、超高可靠的基

础网络。该5G专网只服务于签约的专网用户终端，外部终端无法接入，保证网络安全。

工厂通过增强上行覆盖、优化基站上下行资源配比的方式提升上行吞吐量。经过优化，单用户上行速率可达200 Mbps。5G核心网控制面和用户面功能均下沉到工厂机房，确保用户业务数据不出厂区，有效降低端到端网络时延，联合空口预调度技术，网络的端到端往返时延可以达到10 ms。

工厂采用基于TCP/IP的PROFINET工业通信协议，生产线上的设备均支持网络通信方式。借助核心网提供的5GLAN功能，支持终端设备如PLC与上位机在局域网内的互通数据，使数据不再依靠物理硬线，通过5G网络即可实现互通。该技术使数据不出用户，免除了数据在N6接口外的路径传输和应用服务器处理带来的延迟。同时，端到端的数据路径都在5G网络的管理之下，能够保障端到端QoS。

3.2 智慧工地管理

3.2.1 背景

2020年，住建部等部门联合印发《关于加快新型建筑工业化发展的若干意见》，其中提到“推广应用物联网技术。推动传感器网络、低功耗广域网、5G、边缘计算、射频识别（RFID）及二维码识别等物联网技术在智慧工地的集成应用，发展可穿戴设备，提高建筑工人健康及安全监测能力，推动物联网技术在监控管理、节能减排和智能建筑中的应用”。

2022年，住建部印发《“十四五”住房和城乡建设科技发展规划》，其中提到要“以推动建筑业供给侧结构性改革为导向，开展智能建造与新型建筑工业化政策体系、技术体系和标准体系研究。研究数字化设计、部品部件柔性智能生产、智能施工和建筑机器人关键技术，研究建立建筑产业互联网平台，促进建筑业转型升级”，要“研发与精益建造相适应的部品部件现代工艺制造、智能控制和优化、新型传感感知、工程质量检测监测、数据采集与分析、故障诊断与维护等关键技术，研发建筑施工智能设备设施和智慧工地集成应用系统”。

建筑行业一直是我国国民经济的支柱产业。2021年，我国建筑业总产值已达到29.3万亿元，为社会提供了超过5000万个就业岗位。但与之相对的，我国的建筑行业整体信息化、智能化程度都较低，依然依赖于粗放式管理与劳动密集型手工劳作。这导致了我国建筑施工行业长期以来存在行业产品质量较低、行业利润不高、施工工期冗长等问题。而随着近几年我国建筑行业工人年龄不断上升、年轻劳动力短缺等问题不断突出，传统建筑施工行业响应国家相关号召，实现行业向着信息化、智能化转型升级已经迫在眉睫。而施工现场作为建筑行业的重要一环，如何实现施工工地的智能化升级，实现智慧化工地也成为建筑行业转型的关键落脚点。

3.2.2 相关标准

本节主要参照的智慧工地相关标准和规范包括：《智慧工地技术规程》（DB11/T 1710—2019）、《智慧工地评价标准》（DB11/T 1946—2021）、《智慧工地管理标准》（T/CECS 651—

2019)、CECS 标准《智慧工地技术规程》（征求意见稿)、《智慧工地建设规范》（T/CIIA 015—2022)、《智慧工地总体规范》（T/CIIA 014—2022)、《智慧工地应用规范》（T/CIIA 016—2022)、《智慧工地建设评价标准》（T/SDJSXH 01—2021)、《智慧工地集成应用与评价标准》（T/WHCIA 01—2020）等。

3.2.3 基本要求

智慧工地管理平台应具备与之相适应的软件与硬件配置和基础设施条件。智慧工地物联网管理平台建设应围绕人、机、料、法、环等施工活动关键要素，根据项目特点及工程项目相关方技术水平等综合确定应用目标和应用范围。结合项目管理实际业务，对项目的进度、安全、质量、成本等方面的管理提供数据支撑；强化数据管理，充分利用并挖掘数据价值，提升施工技术和管理人员的科学决策水平。

智慧工地通过物联网平台将各应用系统进行联动，实现整体系统信息的全面整合、共享与调度。系统应包括但不限于视频监控、进度管理、人员管理、设备管理、物资管理、质量管理、安全管理、环境监控、能耗管理等。智慧工地应设置指挥中心，指挥中心应有大屏或拼接屏，整体呈现智慧工地应用数据。集成平台应对外提供服务和数据接口，并具备调用外部服务的能力。平台应符合国际通用的接口、协议及国家现行有关标准的规定，能够为设备集成提供高效、安全的网络与通信环境。

智慧工地管理平台应采取分级管理制度，根据使用单位组织架构进行灵活配置。项目相关方应基于一致的数据标准进行协同工作，保证各阶段、各专业和各相关方的数据规范、完整、有效共享，并应采取措施保证项目数据安全。

3.2.4 架构设计

智慧工地管理平台架构通常包括感知层、平台层、应用层和用户层，如图 3-3 所示，可根据实际项目情况进行调整和扩展。以下对各层的基本内容、数据管理和主要功能要求进行介绍。

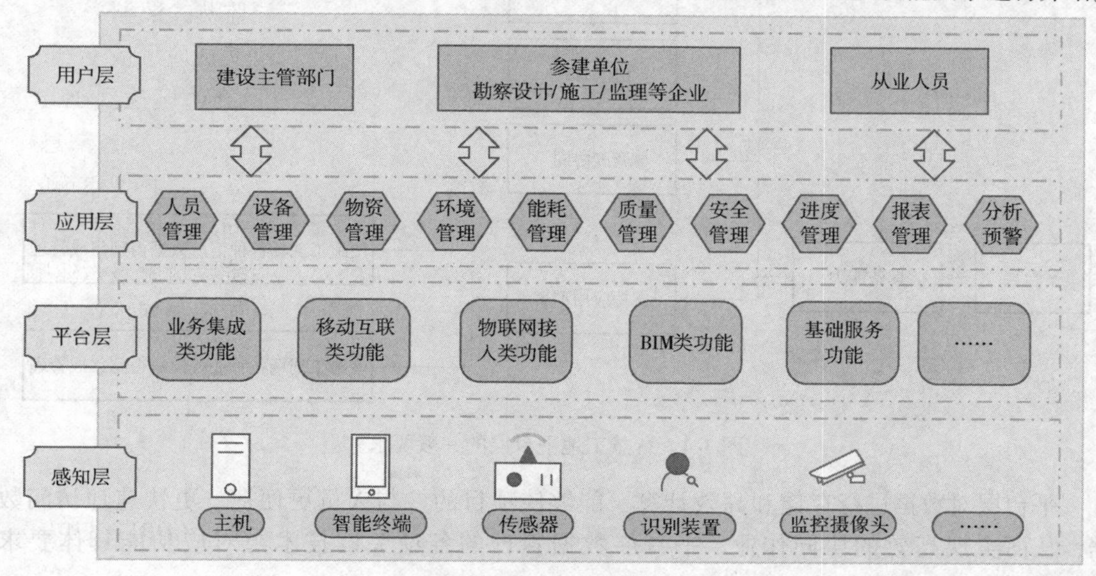

图 3-3 智慧工地管理平台架构图

1. 感知层

感知层的主要功能要求在于提高工地的现场管控能力。具体而言，就是通过传感器、摄像头、RFID 设备和手机等相应的终端设备来实现对工地的实时监控、数据采集、智能感知和高效协同，实现施工现场各种信息数据的汇聚、整合及各业务管理的功能性模块的集成运行，为应用层的具体应用提供支撑。

物联网通过开放的扩展性接口和框架，支持多种异构系统的集成接入以及各类异构数据的处理。而对于智慧工地生产中产生的数据的分类、格式划分与存储方法见表 3-3。

表 3-3　智慧工地数据管理

数据分类	数据的格式划分与存储方法
结构化数据	数据结构规则或完整，有预定义的数据模型，方便用数据库二维逻辑表来表现的数据。主要通过关系型数据库进行存储和管理，数据格式 JSON
非结构化数据	数据结构不规则或不完整，没有预定义的数据模型，不方便用数据库二维逻辑表来表现的数据。数据格式包括所有格式的办公文档、文本、图片、HTML、各类报表、图像和音频/视频信息等

2. 平台层

平台层应具备 IoT 接入管理、数据管理、AI 管理、协同管理、调度协同等能力，同时支持应用部署，实现对施工现场各种信息数据、业务模块的集成管理，如图 3-4 所示。

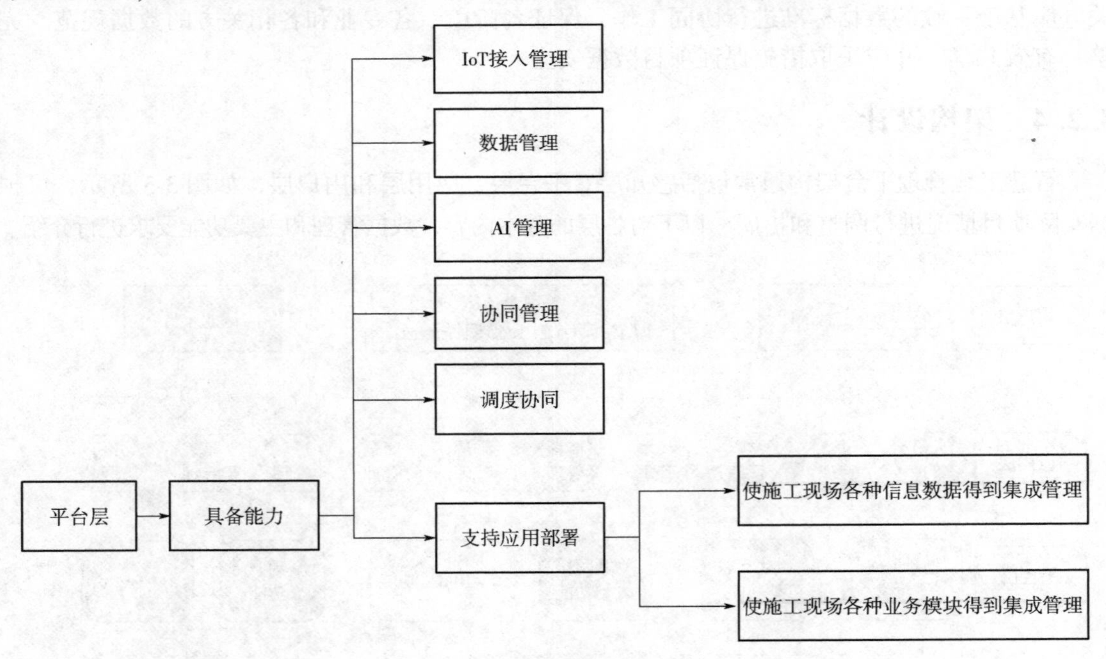

图 3-4　智慧工地平台层的一般要求

平台层对数据进行存储和高效计算，能够使项目的参与人员更便捷、更快速地访问数据，从而实现高效的协同作业。平台层数据管理的各项关键技术与对应功能具体要求如图 3-5 所示。

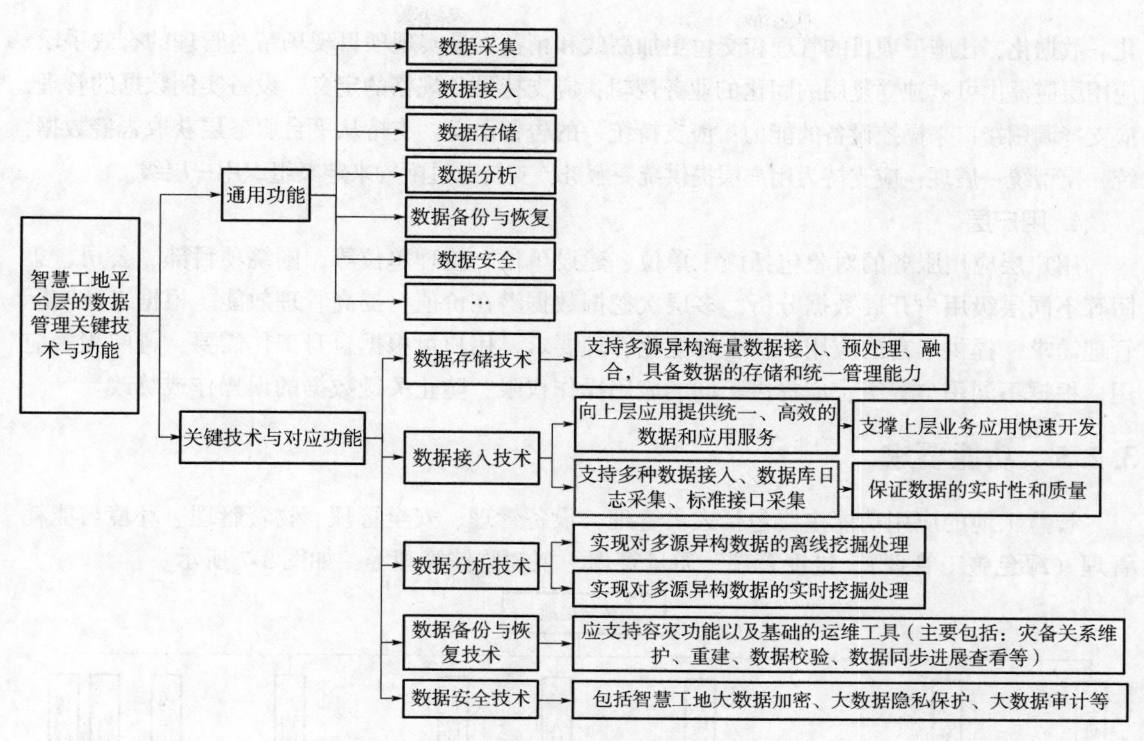

图 3-5　智慧工地平台层的数据管理关键技术与功能

平台层的部署应支持多种操作系统，例如支持 Windows、Linux。具体功能要求见表 3-4。

表 3-4　智慧工地平台层具体功能要求

序号	具体功能	功能要求
1	IoT 接入管理	平台层应支持图形化的组态工具，应支持面向对象的建模工具，多种标准网络协议接入，实现设备数据的标准化接入
2	智能 AI 管理	人工智能子平台应提供人脸识别、语音交互、图像识别、文字识别等服务，具备支撑智慧工地建设场景智能交互、智能分析、智能决策能力
3	协同管理	平台层应保证数据实时获取和共享，提高现场基于数据的协同工作能力
4	调度协同	可实现多系统联动。例如视频系统与调度台联通，异常情况下可以联动相关摄像头视频自动弹出

3. 应用层

应用层指围绕工程施工生产过程，利用信息化手段实现技术与业务场景的融合应用，通常以软件或软件与硬件组合的系统形式实现。应用层的子系统划分具体如图 3-6 所示。

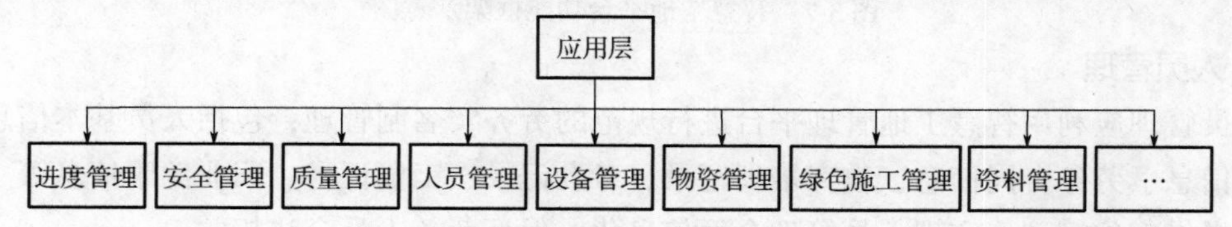

图 3-6　智慧工地应用层的子系统划分

以提升工程项目管理这一关键业务为核心，通过项目进度、质量、成本的可视化、参数化、数据化，让施工项目的管理和交付更加高效和精益，是实现项目现场精益管理的有效手段。应用层应提供可被独立复用的固化的业务逻辑；应支持设备规格的定义，设备实例数据的管理，应支持调用接口来操控设备的能力；应支持统一的告警语义，支持从平台服务层获取告警数据，统一模型统一展现；应支持为用户层提供统一服务，支持通过配置来定义组织用户层级。

4. 用户层

用户层应用服务的对象包括施工单位、建设单位、监理单位等，围绕项目部、公司、集团等不同层级用户开展数据分析，多层次挖掘数据潜在价值，提高管理效能。根据工地实际管理需求，提供丰富的应用，符合智能化管理要求。用户可根据自身工作需要，订阅相关应用。根据不同用户等级，应提供不同的应用操作权限，防止关键数据的误操作或篡改。

3.2.5 功能要求

智慧工地的应用功能主要包括人员管理、设备管理、安全管理、物资管理、环境与能耗管理（绿色施工管理）、进度管理、质量管理、视频监控管理等，如图 3-7 所示。

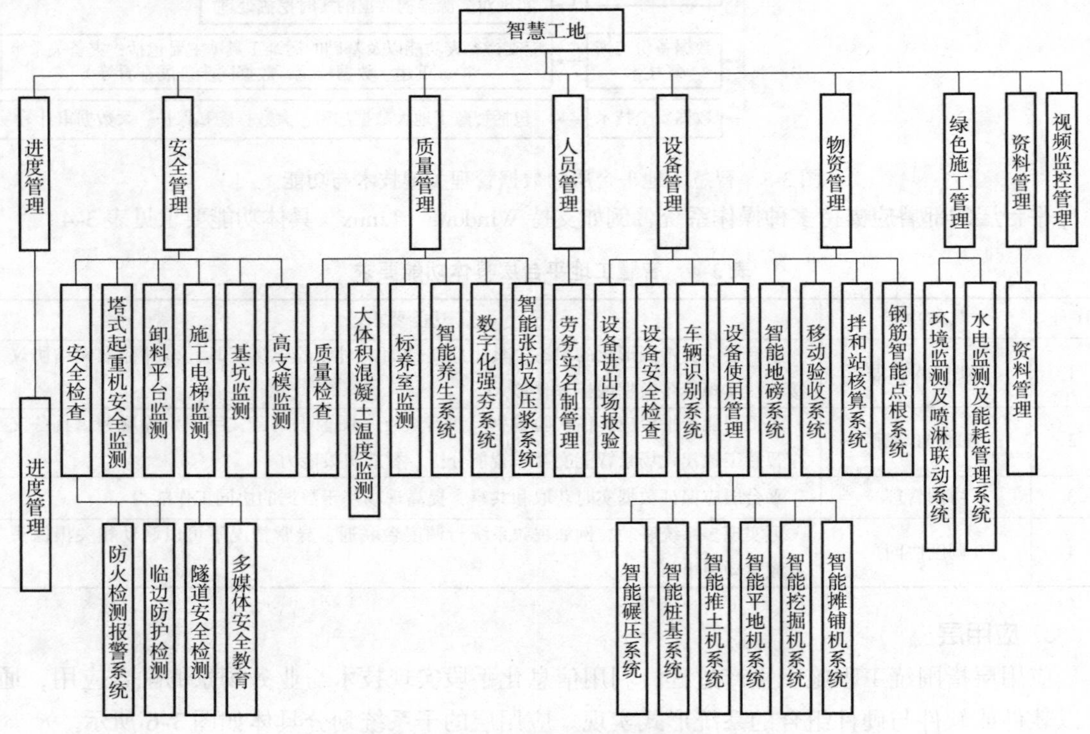

图 3-7　智慧工地平台功能框架示意图

1. 人员管理

人员管理应利用智慧工地管理平台进行规范的劳务实名制管理，包括人员基本信息、生物识别信息、劳务合同信息、教育培训记录、考勤记录、工资记录、职业健康信息等。有条件时应提供定位管理，实现人员管理全面信息化，保证劳务人员合法权益。

施工工地人员管理应用系统宜与其他业务应用系统信息共享，各种信息实时上传智慧工地管理平台，从数据逻辑上实现人员与具体工作内容和结果的一一对应，提升对“人机料法环”等施工要素的智慧化管理能力，如图 3-8 所示。

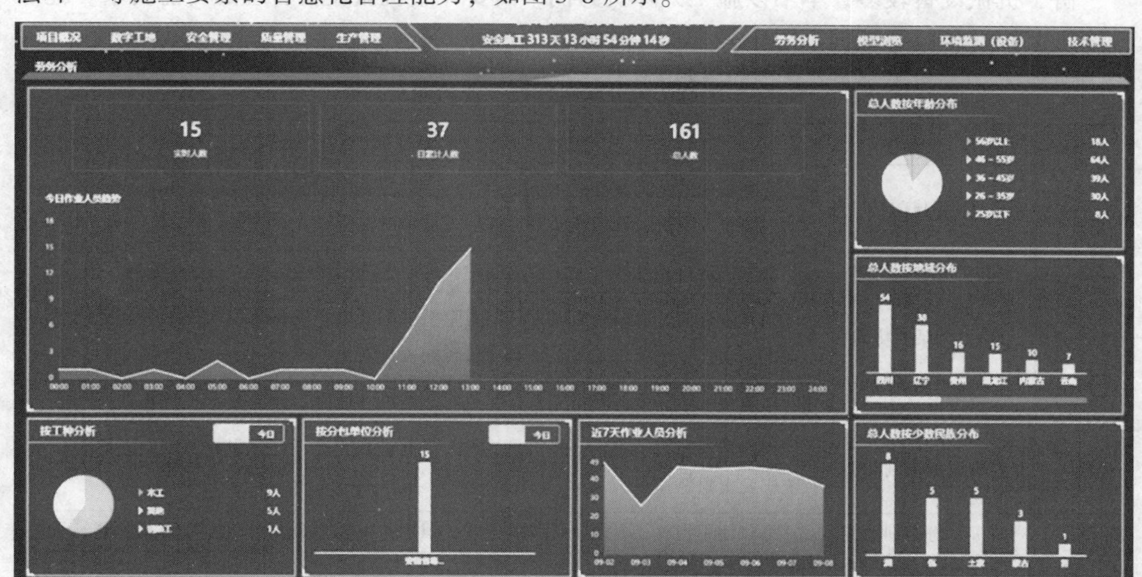

图 3-8　智慧工地劳务人员管理示例图

2. 设备管理

智慧工地管理平台通过对机械设备的集成管理，实现与各项业务流程的互通互联；通过对施工作业区域内机械设备及设备作业人员进行感知，实现数据的汇集、共享、监测、存储和应用，辅助项目管控和决策；通过智能化与智慧化管理，提高机械设备运转的安全性和高效性。

智慧工地机械设备管理范围包括拥有自主动力系统，具备或可具备一定智能化功能的设备，包括土方及筑路机械、桩工机械、起重机械、高处作业机械、非开挖机械、辅助施工机器人、其他机械设备等（图 3-9）。机械设备管理应用系统宜包括机械设备基本信息管理、相关人员管理、运行数据管理、大数据分析等管理功能。

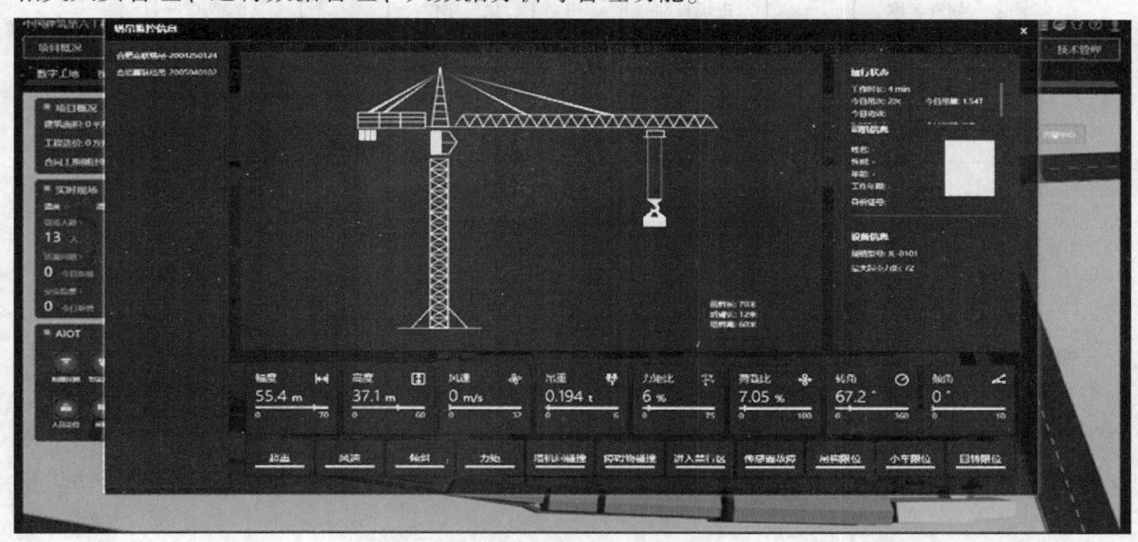

图 3-9　智慧工地塔式起重机管理示例图

由于机械设备较多，本书以施工升降机为例，简要介绍机械设备管理的功能要求。施工升降机监控设备应包括但不限于表 3-5 所列功能。

表 3-5　智慧工地升降机监控设备功能及解释

序号	功能	功能解释
1	防坠落/超速防护功能	升降机速度达到或超过额定速度时，系统应能进行现场报警，并对吊笼进行制动，防止升降机运行超速坠落，保护人员生命安全
2	防冲顶防护功能	升降机运行高度接近上限位高度时，应能够进行现场报警，并对吊笼进行制动
3	开关门保护功能	当升降机前、后门开启时，强制对牵引机构断电，确保笼门未关闭时升降机无法上下运动，保护施工人员上下升降机时的人身安全
4	超重报警功能	当重量传感器检测到吊笼载重超重时，系统应报警，且自动停止工作
5	人数识别控制功能	人数传感器自动识别升降机吊笼内人员并计数，当承载数量超过安全上限时，系统应发出报警
6	司机身份识别功能	可以使用指纹、人脸、虹膜等方式，识别并限制非操作人员操作升降机运行
7	提供设备基本信息，记录维护保养信息功能	
8	提供记录检查、巡检信息功能	

3. 物资管理

智慧工地应对物资进出场、核算、损耗等信息进行管理。物资信息应包含的元素如图 3-10 所示。

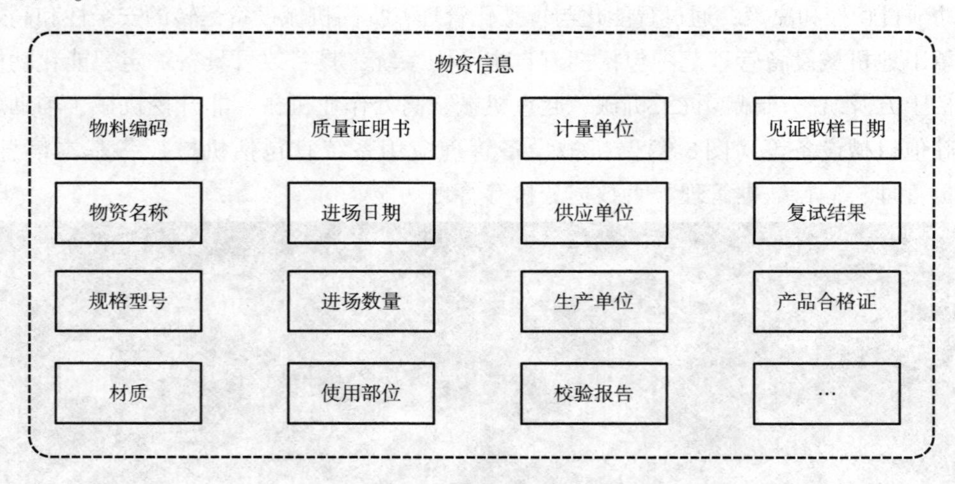

图 3-10　智慧工地物资信息包含元素

物资管理应用系统内应建立基础的物资信息库，统一物料编码，实现物资的分类管理。物资供应商、需求计划、采购及进场验收、出入库等环节应基于物资管理应用系统进行统一管理，各环节实现数据互通，互相关联。使用 RFID 或二维码、智能识别等技术进行物资库存管理，采用无纸化办公技术，生成电子料单，支持扫码传输。物资管理系统应包括功能见表 3-6。

表 3-6　智慧工地物资管理系统功能

序号	建设内容与要求
1	供应商信息录入、变更、管理功能
2	物资采购计划管理功能
3	物资进场验收功能
4	物资自动称重、点数、计量功能
5	票据信息读取功能
6	物资库存盘点、查询功能
7	剩余物资处理和信息查询、统计分析功能
8	检测报告信息智能采集、上传与分析功能
9	进场验收不合格或复试结果不合格的产品记录与处理功能
10	物料数量 AI 点检
11	物料进场复试取样送检，对全流程抽检结果进行登记追踪

4. 环境监测

智慧工地应对现场扬尘、噪声、气象等环境信息进行管理（图 3-11），智慧工地环境监测信息及其监测内容见表 3-7。

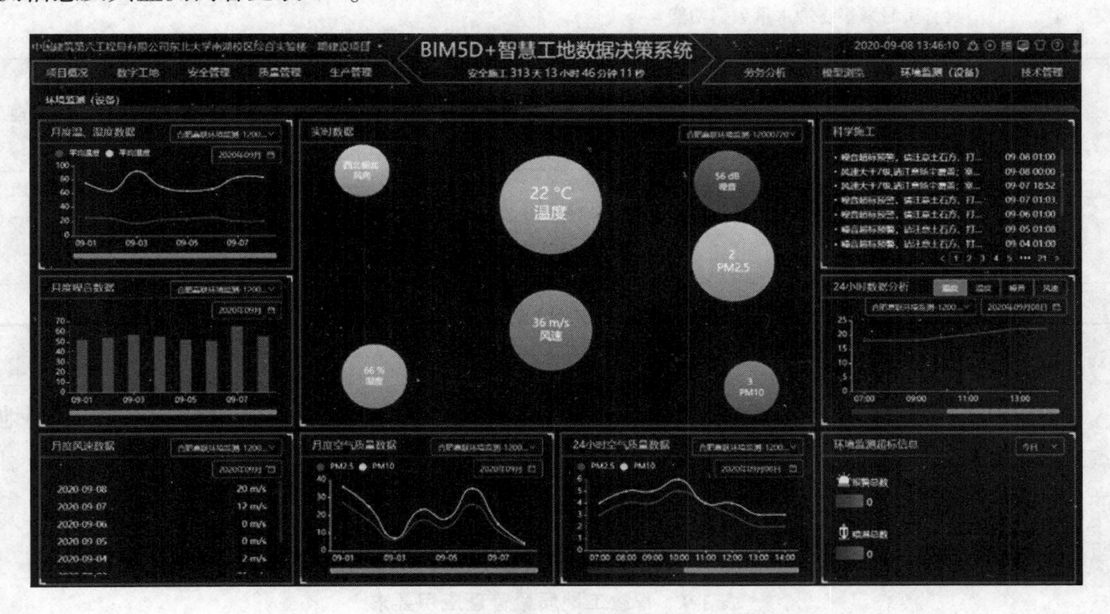

图 3-11　智慧工地环境信息管理示例图

表 3-7　智慧工地环境监测信息及其监测内容

序号	监测信息	监测信息内容
1	扬尘	PM2. 5 浓度、PM10 浓度、TSP 浓度
2	噪声	噪声值
3	气象	温度、湿度、风速、风向

环境监测系统应包括但不限于以下功能：

（1）数据实时传输功能　可在平台和项目现场实时查看检测数据。

（2）异常情况自动报警功能　应包含的预警情况有扬尘监测数据超标、噪声值超标、温湿度及风速超过规定值。

（3）问题自动处置功能

（4）监测点定位功能

（5）历史数据查看与下载、环境统计分析等功能

环境监测设备监测点应布设于工地出入口或围挡内侧，避免有非施工作业的高大建筑物、树木或其他障碍物阻碍监测点附近空气流通和声音传播。监测点附近应避免强电磁干扰，周围有稳定可靠的电力供应，方便安装和检修通信线路。

5. 能耗管理

智慧工地应对现场用水、用电等使用信息进行管理。能耗管理信息应包含但不限于：用水量、用电量、区域地点、责任单位、时间周期等。用水用电管理应用及其功能见表3-8。

表3-8　智慧工地用水用电管理应用及其功能

序号	用水管理应用应包括但不限于以下功能	用电管理应用应包括但不限于以下功能
1	具备实时采集终端水量数据功能	具备自动监测现场各级配电箱电流、电压、功率、电量等用电实时数据功能
2	具备终端阀门智能卡控制功能	具备配电箱的漏电数据、接线处温度、箱体烟雾浓度实时检测，能检测配电箱开关位的状态，能实时检测现场用电线路状态功能
3	具备按用水量、供水次数、供水时间等进行水量控制功能	具备对现场各用电线路数据实时监测功能，在现场用电发生异常时及时准确报警，在发现用电安全隐患时及时报警或断电
4	具备用水数据统计、分析、预警、检索功能	具备用电数据统计、分析、预警、检索功能

6. 质量管理

智慧工地应对现场质量信息进行管理。质量信息包含但不限于：质量过程资料、时间地点问题的影像资料、实测实量数据、混凝土强度、检验批数据等。数据存储时间不低于项目的保修期。智慧工地质量管理应用要求见表3-9。智慧工地质量管理平台示例图如图3-12所示。

表3-9　智慧工地质量管理应用要求

序号	内容	功能要求
1	质量技术交底	（1）浏览虚拟样板模型、BIM模型等功能 （2）3D打印等实体样板模型功能
2	进场材料（构配件）验收	（1）进场材料送检记录、送检审批、送检结果登记和流转管理功能，具备与物资材料管理系统数据共享功能 （2）对进出场构配件/半成品的追踪定位和构造、安装信息查询功能，以保证构配件正确安装使用，半成品的质量得以有效保护

（续）

序号	内容	功能要求
3	质量检查	（1）通过手持设备即时填写质量检查表单、拍照、短视频录制和数据上传的功能 （2）生成和推送整改通知单功能 （3）实时查看整改完成情况功能
4	实测实量	（1）通过物联网设备采集质量数据能力，实时记录实测实量数据功能（尺寸、位置、距离、板厚、平整度、强度、温度、钢筋间距、楼层净高、垂直度等） （2）自动分析功能，超限值等质量问题宜通过粘贴二维码在现场标示
5	检验核验	（1）取样过程记录留存功能 （2）检验检测数据现场提交功能 （3）检验检测数据统计、查询、分析及预警功能 （4）现场标养实验室恒温恒湿自动控制、报警功能 （5）大体积及冬期施工混凝土自动采集温度、超标预警功能 （6）混凝土强度检测实时采集、对标、分析功能
6	旁站管理	（1）发起和接收旁站申请功能 （2）通过手持设备即时填写旁站信息单、拍照和数据上传的功能 （3）移动设备离线模式处理数据的能力 （4）远程实时查询旁站采集信息的功能 （5）问题追责功能 （6）旁站轮换提醒功能

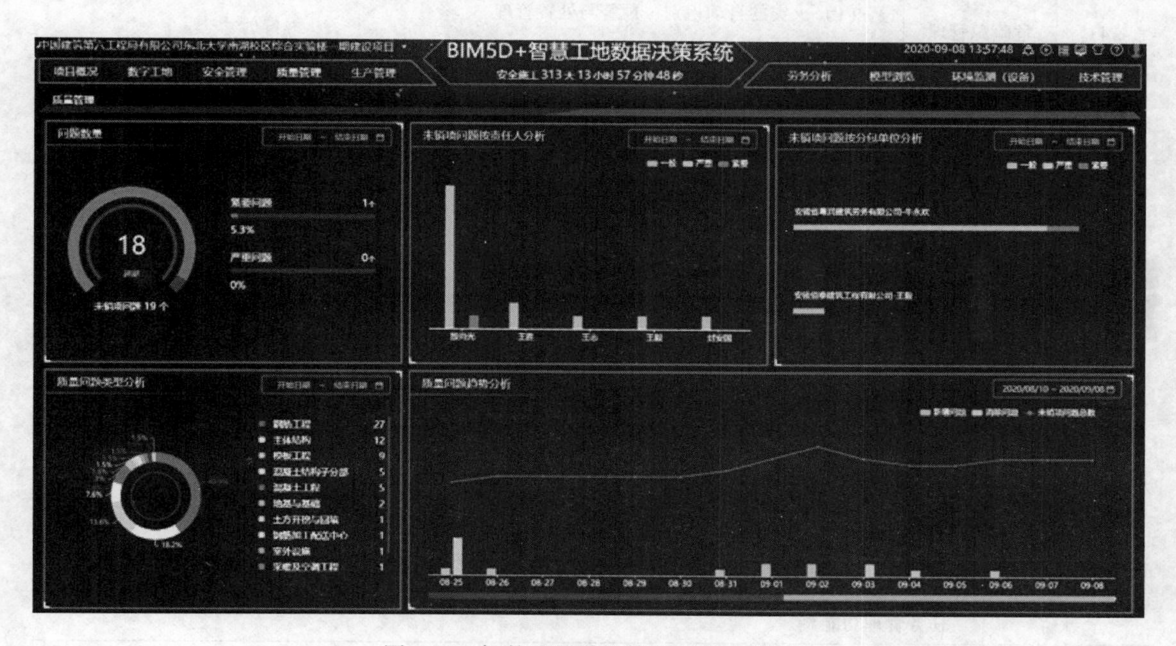

图 3-12　智慧工地质量管理平台示例图

7. 安全管理

智慧工地应对现场安全信息进行管理。安全信息包括安全过程资料、人员安全教育培训信息、危险性较大的分部分项工程检测与验收信息、大型机械监测信息等。智慧工地安全管理应用要求见表3-10。

表3-10　智慧工地安全管理应用要求

序号	内容	功能要求
1	安全监督	（1）拍照和短视频录制 （2）生成推送或打印整改通知单 （3）实时查看整改完成情况 （4）移动设备离线模式处理数据 （5）检查数据统计、查询、分析及预警
2	安全教育培训	（1）能与公司部门、项目部和劳务班组的安全教育培训制度保持一致，并记录教育岗位、教育人员、教育内容、教育时间、教育学时等安全教育内容 （2）实现与人员管理系统数据互通，确保入场人员均接受了安全教育培训 （3）实现签到、过程资料的真实性和有效性，提供台账管理功能，方便后续资料查询、追溯等 （4）存储时长不应低于工程项目施工周期 （5）宜使用AR/VR、多媒体、网络在线等技术手段实现人员的安全教育培训
3	危险性较大的分部分项工程监测	（1）监测数据实时分析 （2）监测数据预警实时推送 （3）超限、倾覆报警、坍塌（基坑）预警 （4）危险性较大的分部分项工程方案论证、执行与验收记录
4	危险源管理	（1）火灾的自动识别、预警与处置管理 （2）危险区人员接近预警管理
5	应急管理	（1）环境、事故信息预警展示 （2）应急预警预案管理 （3）一键信息推送所有干系人 （4）集中管理应急物资的数量、空间分布、使用记录 （5）记录各类应急处置过程信息 （6）应急处置事件中的行为可追溯查询

8. 进度管理

智慧工地应对现场进度信息进行管理。进度管理应包括表3-11所示功能。进度管理数据信息宜保存至工程竣工，可采用本地或云存储方式。智慧工地进度管理平台示例图如图3-13所示。

表3-11　智慧工地进度管理功能

序号	进度管理功能
1	任务管理功能
2	进度计划编制功能
3	进度计划自动纠偏功能
4	进度计划关联资源使用情况功能
5	进度看板功能

（续）

序号	进度管理功能
6	形象进度填报和实时在线展示功能
7	进度管理与 BIM 模型关联功能
8	实时动态管理现场进度功能
9	通过无人机航拍、图像识别等智能设备自动采集形象进度功能
10	施工相册功能

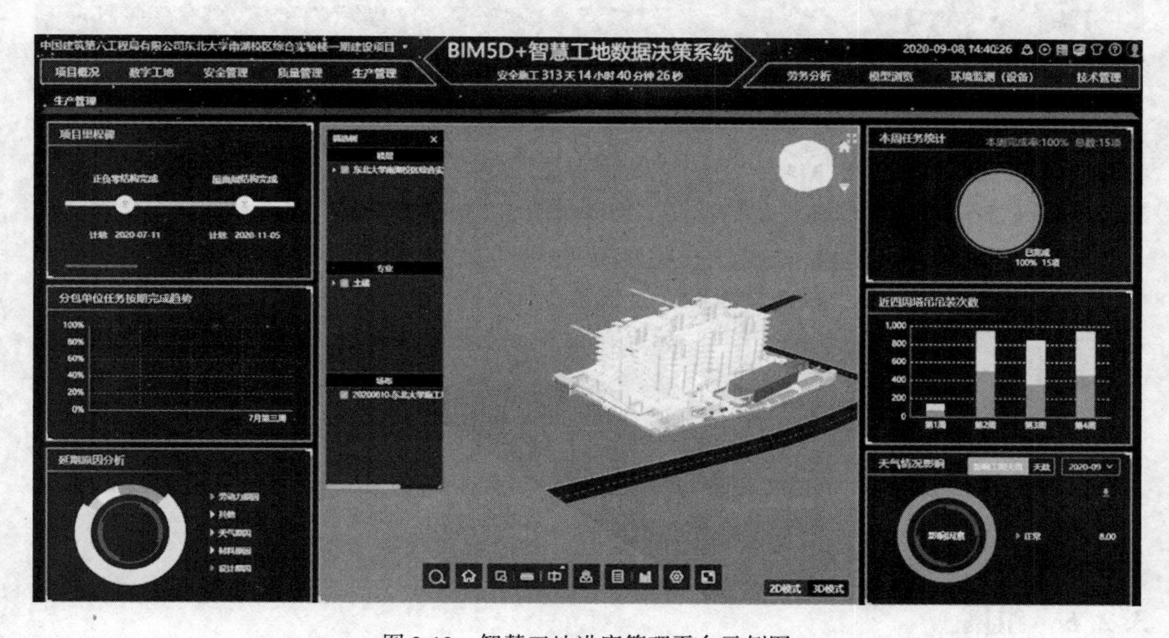

图 3-13　智慧工地进度管理平台示例图

9. 视频监控管理

智慧工地应对现场实行视频监控管理。项目各相关方应利用视频监控系统对施工现场状况进行具体管理；管理部门宜利用远程视频监控应用系统，对辖区内施工现场进行监督管理。视频监控功能如图 3-14 所示。

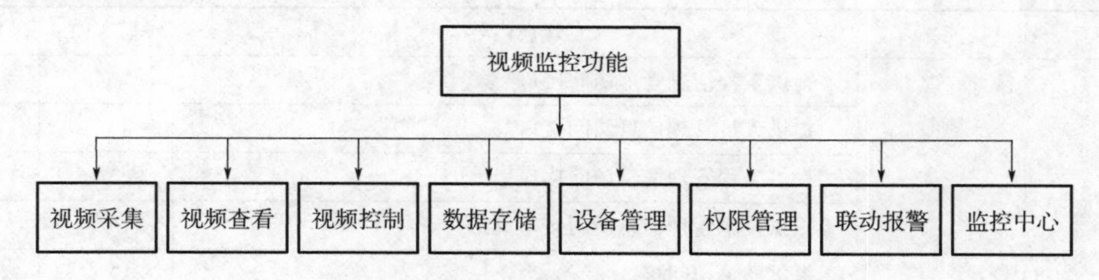

图 3-14　智慧工地的视频监控管理功能

视频监控设备应符合行业标准《建筑工程施工现场视频监控技术规范》（JGJ/T 292—2012）的规定，宜支持对前端监控点进行双向对讲及语音广播功能。工地现场视频监控数据存储应不少于 30 天。

视频监控覆盖范围应包括但不限于以下部位：工地出入口、围墙、办公区、生活区、作业面、材料堆放区、材料加工区、垃圾堆放区、塔式起重机顶部以及其他施工现场制高点等区域，保证做到空间布局合理，现场围挡内和建筑外的重点监控部位无盲区。拍摄内容主要为车辆及人员进出、作业面进展情况、物资验收与物资管理、作业人员安全帽和安全带佩戴情况等，如图 3-15 所示。

图 3-15　智慧工地视频监控管理示例图

3. 2. 6　组网

智慧工地管理平台数据接口应公开发布、实现各系统间数据共享。数据接口应包含所有业务系统及智能物联网设备。数据接口应用应符合表 3-12 的要求，且留有扩展接口，满足功能扩展要求。

表 3-12　智慧工地数据接口应用

序号	项目功能	建设内容	基本项	可选项
1	数据内容及接口	提供工程信息管理访问接口	√	
		提供人员管理信息访问接口	√	
		提供工程管理信息访问接口	√	
		提供技术管理信息访问接口	√	
		提供质量访问接口	√	
		提供安全管理访问接口	√	
		提供施工现场环境管理访问接口	√	
		提供绿色施工信息访问接口	√	
		提供视频监控访问接口	√	

（续）

序号	项目功能	建设内容	基本项	可选项
1	数据内容及接口	提供机械设备管理信息访问接口	√	
		建立行业监管平台数据访问接口，实现采集数据的标准化，其中安全监管数据应符合《全国建筑施工安全监管信息系统共享交换数据标准（试行）》建办质［2018］5号		√
2	数据类型	结构化数据	√	
		非结构化数据	√	
3	数据格式	应实现各数据类型的标准化，统一编码	√	
		应支持JSON、XML、文本等数据交换格式	√	
		数据内容应包含数据唯一标识、项目唯一编码、采集设备唯一编码、数据采集时间等	√	
		数据更新应该采用增量模式	√	
4	传输方式	支持从智慧工地施工现场采集	√	
		支持从其他智慧工地管理系统共享同步	√	
		支持具有权限的后台管理人员录入	√	
		支持有线和无线两种数据传输方式	√	
		采用HTTP、SOCKET、Wi-Fi（IEEE802.11协议）、Mesh、蓝牙、ZigBee、Thread、Z-Wave、NFC、UWB、LiFi、RTSP/RTMP、MQTT等一种或多种通信协议进行网络传输		√
5	传输频率	采集数据应按照设置频率周期进行数据传输，传输频率应支持可配置，支持按天、小时、分钟、秒设置	√	
		报警数据应在产生时及时传输	√	
		数据传输应经过加密，宜采用不对称加密算法方式	√	

智慧工地平台接口应支持多种数据来源（业务系统、数据库、文件等）、多种数据类型（业务相关数据、监控数据等）的数据访问，并符合下列原则。

（1）开放性　应符合产业习惯，兼容主流开源接口，减小接口定制化带来的重新设计、适配成本。

（2）易用性　宜设计成抽象程度高、屏蔽底层实现、语法易理解的接口。

（3）扩展性　同一接口可通过增加函数、操作符、语句等形式支持新的功能。

（4）安全性　宜围绕Token、Timestamp和Sign三个机制展开设计，保证接口的数据不会被篡改和重复调用。

智慧工地平台采用的软硬件接口和协议应符合当地监管系统平台的接口要求，具备与当地监管系统平台的一致性对接和稳定传输，并按相关规定确保数据信息及时性、有效性、安全性，支持对接常用数据采集工具、主流日志采集工具。

接口生成应不受业务系统的开发语言、所处网络环境、系统形态等限制。应支持业界常用接口，兼容主流开源接口，支持系统集成。应支持标准管理协议（例如Syslog），提供应用程序编程接口（REST API）、命令行界面（CLI）等交互方式。应支持关系型和非关系型数据库的数据库定义语言（DDL）、数据库操作语言（DML）操作，关系型数据库支持标准SQL，支持多维分析数据库以标准SQL查询和分析。

3.2.7　硬件选型

1. 人员管理

智慧工地人员管理硬件设备要求见表3-13。

表3-13　智慧工地人员管理硬件设备要求

序号	名称	建设内容与要求
1	人员身份鉴别终端	内置居民二代身份证验证安全控制，读卡时间不超过1.5s 应符合ISO/IEC 14443 TYPEA/B标准 应符合台式居民身份证阅读器通用技术标准
2	人脸识别感知终端	能识别已录入人脸信息 宜适配通道闸机及电磁门锁等门禁类感知设备 用户量宜不少于10000人，照片容量不少于10000人 识别距离：0.3～1m；识别效率：>30帧/s；识别时间>100ms 具有活体检测功能
3	门禁考勤设备	支持人脸识别设备实现，并支持IC卡或RFID、蓝牙授权技术 支持互联网接入，数据存储时间大于3个月 人脸设备屏幕亮度最低为300cd/m² 人脸设备工作环境：-20～50℃；人脸设备满足防水防尘要求 误检率0.01%情况下，通过率>99.99% 应实现人员考勤信息的自动统计
4	指纹识别模组	图像大小：208×288 pixel，图像分辨率：508dpi 通信方式：USB 1.0/1.1/2.0，灰度等级：8 bit 接口类型：MOlex51021～0700（7pin；1.25mm） 工作温度：0～40℃，工作湿度：10%～90%RH（非凝霜） 模板大小：<2048 Bytes，模板容量：2000枚（可扩展更大）
5	人员定位基站（RFID）	工作频段：2.4～2.5GHz ISM微波频段 接收灵敏度：-95dBm，识别距离：200m（可调） 供电方式：交流供电12VDC，功耗1.2W，10kV防雷设计 工作温度：-20～70℃，工作湿度：5%～95%RH（+25℃）
6	定位标签（RFID）	工作模式：主动工作模式。无方向设计，降低标签安装要求 工作频段：2.4～2.5GHz ISM微波频段 射频发射功率：0～12dBm 电池工作寿命：大于6个月，可更换电池 工作温度：-20～60℃，防护等级：IP65 安装方式：螺钉固定或背胶固定在安全帽上

（续）

序号	名称	建设内容与要求
7	出入口闸机	支持单向或双向通行，开闸时间0.2s，通行速度<30人/min，正常使用寿命300万次 工作电压：220V，50Hz，工作机芯：24V直流有刷电动机 输入接口：继电器开关型号或12V电平信号 工作温度：-25~70℃，湿度≤90%，不凝露的环境稳定工作
8	出入口大屏	能够实时显示人员进出信息，可分部门和工种统计，发布公告 能够在温度-20~60℃的环境稳定工作

2. 设备管理

以升降机运行监测硬件为例，智慧工地施工机械管理硬件设备要求见表3-14。机械设备运行状态监控应加装记录施工机械运行状态的传感设备，应能记录包括但不限于负载、稳定、运行轨迹、运行速度、能耗等信息。

表3-14　智慧工地机械管理硬件设备要求（以升降机为例）

序号	建设内容与要求
1	升降机正常工作时期上传升降机监测数据的时间间隔不大于10s，升降机空闲时期上传升降机监测数据的时间间隔不大于60s
2	异常报警数据从产生到推送到移动端、PC端的时间不大于1s，支持实时查看数据，数据更新响应时间不大于1s
3	能存储不小于7天的监控记录，存储数据容量不少于20000条
4	支持4G/5G、网关等多种方式传输监控信息到管理平台

3. 环境监测

智慧工地环境监测硬件设备要求见表3-15。

表3-15　智慧工地环境监测的硬件设备要求

序号	建设内容与要求
1	PM2.5传感器：分辨率1mg/m^3；测量精度±10%
2	PM10传感器：分辨率1mg/m^3；测量精度±10%
3	噪声传感器：分辨率1dB；测量精度±5dB
4	风速传感器：分辨率0.1m/s；测量精度±（0.3±0.03V）m/s
5	风向传感器：分辨率1度；测量精度±3°
6	温度传感器：分辨率0.1℃；测量精度±0.2℃
7	湿度传感器：分辨率0.1%RH；测量精度：±3%RH
8	通道数据采集，可自动记录，记录间隔可根据客户需求设置，实时提取数据

4. 能耗管理

能耗管理一般采用智能水表和智能电表记录水电应用情况，实现能耗数据的实时记录反馈；应具备综合能耗分析功能；并具备离线存储、离线数据自动上传功能。

5. 质量管理

质量管理综合使用具备影像、图像、实测实量等自动采集功能智能化设备，实现质量信息实时采集分析。智慧工地质量管理设备设施技术参数见表3-16。

表3-16 智慧工地质量管理设备设施技术参数

序号	设备名称	基本参数
1	智能移动终端	移动网络：支持4G、5G网络
2	智能靠尺	测量范围：2000mm，精度误差0.5mm
3	智能塞尺	测量范围1～15mm，误差0.5mm
4	智能角尺	对角检测尺：测量范围1000～2420mm，误差0.5mm
5	智能激光测距仪	测量范围30～5000m，精度在2mm左右
6	智能混凝土回弹仪	标称动能：2.207N·m 拉簧刚度：7.84N/cm 冲程：75mm
7	大体积混凝土的智能温度监测设施	通道数：最大16通道×N 数据采样间隔：0.2s 通信方式RS-485、4G、5G
8	智能超声波探伤仪	检测范围：0～10000mm，连续可调 水平线性误差：±0.2% 垂直线性误差：±0.25%
9	智能漆面扫描仪	测量范围：0～1700μm 分辨率：0.01μm@（0～9.99μm），0.1μm@（10～99.9μm）1μm@（100～1700μm） 误差：±（2+2%*H）μm@（0～500μm），±（2.5%*H）μm@（500～1700μm）
10	AI算法摄像仪器	水平视场角：85° 垂直视场角：45° 分辨率：1920×1080
11	三维激光扫描仪	最大扫描距离：350m 激光发射频率：976000点/s 扫描仪数据精度：±1mm 扫描视角：水平360°，垂直300°

6. 安全管理

智慧工地安全管理设备设施技术参数及注意事项见表3-17。

表3-17 智慧工地安全管理设备设施技术参数及注意事项

序号	智慧工地安全管理系统	安全管理设备	设备技术参数要求及注意事项
1	无线智能烟感报警系统	烟雾报警器	采用无线传输，有利于二次利用及设备流转，宜内置NB-IoT无线模块，以与移动端、计算机等终端设备实现远程通信。支持CoAP/MQTT/TCP/LWM2M协议

（续）

序号	智慧工地安全管理系统	安全管理设备	设备技术参数要求及注意事项
2	危险区域声光报警红外防卫栏杆系统	探测器 电源 报警主机	发射端发出多束不可见的红外光构成网状，接收端在收到红外光时进入防卫状态 当有物体挡住任意相邻的两束红外光超过40ms时，蜂鸣器产生蜂鸣音，同时报警信号输出电路立即向主机发出信号，启动主机向预设电话报警 红外防卫栏杆设备在安装使用时应注意以下要点： （1）安装时要谨慎，避免摔坏报警器探头 （2）报警器的安装高度应符合现场情况 （3）报警器必须安装在工作人员易看到和听到的地方 （4）报警器周围不能有对仪表工作有影响的强电磁场 （5）进行各种安装操作时，需先断电，否则可能会烧坏主机
3	BIM + VR体验管理系统	多硬件多软件	硬件方面，操作人员应熟悉硬件的电路连接、计算机与主设备的连接、配套设备连接等方式方法，还有应对突发信息失联、失稳的应急能力 软件操作均需经过培训后方可应用。部分VR系统是借助VR一体机眼镜体验，需要与相应的移动端进行匹配，需要掌握好瞳距、适配尺寸、陀螺仪等设置
4	违章信息采集系统	安全帽终端 LORA网关 图形融合处理计算机 摄像头	违章信息采集技术摄像头安装位置应符合下列要求： （1）高度H：相机高度2.5～3.5m （2）俯仰角P：相机架设俯仰角20°～45° （3）倾斜角I：倾斜角±10°以内，画面中目标需要保持直立 目标直立时在图像画面中的高度（从头到脚）不小于整个画面高度的1/4，不高于整个画面的3/4；以摄像机1920×1080分辨率为例，目标高度不小于270像素，不高于810像素
5	基于IP网络视频监控系统（IPVS）	前端采集设备 信号传输设备 中心管理平台 存储设备 显示设备	各类网络摄像机（半球、球形、枪式、全景、热红外等）可适用不同安装位置，不同摄像需求，可根据需要选择搭配使用
6	红外对射感应报警系统	红外对射器 红外报警主机 红外报警器/声光报警器 远程监控终端	红外对射感应报警系统需要有专人去看管维护，根据管理要求安排资源的调遣及回收。同时人员要掌握使用方法，定期检测其运行效果、运行状态，设备失灵要及时维修、更换

7. 视频监控管理

视频监控系统宜采用视频图像识别技术，与其他智慧工地应用实现联动报警。现场应安排专人定期对视频监控设备运行情况进行检查、维护。视频监控系统的硬件要求如下：

1）采用网络摄像机，高点监控需采用球机或云台摄像机。

2）视频监控终端分辨率大于200万像素。

3）视频监控数据应在本地保存至少 2 个月。

4）视频监控设备应能够输出兼容 HTML5 标准的 HLS 视频流，输出的视频流应采用 H264 编码，支持多路视频输出。

5）视频数据接入应遵循远程视频监控应用系统通信协议。

6）视频压缩标准支持 H. 265/H. 264/MJPEG。

7）宽动态范围大于 120dB。

8）红外照射距离大于 30m。

9）防护等级满足防水防尘要求。

10）摄像头应具备光学变焦及数字变焦。

11）网络摄像机分辨率不宜低于 1080P，具备红外功能。

12）NVR 录像时间不宜低于 15 天。

8. 应用终端设备

智慧工地管理平台应用终端设备一般指操作员、工程师等人员所使用的台式计算机。移动智能终端一般指智能移动电话、平板电脑或各种专用手持式移动终端。信息发布模块可包括点阵式 LED 屏、多功能一体式固定终端等设备。语音广播系统是信息发布、通知公告、预警应急等公共通告的重要辅助设施。智慧工地信息应用终端应满足表 3-18 要求。

表 3-18　智慧工地信息应用终端要求

序号	要求
1	应具有 PC、PAD、智能手机等信息处理终端
2	宜采用可穿戴设备、移动智能终端等信息处理终端
3	应设置固定电子屏并构建信息发布模块系统，提供信息检索、信息查询、信息推送等功能
4	宜具有语音广播设备系统并构建公共广播系统，提供信息广播功能

9. 网络基础设施

智慧工地的网络基础设施包括数据传输设施和数据存储设施，数据传输设施将施工数据通过有线或无线网络模块进行传输，实现现场设备采集的数据远程传到数据中心进行存储；数据存储设施对设备采集到的数据和业务办公的数据在中心统一存储和进行访问，其可按业务需求保存到私有云、公有云或混合云中。智慧工地网络上传和下载实际速率不宜小于 500kB/s，主要设备寿命不低于 5 年。应根据网络运行的业务信息流量、服务质量要求和网络结构等配置网络交换设备。施工现场应配置综合网关设备，通过局域网（LAN）、RS485 或 Wi-Fi 通信接口与智慧工地的相关系统进行连接。网络设施应满足表 3-19 的要求，采用的网络设备应满足表 3-20 的要求。

表 3-19　智慧工地网络设施要求

序号	要求
1	采用以太网等交换技术和相应的网络结构方式，按业务需求规划二层或三层网络结构
2	根据工作业务的需求配置服务器和信息端口

（续）

序号	要求
3	根据系统的通信接入方式和网络子网划分等配置路由器
4	配置相应的信息安全保障设备
5	配置相应的网络管理系统
6	流动人员较多的公共区域或布线配置信息点不方便的大空间区域，根据需要配置无线局域网络系统
7	特种设备宜采用 VPDN 无线专网

表 3-20　智慧工地采用的网络设备要求

设备名称		要求
（一）	网络	
1	光缆	工地光缆接入，宜开通 100 Mbps 互联网专线，进行视频部署和 Wi-Fi 部署
2	Wi-Fi	3 个室外 AP，布放位置为入口 1 个、生活区 2 个
3	4G	4G 套餐业务
4	5G	峰值速率达到 20 Gbps、用户体验数据率达到 100 Mbps、频谱效率比 IMT-A 提升 2 倍、移动性达 500km/h、时延达到 1ms、连接密度每平方千米达到 10^6、能效比 IMT-A 提升 100 倍、流量密度每平方米达到 10 Mbps
5	VPDN 无线专网	专用网络加密和通信协议，专用无线接入网络，针对特种设备（塔式起重机，升降机等）监控数据
（二）	中心交换机	
（三）	路由器	
（四）	网络安全设备	防火墙，网络防毒系统，网络审计系统，入侵防御系统

3.3　智能建筑管理

3.3.1　背景

2020 年 8 月份，住建部、工信部等若干部门联合印发了《住房和城乡建设部等部门关于加快新型建筑工业化发展的若干意见》，提到要：推广应用物联网技术。推动传感器网络、低功耗广域网、5G、边缘计算、射频识别（RFID）及二维码识别等物联网技术在智慧工地的集成应用，发展可穿戴设备，提高建筑工人健康及安全监测能力，推动物联网技术在监控管理、节能减排和智能建筑中的应用。

2021 年 9 月，工信部等若干部门联合印发《物联网新型基础设施建设三年行动计划(2021—2023 年)》，其中提到物联网技术行动发展目标时指出，要：应用规模持续扩大。在智慧城市、数字乡村、智能交通、智慧农业、智能制造、智能建造、智慧家居等重点领域，加快部署感知终端、网络和平台，形成一批基于自主创新技术产品、具有大规模推广价值的行业解决方案，有力支撑新型基础设施建设；推进 IPv6 在物联网领域的大规模应用；物联网连接数突破 20 亿。同时，在民生消费领域，要：推动感知终端和智能产品在家庭、楼宇、社区的应用部署。打造异构产品互联、集中控制的智慧家庭，建设低碳环保、安全舒适的智慧楼宇和新型社区。

2022 年 7 月，在国家发展改革委印发的《“十四五”新型城镇化实施方案》中提到，要：丰富数字技术应用场景，发展远程办公、远程教育、远程医疗、智慧出行、智慧街区、智慧社区、智慧楼宇、智慧商圈、智慧安防和智慧应急。

《智能建筑设计标准》（GB 50314—2015）中对智能建筑作出了如下定义：智能建筑是以建筑物为平台，基于对各类智能化信息的综合应用，集架构、系统、应用、管理及优化组合为一体，具有感知、传输、记忆、推理、判断和决策的综合智慧能力，形成以人、建筑、环境互为协调的整合体，为人们提供安全、高效、便利及可持续发展功能环境的建筑。智能建筑按照使用用途划分可分为住宅建筑、办公建筑、文化建筑、教育建筑、交通建筑等，这里主要介绍以办公建筑为主的智能建筑。

3.3.2 相关标准

本节主要参考了《智能建筑设计标准》（GB 50314—2015）、《智慧建筑评价标准》（T/CECS 1082—2022）、《智慧园区技术标准》（T/CECS 1183—2022）、《智慧住区设计标准》（T/CECS 649—2019）、《建筑设备监控系统工程技术规范》（JGJ/T 334—2014）等。

3.3.3 基本要求

办公建筑智能化系统工程应当满足办公业务信息化的应用需求，具有高效办公环境的基础保障，满足办公建筑物业规范化运营管理的需求。

智能化系统工程的设计要素应按智能化系统工程的设计等级、架构规划及系统配置等工程架构确定，一般包括信息化应用系统、智能化集成系统、信息设施系统、建筑设备管理系统、公共安全系统、机房工程等，各个设计要素下又配置有对应的子系统，见表 3-21。智能化系统工程的设计要素应符合国家和行业现行标准《火灾自动报警系统设计规范》GB 50116、《安全防范工程技术标准》GB 50348 和《民用建筑电气设计标准》GB 51348 等的有关规定。

表 3-21　通用办公建筑智能化系统规定配置

<table>
<tr><th colspan="3">智能化系统</th><th>普通办公建筑</th><th>商务办公建筑</th></tr>
<tr><td rowspan="7">信息化应用系统</td><td colspan="2">公共服务系统</td><td>●</td><td>●</td></tr>
<tr><td colspan="2">智能卡应用系统</td><td>●</td><td>●</td></tr>
<tr><td colspan="2">物业管理系统</td><td>●</td><td>●</td></tr>
<tr><td colspan="2">信息设施运行管理系统</td><td>⊙</td><td>●</td></tr>
<tr><td colspan="2">信息安全管理系统</td><td>⊙</td><td>●</td></tr>
<tr><td>通用业务系统</td><td>基本业务办公系统</td><td colspan="2" rowspan="2">按国家现行有关标准进行配置</td></tr>
<tr><td>专业业务系统</td><td>办公专业系统</td></tr>
<tr><td rowspan="2">智能化集成系统</td><td colspan="2">智能化信息集成（平台）系统</td><td>⊙</td><td>●</td></tr>
<tr><td colspan="2">集成信息应用系统</td><td>⊙</td><td>●</td></tr>
</table>

（续）

智能化系统			普通办公建筑	商务办公建筑
信息设施系统		信息接入系统	●	●
		布线系统	●	●
		移动通信室内信号覆盖系统	●	●
		用户电话交换系统	⊙	⊙
		无线对讲系统	⊙	⊙
		信息网络系统	●	●
		有线电视系统	●	●
		卫星电视接收系统	○	⊙
		公共广播系统	●	●
		会议系统	●	●
		信息导引及发布系统	●	●
		时钟系统	○	⊙
建筑设备管理系统		建筑设备监控系统	●	●
		建筑能效监管系统	⊙	⊙
公共安全系统		火灾自动报警系统	按国家现行有关标准进行配置	
	安全技术防范系统	入侵报警系统		
		视频安防监控系统		
		出入口控制系统		
		电子巡查系统		
		访客对讲系统		
		停车库（场）管理系统	⊙	●
		安全防范综合管理（平台）系统	⊙	●
		应急响应系统	○	⊙
机房工程		信息接入机房	●	●
		有线电视前端机房	●	●
		信息设施系统总配线机房	●	●
		智能化总控室	●	●
		信息网络机房	⊙	●
		用户电话交换机房	⊙	⊙
		消防控制室	●	●
		安防监控中心	●	●
		应急响应中心	○	⊙
		智能化设备间（弱电间）	●	●
		机房安全系统	按国家现行有关标准进行配置	
		机房综合管理系统	○	⊙

注：●—应配置；○—宜配置；⊙—可配置

3.3.4 架构设计

智能建筑的智能化系统包含内容较多，架构设计规划需要根据面向对象的不同而因地制宜。智慧建筑管理系统的系统架构一般可以分为物联感知层、数据处理层、业务应用层三个部分，如图3-16所示。

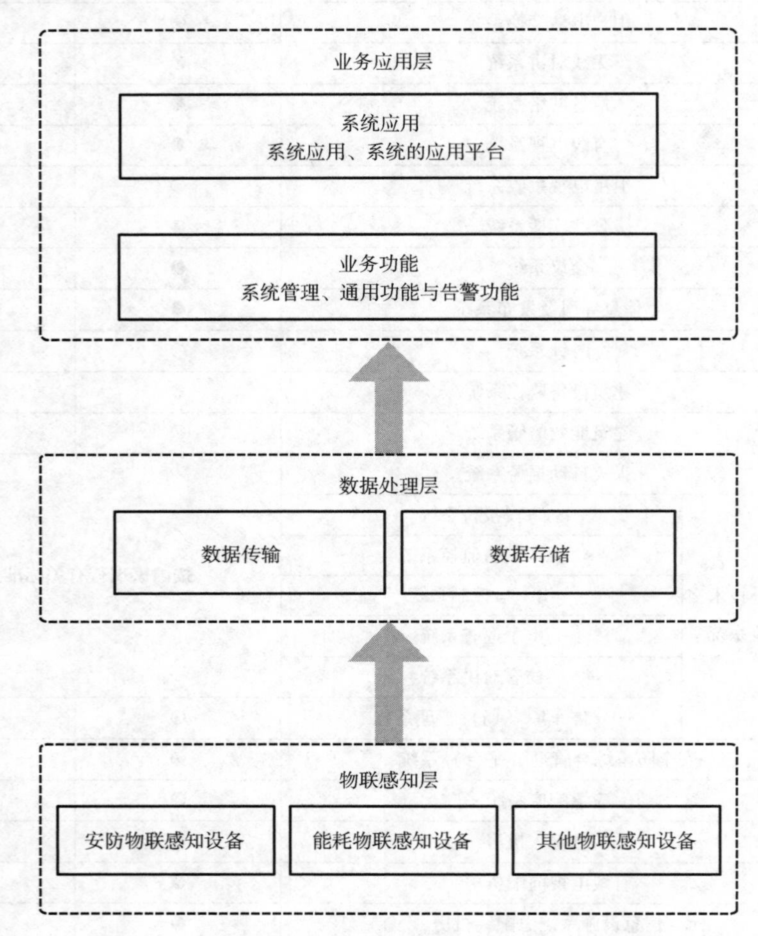

图3-16 智能建筑管理平台架构设计

物联感知层的主要功能是利用物联感知设备采集建筑物在运维时产生的各种需要的数据与信息。同时这些设备也会将自身的工作运转情况进行数据收集与数据上报。

数据处理层主要负责对物联感知层采集到的数据进行传输、存储与处理。主要分为数据传输、数据存储两大部分。数据传输部分主要包括基本组网设计与所用的基本传输协议。数据存储部分主要包括各种数据的主要存储手段。

业务应用层主要展示了系统利用对数据库中经过处理的数据，以实现一系列的系统基本功能，并最终实现系统实际应用的部分。其主要分为业务功能层与系统应用层。业务功能层主要由系统管理、通用功能与告警功能三个部分组成。系统应用层主要展示了基于数字孪生的智慧建筑管理系统的最终系统应用与系统的应用平台，其中智慧建筑管理系统的系统应用主要指的是作为建筑资产的系统集成及BIM可视化软件，对项目可视化便捷管理，提高人工数据管理、分析和检索的信息化水平；应用平台主要指计算机端的客户端、网页端及手机上的移动端。

智能化系统工程的架构规划应符合表3-22规定。

表3-22　智能化系统工程的架构规划规定

序号	规定要求
1	应满足建筑物的信息化应用需求
2	应支持各智能化系统的信息关联和功能汇聚
3	应顺应智能化系统工程技术的可持续发展
4	应适应智能化系统综合技术功效的不断完善
5	综合体建筑的智能化系统工程应适应多功能类别组合建筑物态的形式，并应满足综合体建筑整体实施业务运营及管理模式的信息化应用需求

3.3.5　功能要求

智能化系统工程的设计要素包括信息化应用系统、智能化集成系统、信息设施系统、建筑设备管理系统、公共安全系统和机房工程。

1. 信息化应用系统

信息化应用系统功能应满足建筑物运行和管理的信息化需要，提供建筑业务运营的支撑和保障。信息化应用系统一般包括公共服务、智能卡应用、物业管理、信息设施运行管理、信息安全管理、通用业务和专业业务等信息化应用系统，具体见表3-23。办公建筑的信息化应用系统的配置应满足办公业务运行和物业管理的信息化应用需求。

表3-23　信息化应用系统

序号	信息化应用系统	功能
1	公共服务	具有访客接待管理和公共服务信息发布等功能，并宜具有将各类公共服务事务纳入规范运行程序的管理功能
2	智能卡应用	具有身份识别等功能，并宜具有消费、计费、票务管理、资料借阅、物品寄存、会议签到等管理功能，且应具有适应不同安全等级的应用模式
3	物业管理	具有对建筑的物业经营、运行维护进行管理的功能
4	信息设施运行管理	具有对建筑物信息设施的运行状态、资源配置、技术性能等进行监测、分析、处理和维护的功能
5	信息安全管理	符合国家现行有关信息安全等级保护标准的规定
6	通用业务	满足建筑基本业务运行的需求
7	专业业务	以建筑通用业务系统为基础，满足专业业务运行的需求

2. 智能化集成系统

智能化集成系统的总体功能应符合表3-24的规定。

表 3-24　智能化集成系统的功能规定

序号	规定要求
1	应以实现绿色建筑为目标，应满足建筑的业务功能、物业运营及管理模式的应用需求
2	应采用智能化信息资源共享和协同运行的架构形式
3	应具有实用、规范和高效的监管功能
4	宜适应信息化综合应用功能的延伸及增强

智能化集成系统构建应符合表 3-25 的规定。

表 3-25　智能化集成系统构建规定

序号	规定要求
1	系统应包括智能化信息集成（平台）系统与集成信息应用系统
2	智能化信息集成（平台）系统宜包括操作系统、数据库、集成系统平台应用程序、各纳入集成管理的智能化设施系统与集成互为关联的各类信息通信接口等
3	集成信息应用系统宜由通用业务基础功能模块和专业业务运营功能模块等组成
4	宜具有虚拟化、分布式应用、统一安全管理等整体平台的支撑能力
5	宜顺应物联网、云计算、大数据、智慧城市等信息交互多元化和新应用的发展

智能化集成系统通信互联应具有标准化通信方式和信息交互的支持能力，符合国际通用的接口、协议及国家现行有关标准的规定，智能化集成系统配置应符合表 3-26 的规定。

表 3-26　智能化集成系统配置规定

序号	规定要求
1	应适应标准化信息集成平台的技术发展方向
2	应形成对智能化相关信息采集、数据通信、分析处理等支持能力
3	宜满足对智能化实时信息及历史数据分析、可视化展现的要求
4	宜满足远程及移动应用的扩展需要
5	应符合实施规范化的管理方式和专业化的业务运行程序
6	应具有安全性、可用性、可维护性和可扩展性

3. 信息设施系统

信息设施系统功能应具有对建筑内外相关的语音、数据、图像和多媒体等形式的信息予以接受、交换、传输、处理、存储、检索和显示等功能；建议融合信息化所需的各类信息设施，并为建筑的使用者及管理者提供信息化应用的基础条件。

信息设施系统通常包括信息接入系统、信息网络系统、布线系统、移动通信室内信号覆盖系统、卫星通信系统、用户电话交换系统、无线对讲系统、有线电视及卫星电视接收系统、公共广播系统、会议系统、信息导引及发布系统、时钟系统等信息设施系统。

（1）信息接入系统　信息接入系统应符合表 3-27 的规定。办公建筑的信息接入系统建议将各类公共信息网引入至建筑物办公区域或办公单元内，并适应多家运营商接入需求。

表 3-27　信息接入系统规定

序号	规定要求
1	应满足建筑物内各类用户对信息通信的需求，并应将各类公共信息网和专用信息网引入建筑物内
2	应支持建筑物内各类用户所需的信息通信业务
3	宜建立以该建筑为基础的物理单元载体，并应具有对接智慧城市的技术条件
4	信息接入机房应统筹规划配置，并应具有多种类信息业务经营者平等接入的条件
5	系统设计应符合现行行业标准《有线接入网设备安装工程设计规范》YD/T 5139 等的有关规定

（2）信息网络系统　信息网络系统应符合表 3-28 的规定。办公建筑的信息网络系统用于建筑物业管理系统时，建议独立配置；当用于出租或出售办公单元时，建议满足承租者或入驻用户的使用需求。

表 3-28　信息网络系统规定

序号	规定要求
1	应根据建筑的运营模式、业务性质、应用功能、环境安全条件及使用需求，进行系统组网的架构规划
2	应建立各类用户完整的公用和专用的信息通信链路，支撑建筑内多种类智能化信息的端到端传输，并应成为建筑内各类信息通信完全传递的通道
3	应保证建筑内信息传输与交换的高速、稳定和安全
4	应适应数字化技术发展和网络化传输趋向；对智能化系统的信息传输，应按信息类别的功能性区分、信息承载的负载量分析、应用架构形式优化等要求进行处理，并应满足建筑智能化信息网络实现的统一性要求
5	网络拓扑架构应满足建筑使用功能的构成状况、业务需求及信息传输的要求
6	应根据信息接入方式和网络子网划分等配置路由设备，并应根据用户业务特性、运行信息流量、服务质量要求和网络拓扑架构形式等，配置服务器、网络交换设备、信息通信链路、信息端口及信息网络系统等
7	应配置相应的信息安全保障设备和网络管理系统，建筑物内信息网络系统与建筑物外部的相关信息网互联时，应设置有效抵御干扰和入侵的防火墙等安全措施
8	宜采用专业化、模块化、结构化的系统架构形式
9	应具有灵活性、可扩展性和可管理性

（3）布线系统　布线系统应符合表 3-29 的规定。

表 3-29　布线系统规定

序号	规定要求
1	应满足建筑物内语音、数据、图像和多媒体等信息传输的需求
2	应根据建筑物的业务性质、使用功能、管理维护、环境安全条件和使用需求等，进行系统布局、设备配置和缆线设计
3	应遵循集约化建设的原则，并应统一规划、兼顾差异、路由便捷、维护方便
4	应适应智能化系统的数字化技术发展和网络化融合趋向，并应成为建筑内整合各智能化系统信息传递的通道
5	应根据缆线敷设方式和安全保密的要求，选择满足相应安全等级的信息缆线
6	应根据缆线敷设方式和防火的要求，选择相应阻燃及耐火等级的缆线
7	应配置相应的信息安全管理保障技术措施

（续）

序号	规定要求
8	应具有灵活性、适应性、可扩展性和可管理性
9	系统设计应符合现行国家标准《综合布线系统工程设计规范》GB 50311 的有关规定

（4）移动通信室内信号覆盖系统　移动通信室内信号覆盖系统应符合表 3-30 的规定。办公建筑的移动通信室内信号覆盖系统应做到公共区域无盲区。

表 3-30　移动通信室内信号覆盖系统规定

序号	规定要求
1	应确保建筑物内部与外界的通信接续
2	应适应移动通信业务的综合性发展
3	对于室内需屏蔽移动通信信号的局部区域，应配置室内区域屏蔽系统
4	系统设计应符合现行国家标准《电磁环境控制限值》GB 8702 的有关规定

（5）卫星通信系统　卫星通信系统应按建筑的业务需求进行配置，满足语音、数据、图像及多媒体等信息的传输要求。卫星通信系统天线、室外单元设备安装空间和天线基座基础、室外馈线引入的管线及卫星通信机房等应设置在满足卫星通信要求的位置。

（6）用户电话交换系统　用户电话交换系统应符合表 3-31 的规定。办公建筑的用户电话交换系统应满足内部语音通信的需求。

表 3-31　用户电话交换系统规定

序号	规定要求
1	应适应建筑物的业务性质、使用功能、安全条件，并应满足建筑内语音、传真、数据等通信需求
2	系统的容量、出入中继线数量及中继方式等应按使用需求和话务量确定，并应留有富余量
3	应具有拓展电话交换系统与建筑内业务相关的其他增值应用的功能
4	系统设计应符合现行国家标准《用户电话交换系统工程设计规范》GB/T 50622 的有关规定

（7）无线对讲系统　无线对讲系统应符合表 3-32 的规定。

表 3-32　无线对讲系统规定

序号	规定要求
1	应满足建筑内管理人员互相通信联络的需求
2	应根据建筑的环境状况，设置天线位置、选择天线形式、确定天线输出功率
3	应利用基站信号，配置室内天馈线和系统无源器件
4	信号覆盖应均匀分布
5	应具有远程控制和集中管理功能，并应具有对系统语音和数据的管理能力
6	语音呼叫应支持个呼、组呼、全呼和紧急呼叫等功能
7	宜具有支持文本信息收发、GPS 定位、遥测、对讲机检查、远程监听、呼叫提示、激活等功能
8	应具有先进性、开放性、可扩展性和可管理性

（8）有线电视及卫星电视接收系统　有线电视及卫星电视接收系统应符合表3-33的规定。办公建筑的有线电视系统应向建筑内用户提供本地有线电视节目源，可根据需要配置卫星电视接收系统。

表3-33　有线电视及卫星电视接收系统规定

序号	规定要求
1	应向收视用户提供多种类电视节目源
2	应根据建筑使用功能的需要，配置卫星广播电视接收及传输系统
3	卫星广播电视系统接收天线、室外单元设备安装空间和天线基座基础、室外馈线引入的管线等应设置在满足接收要求的部位
4	宜拓展其他相应增值应用功能
5	系统设计应符合现行国家标准《有线电视网络工程设计标准》GB/T 50200的有关规定

（9）公共广播系统　公共广播系统应符合表3-34的规定。

表3-34　公共广播系统规定

序号	规定要求
1	应包括业务广播、背景广播和紧急广播
2	业务广播应根据工作业务及建筑物业管理的需要，按业务区域设置音源信号，分区控制呼叫及设定播放程序。业务广播宜播发的信息包括通知、新闻、信息、语音文件、寻呼、报时等
3	背景广播应向建筑内各功能区播送渲染环境气氛的音源信号。背景广播宜播发的信息包括背景音乐和背景音响等
4	紧急广播应满足应急管理的要求，紧急广播应播发的信息为依据相应安全区域划分规定的专用应急广播信令。紧急广播应优先于业务广播、背景广播
5	应适应数字化处理技术、网络化播控方式的应用发展
6	宜配置标准时间校正功能
7	声场效果应满足使用要求及声学指标的要求
8	宜拓展公共广播系统相应智能化应用功能
9	系统设计应符合现行国家标准《公共广播系统工程技术标准》GB/T 50526的有关规定

（10）会议系统　会议系统应符合表3-35的规定。办公建筑的会议系统应适应会议室或会议设备的租赁使用及管理，并建议按会议场所的功能需求组合配置相关设备。

表3-35　会议系统规定

序号	规定要求
1	应按使用和管理等需求对会议场所进行分类，并分别按会议（报告）厅、多功能会议室和普通会议室等类别组合配置相应的功能。会议系统的功能宜包括音频扩声、图像信息显示、多媒体信号处理、会议讨论、会议信息录播、会议设施集中控制、会议信息发布等
2	会议（报告）厅宜根据使用功能，配置舞台机械及场景控制及其他相关配套功能等
3	具有远程视频信息交互功能需求的会议场所，应配置视频会议系统终端（含内置多点控制单元）

（续）

序号	规定要求
4	当系统具有集中控制播放信息和集成运行交互功能要求时，宜采取会议设备集约化控制方式，对设备运行状况进行信息化交互式管理
5	应适应多媒体技术的发展，并应采用能满足视频图像清晰度要求的投射及显示技术和满足音频声场效果要求的传声及播放技术
6	宜采用网络化互联、多媒体场效互动及设备综合控制等信息集成化管理工作模式，并宜采用数字化系统技术和设备
7	宜拓展会议系统相应智能化应用功能
8	系统设计应符合现行国家标准《电子会议系统工程设计规范》GB 50799、《厅堂扩声系统设计规范》GB 50371、《视频显示系统工程技术规范》GB 50464 和《会议电视会场系统工程设计规范》GB 50635 的有关规定

（11）信息导引及发布系统　信息导引及发布系统应符合表 3-36 的规定。办公建筑的信息导引及发布系统应根据建筑物业管理的需要，在公共区域提供信息告示、标志导引及信息查询等服务。

表 3-36　信息导引及发布系统规定

序号	规定要求
1	应具有公共业务信息的接入、采集、分类和汇总的数据资源库，并在建筑公共区域向公众提供信息告示、标志导引及信息查询等多媒体信息发布功能
2	宜由信息播控中心、传输网络、信息发布显示屏或信息标志牌、信息导引设施或查询终端等组成，并应根据应用需要进行设备的配置及组合
3	应根据建筑物的管理需要，布置信息发布显示屏或信息导引标志屏、信息查询终端等，并应根据公共区域空间环境条件，选择信息显示屏和信息查询终端的技术规格、几何形态及安装方式等
4	播控中心宜设置专用的服务器和控制器，并宜配置信号采集和制作设备及相配套的应用软件；应支持多通道显示、多画面显示、多列表播放和支持多种格式的图像、视频、文件显示，并应支持同时控制多台显示端设备

（12）时钟系统　时钟系统应符合表 3-37 的规定。

表 3-37　时钟系统规定

序号	规定要求
1	应按建筑使用功能需求配置时钟系统
2	应具有高精度标准校时功能，并应具备与当地标准时钟同步校准的功能
3	用于统一建筑公共环境时间的时钟系统，宜采用母钟、子钟的组网方式，且系统母钟应具有多形式系统对时的接口选择
4	应具有故障告警等管理功能

4. 建筑设备管理系统

建筑设备管理系统功能应符合表 3-38 的规定。办公建筑的设备管理系统应满足使用及管理的需求。

表 3-38　建筑设备管理系统功能规定

序号	规定要求
1	应具有建筑设备运行监控信息互为关联和共享的功能
2	宜具有建筑设备能耗监测的功能
3	应实现对节约资源、优化环境质量管理的功能
4	宜与公共安全系统等其他关联构建建筑设备综合管理模式

建筑设备管理系统宜包括建筑设备监控系统、建筑能效监管系统，以及需纳入管理的其他业务设施系统等。

(1) 建筑设备监控系统　建筑设备监控系统应符合表 3-39 的规定，建筑设备监控系统平台示例如图 3-17 所示。

表 3-39　建筑设备监控系统规定

序号	规定要求
1	监控的设备范围宜包括冷热源、供暖通风和空气调节、给水排水、供配电、照明、电梯等，并宜包括以自成控制体系方式纳入管理的专项设备监控系统等
2	采集的信息宜包括温度、湿度、流量、压力、压差、液位、照度、气体浓度、电量、冷热量等建筑设备运行基础状态信息
3	监控模式应与建筑设备的运行工艺相适应，并应满足对实时状况监控、管理方式及管理策略等进行优化的要求
4	应适应相关的管理需求与公共安全系统信息关联
5	宜具有向建筑内相关集成系统提供建筑设备运行、维护管理状态等信息的条件

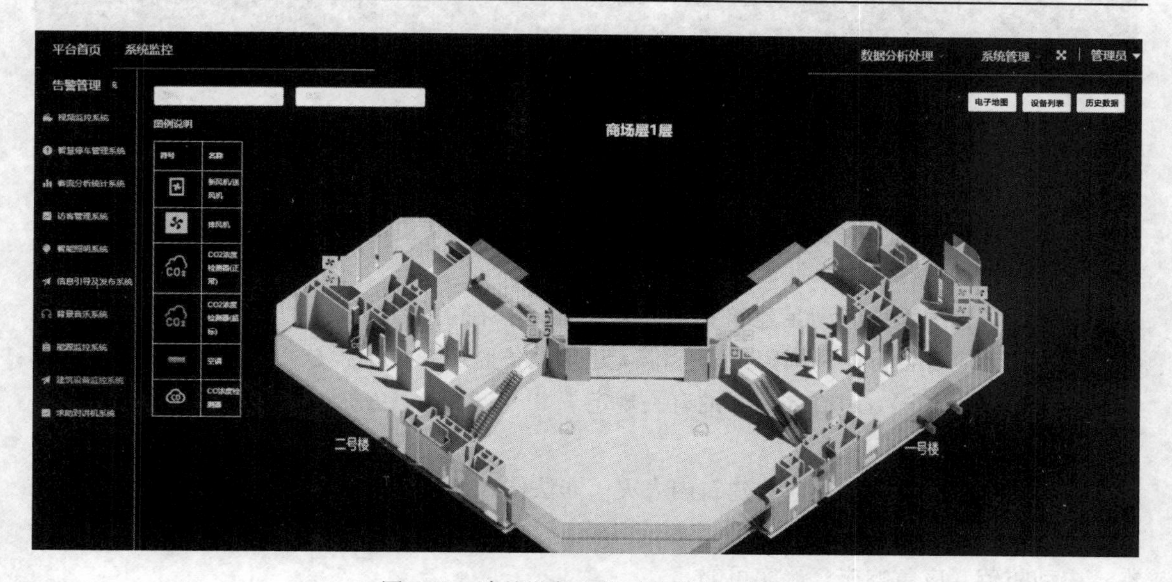

图 3-17　建筑设备监控系统平台示例图

（2）建筑能效监管系统　建筑能效监管系统应符合表 3-40 的规定，建筑能效监管系统平台示例如图 3-18 所示。

表 3-40　建筑能效监管系统规定

序号	规定要求
1	能效监测的范围宜包括冷热源、供暖通风和空气调节、给水排水、供配电、照明、电梯等建筑设备，且计量数据应准确，并应符合国家现行有关标准的规定
2	能耗计量的分项及类别宜包括电量、水量、燃气量、集中供热耗热量、集中供冷耗冷量等使用状态信息
3	根据建筑物业管理的要求及基于对建筑设备运行能耗信息化监管的需求，应能对建筑的用能环节进行相应适度调控及供能配置适时调整
4	应通过对纳入能效监管系统的分项计量及监测数据统计分析和处理，提升建筑设备协调运行和优化建筑综合性能

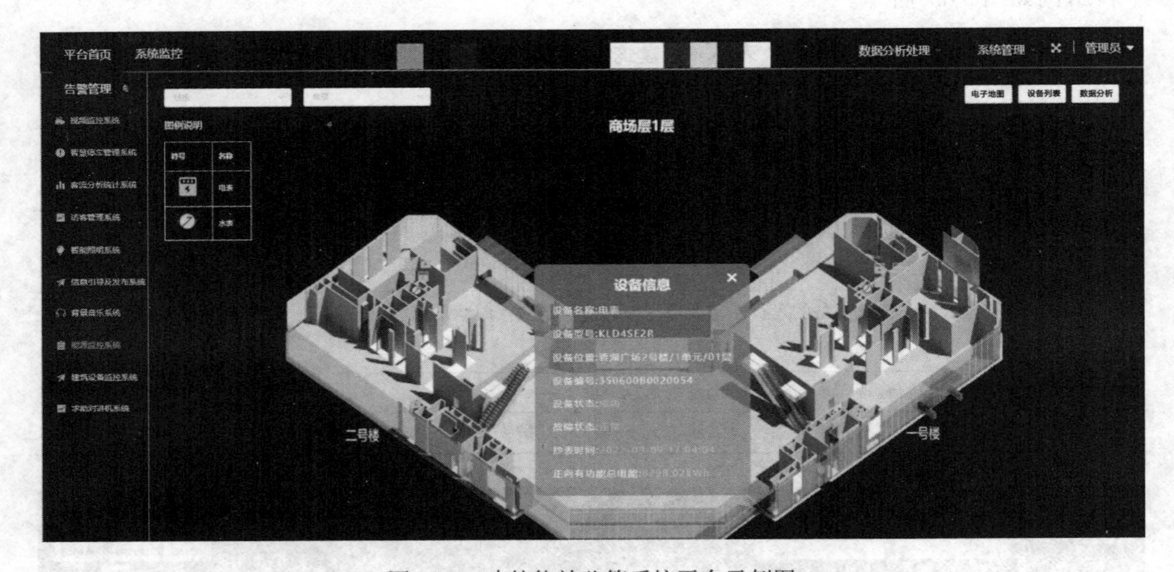

图 3-18　建筑能效监管系统平台示例图

建筑设备管理系统应支撑绿色建筑功效：基于建筑设备监控系统，对可再生能源实施有效利用和管理；以建筑能效监管系统为基础，确保在建筑全生命周期内对建筑设备运行具有辅助支撑的功能。

建筑设备管理系统应满足建筑物整体管理需求，在条件允许时建议纳入智能化集成系统。系统设计应符合行业和国家现行标准《建筑设备监控系统工程技术规范》JGJ/T 334 和《绿色建筑评价标准》GB/T 50378 的有关规定。

5. 公共安全系统

公共安全系统应有效地应对建筑内火灾、非法侵入、自然灾害、重大安全事故等危害人们生命和财产安全的各种突发事件，并应建立应急及长效的技术防范保障体系；应以人为本、主动防范、应急响应、严实可靠。

公共安全系统宜包括火灾自动报警系统、安全技术防范系统和应急响应系统等。

(1) 火灾自动报警系统　火灾自动报警系统应符合表3-41的规定。

表3-41　火灾自动报警系统规定

序号	规定要求
1	应安全适用、运行可靠、维护便利
2	应具有与建筑设备管理系统互联的信息通信接口
3	宜与安全技术防范系统实现互联
4	应作为应急响应系统的基础系统之一
5	宜纳入智能化集成系统
6	系统设计应符合现行国家标准《火灾自动报警系统设计规范》GB 50116 和《建筑设计防火规范》GB 50016 的有关规定

(2) 安全技术防范系统　安全技术防范系统应符合表3-42的规定。

表3-42　安全技术防范系统规定

序号	规定要求
1	应根据防护对象的防护等级、安全防范管理等要求，以建筑物自身物理防护为基础，运用电子信息技术、信息网络技术和安全防范技术等进行构建
2	宜包括安全防范综合管理（平台）和入侵报警、视频安防监控、出入口控制、电子巡查、访客对讲、停车库（场）管理系统等
3	应适应数字化、网络化、平台化的发展，建立结构化架构及网络化体系
4	应拓展和优化公共安全管理的应用功能
5	应作为应急响应系统的基础系统之一
6	宜纳入智能化集成系统
7	系统设计应符合现行国家标准《安全防范工程技术标准》GB 50348、《入侵报警系统工程设计规范》GB 50394、《视频安防监控系统工程设计规范》GB 50395 和《出入口控制系统工程设计规范》GB 50396 的有关规定

(3) 应急响应系统　应急响应系统应符合表3-43的规定。

表3-43　应急响应系统规定

序号	规定要求
1	应以火灾自动报警系统、安全技术防范系统为基础
2	应具有下列功能： (1) 对各类危及公共安全的事件进行就地实时报警 (2) 采取多种通信方式对自然灾害、重大安全事故、公共卫生事件和社会安全事件实现就地报警和异地报警 (3) 管辖范围内的应急指挥调度 (4) 紧急疏散与逃生紧急呼叫和导引 (5) 事故现场应急处置等
3	宜具有下列功能： (1) 接收上级应急指挥系统各类指令信息 (2) 采集事故现场信息 (3) 多媒体信息显示 (4) 建立各类安全事件应急处理预案

（续）

序号	规定要求
4	应配置下列设施： （1）有线/无线通信、指挥和调度系统 （2）紧急报警系统 （3）火灾自动报警系统与安全技术防范系统的联动设施 （4）火灾自动报警系统与建筑设备管理系统的联动设施 （5）紧急广播系统与信息发布与疏散导引系统的联动设施
5	宜配置下列设施： （1）基于建筑信息模型（BIM）的分析决策支持系统 （2）视频会议系统 （3）信息发布系统等
6	应急响应中心宜配置总控室、决策会议室、操作室、维护室和设备间等工作用房
7	应纳入建筑物所在区域的应急管理体系

6. 机房工程

智能化系统机房宜包括信息接入机房、有线电视前端机房、信息设施系统总配线机房、智能化总控室、信息网络机房、用户电话交换机房、消防控制室、安防监控中心、应急响应中心和智能化设备间（弱电间、电信间）等，并可根据工程具体情况独立配置或组合配置。

信息网络机房、应急响应中心等机房宜根据建筑功能、机房规模、设备状况及机房的建设要求等，配置机房综合管理系统，并宜具备机房基础设施运行监控、环境设施综合管理、信息设施服务管理等功能。机房综合管理系统应满足机房设计等级的要求，对机房内能源、安全、环境等基础设施进行监控；应满足机房运营及管理的要求，对机房内各类设施的能耗及环境状态信息予以采集、分析等监管；应满足建筑业务专业功能的需求，并应对机房信息设施系统的运行进行监管等。

3.3.6 组网

对智能建筑组网的介绍主要围绕着数据传输与数据存储来展开。数据传输部分主要介绍了智能建筑的接口设计要求；数据存储部分主要介绍智能建筑的数据库配置。

1. 接口设计要求

网络和接口应根据传感器、执行器、控制器、人机界面和数据库的分布，以及功能需求中对各设备之间的数据信息关联关系进行设计，并应保证各项数据传输要求的安全、可靠、及时实现。当选用无线网络时，信号的发射与接收应满足使用要求。采用无线网络的终端设备的安装位置和供电方式，应确保信号发射与接收稳定可靠。整个系统网络宜采用同一种通信协议；当采用两种及以上通信协议时，应配置网关或通信协议转换设备。网络结构、网络传输距离、网络能够连接设备的数量、网段划分和电气连接方式应满足所采用的通信技术的要求。网络设备端口容量应满足网络结构要求。配置接口时应明确表3-44中的内容。

表 3-44　配置接口应明确内容

序号	明确内容
1	供电方式数据库的数量和安装位置
2	传输介质和连接方式
3	通信协议说明
4	通过接口传输的具体内容
5	涉及接口工作双方的责任界面
6	接口测试内容

当传感器、执行器和控制器提供标准电气接口时，传感器和执行器宜采用信号线缆和一对一配线方式连接控制器的输入输出端口。当被监控设备自带控制单元时，宜采用数字通信接口方式与监控系统互联，且通信协议宜采用一种，如果使用多种则需配置相应的网关或通信协议转换设备，而且不宜重复设置传感器和执行器。监控系统与其他建筑智能化系统关联时，应配置与其他建筑智能化系统进行数据通信的接口。

2. 数据库配置

数据库配置应符合表 3-45 的规定。

表 3-45　数据库配置规定

序号	规定要求
1	应根据相应规范的监测功能规定，配置数据库的存储内容和存储容量、数据库的数量和安装位置
2	数据库的总体配置应保证各项记录数据的保存时间
3	当系统中有多个数据库时，各个数据库的时钟应同步
4	数据库应能根据管理要求，同步控制器和人机界面的时间
5	应具有访问权限管理功能
6	数据库软件应提供报表、趋势图、历史曲线等编辑软件
7	宜具有热备份功能

3.3.7　硬件选型

硬件选型部分主要介绍智能建筑中比较典型的部分硬件的配置设计要求，如传感器、执行器、控制器等，下面将依次进行介绍。

智能建筑中的传感器主要指的是能感受规定的被测量并按一定规律转换成可用输出信号的器件或装置，具体如壁挂式的空气温湿度传感器、管道内部测量管内气、液体的压力传感器、能耗监测传感器等。传感器的配置应符合表 3-46 的规定。

表 3-46　传感器的配置规定

序号	规定要求
1	应确定传感器的种类、数量、测量范围、测量精度、灵敏度、采样方式和响应时间
2	当多项功能选取由一个传感器完成时，该传感器应同时实现各项功能需求的最高要求

（续）

序号	规定要求
3	当以安全保护和设备状态监测为目的时，宜选用开关量输出的传感器
4	传感器应提供标准电气接口或数字通信接口，当提供数字通信接口时，其通信协议应与监控系统兼容
5	经过传感、转换和传输过程后的测量精度应满足功能设计的要求
6	应符合功能设计中的安装位置要求，并应满足产品的安装要求
7	应根据传感器的安装环境选择保护套管和相应的防护等级
8	宜预留检测用传感器的安装条件

智能建筑中的执行器主要指的是能接收控制信息并按一定规律产生某种运动的器件或装置，如建筑系统内的电动水路阀门、电机变频器等。执行器的配置应符合表3-47的规定。

表3-47　执行器的配置规定

序号	规定要求
1	应确定执行器的种类、反馈类型、调节范围、调节精度和响应时间
2	执行器应提供标准电气接口或数字通信接口，当提供数字通信接口时，其通信协议应与监控系统兼容
3	经过转换、传输和动作过程后的调节精度应满足设计要求
4	执行器的安装位置应符合设计要求，并应满足产品动作空间和检修空间的要求
5	当采用电机驱动的执行器时，应具有限位保护

智能建筑中的控制器主要指的是能按预定规律产生控制信息，用以改变被监控对象状况的器件或装置，如楼宇照明系统、温控系统等。控制器硬件配置应符合表3-48的规定。

表3-48　控制器硬件配置规定

序号	规定要求
1	应能可靠接收和发出信息
2	应能运行安全保护、自动启停和自动调节功能的控制算法
3	宜采用分布控制方式
4	对功能需求较固定的被监控设备，宜选用专用控制器

控制器硬件应保证其在支持最大监控点数规模下满足设计要求，并应符合表3-49的规定。

表3-49　控制器硬件设计规定

序号	规定要求
1	处理器的性能应支持安装的软件，并应满足监控功能的实时性
2	应能提供标准电气接口或数字通信接口
3	中央处理器中的随机存取存储器应具备满足要求时长的断电保护功能
4	应能独立运行控制算法
5	应具备断电恢复后能自动恢复工作的功能
6	宜具有可视的故障显示装置

习题与思考题

1. 预制构件工厂信息化转型的意义是什么？
2. 预制构件智能工厂应满足哪些功能需求？
3. 请收集资料，谈一谈我国智慧工地发展现状的不足。
4. 如何对智慧工地采集的数据进行分类？
5. 智慧工地系统如何对环境进行监测？
6. 请简述智能建筑系统的架构组成。
7. 智能建筑系统中，如何选用传感器？
8. 智能建筑中对公共安全系统有何要求？

第2篇

案例篇

第 4 章　数智化预制构件工厂管理系统

4.1　背景

在我国 PC（Precast Concrete，预制混凝土）构件市场竞争压力大、传统生产方式面临转型升级的大背景下，大多数预制构件工厂完成了信息化转型。相较于传统的预制构件工厂，这些已经完成了信息化转型的工厂摆脱了传统的依靠纸质 + Excel 的“人力办公”，尽可能地减少了管理过程中对“人”的依赖，通过建立信息化的系统，降低了沟通与协同成本，提高了执行效率，保证了决策与决策执行的准确性，实现了对数据的留存。但与之相对的，信息化工厂也依然存在着数据壁垒高筑，难以完整支撑人们对于信息全面了解和执行整体决策的需求，硬件及装备智能化水平依然不够高，相较于其他高端制造业，信息化预制构件工厂依然存在自动化水平低、人工成本高等不足之处。在这一背景下，进一步推动信息化预制构件工厂的数字化与智能化升级，打造真正的智能化预制构件工厂的必要性愈发凸显。

当前 PC 业内还没有较为完整的灯塔工厂样例，灯塔工厂改造的同时面临着改造的挑战和机遇。三一筑工科技股份有限公司作为 PC 业内的头部工厂，依托三一集团智能制造和成套装备优势，致力于打造 PC 灯塔工厂，提出了数智化工厂的目标和运营管理模式。本章将简要介绍物联网技术在三一筑工 PC 数智化工厂中的综合应用。

4.2　系统总体设计

数智化工厂定义为以智能生产线设备为基础，以行业专业软件为支撑，通过技术手段，将工厂各类数据进行采集、清洗、整合和综合应用，形成数据大脑，用数据驱动业务决策的生成及落地，将数据价值在装备升级、管理优化、系统提升等每个场景持续复用的工厂状态。一个理想中的数字化、智能化预制构件工厂应该是一个“数字孪生体”工厂，应当让工厂像一个智慧的生命体一样自主感受、学习、调节、沟通和执行，从而自动平衡企业运营成本、生产率、产品质量等核心关注点，最终实现工厂少人化甚至无人化运转（图 4-1）。

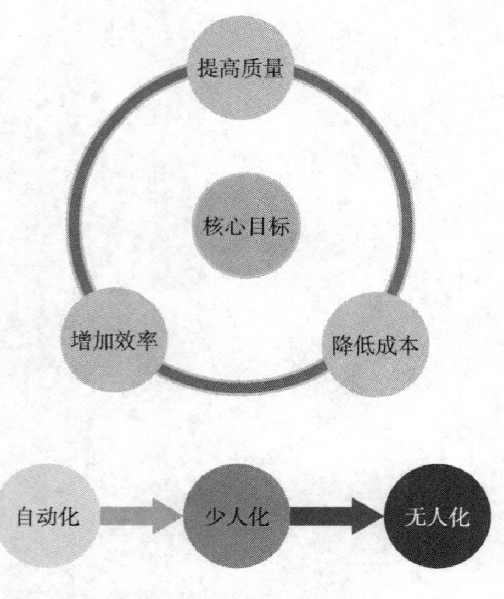

图 4-1　数智化预制构件工厂管理系统设计目标

需要指出的是，传统工厂在向信息化工厂转变时，秉承了“一切业务数据化”的宗旨，通过在传统工厂内推动“安防管理系统”“能耗管理系统”“WMS（仓库管理系统）”“OA（协同办公系统）”等信息化系统的建设，在工厂内部建立了以“业务驱动”为特征的工厂综合管理系统，实现了以信息系统固化管理流程，在这一管理系统中，数据依然是作为活动的副产品而存在的。而实现了数字化、智能化的新型预制构件工厂，则应当是在上述所提到的信息化预制构件工厂的基础上，由原先的业务驱动转化为数据驱动，通过建立以“数据中心”为核心，包含了“决策中心”“执行中心”“驾驶舱”等元素的一系列智能化工厂要素，搭配智能算法与智能硬件，再通过对传统设备进行改造，最终实现“一切数据业务化”，基于数据来改进生产与管理、优化经营。而在这一完成了升级的数字化、智能化工厂中，数据的地位也得到了大大的提升，由原来的附属品升级为了一种工厂的资产，成为工厂一切活动的重要基础。

三一筑工数智化预制构件工厂架构可以大体分为“基础设施”“信息化建设”“数字化建设”三个部分，如图 4-2 所示。

图 4-2　三一筑工数智化预制构件工厂管理系统总体架构图

4.3　基础设施

基础设施部分主要包括整个预制构件工厂管理系统的技术与硬件基础，由整个管理系统的工程基础和 SPCE 智能生产线装备两部分组成。

1. 工程基础

工程基础部分主要包括构建预制构件工厂所需的各专业内容，如弱电工程、网络工程、物联网设备等方面。数字化、智能化的预制构件工厂的核心在于数据，其运作也是围绕对于数据的识别采集、对于数据的传输存储、对于数据的处理应用这三个方面。而想要实现上述三个对信息数据的运作管理，就要分别依靠图 4-2 所示的“物联网设备基础”“网络工程”

“机房工程”“弱电工程”这几项数智化预制构件工厂的工程基础来实现。

2. SPCE 智能生产线装备

SPCE 智能生产线装备部分包括预制构件工厂中需要用到的智能化硬件模块，对应预制构件生产的全流程，包括模台清扫；机械手画线布模；钢筋预埋、绑扎、监测；混凝土的浇筑、振捣；智能翻转合模、自动堆垛养护和运输等，如图 4-3、图 4-4 所示。

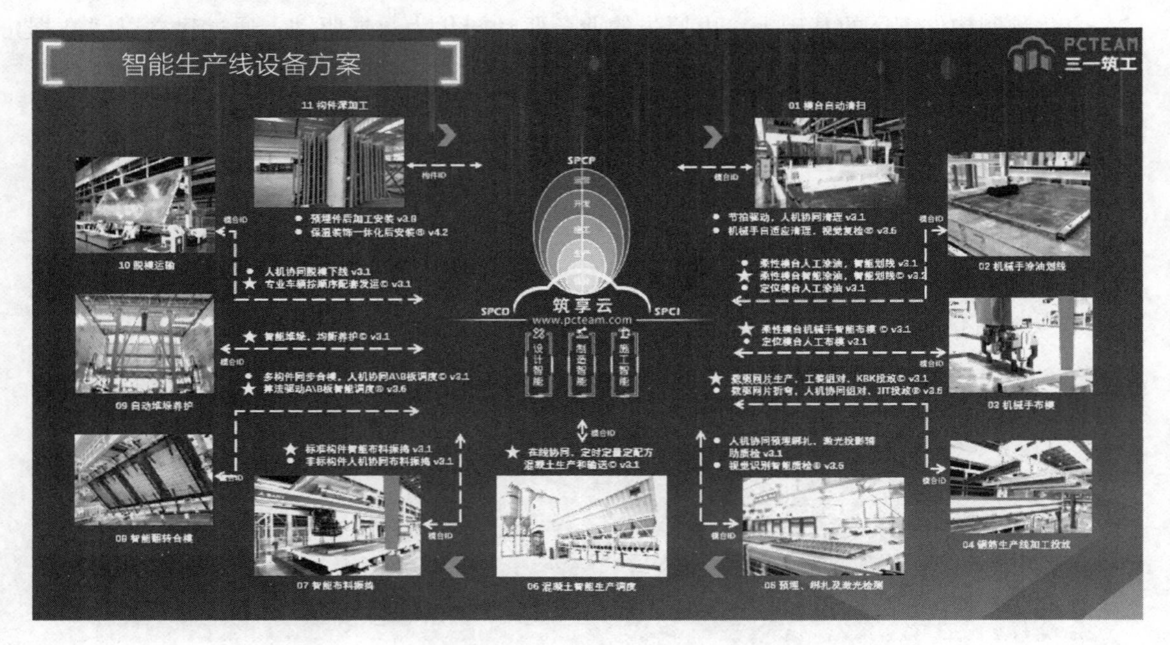

图 4-3　数智化预制构件工厂智能生产线设备方案

图 4-4　叠合板生产线

智能生产线设备会对全过程中的各类数据进行详细的识别、采集、统计与处理（各流程采集数据示例如图 4-5 所示），并一部分直接流入“数字化建设”部分的“数据池”中，一部分则根据需要上传至“信息化建设”部分的各类工业、业务应用中以供进一步处理。

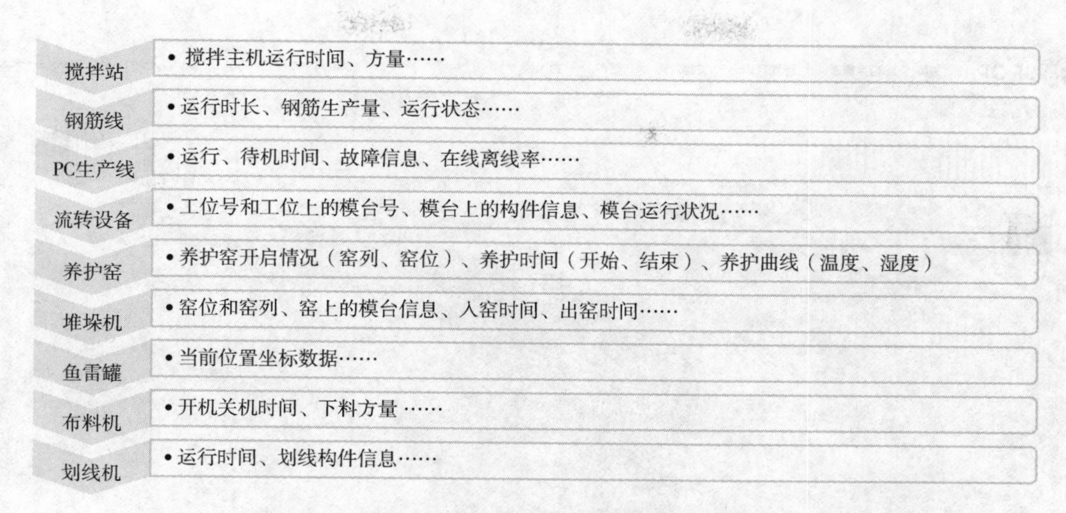

图 4-5　数智化预制构件工厂各流程采集数据示例

4.4　信息化建设

信息化建设部分主要包括预制构件工厂综合管理系统中常用到的各种软件应用系统，这一部分的作用顾名思义是在于帮助预制构件工厂建立信息化服务以提高预制构件工厂的生产率与安全指数，实现全流程多方精确管理，保证上下游衔接与顺畅。

1. 数据驱动项目多方协同（SPCP）

让设计与施工数据源得到统一，将生产、施工、运输数据与 BIM 模型紧密结合，自动解析构件清单，统一生产和施工的数据源，一件一码追溯构件全生命周期，如图 4-6 所示。

☆ 项目构件库

列表　BIM

楼栋：D5　楼层：全部楼层　构件类型：构件类型　构件状态：构件状态　请输入构件编号或唯一编码

新增单个构件　导入构件清单　导出构件清单

已计划(0)	已要货(174)	已进场(38)				已吊装(620)		
		待验收(0)	合格(38)	维修(0)	退货(0)	待验收(0)	合格(0)	维修(0)

序号	构件编号	构件类型	楼栋	楼层	尺寸-长/mm	尺寸-宽/mm	尺寸-高/mm	混凝土强度等级	方量/m³	重量/t	构件状态	验收状态	生产状态	变更时间	操作	二维码
1	LT8D-YZTB1	楼梯	D5	1F	3235	1270	1430	C35	0.819	2.047	已吊装		已入库	2021-04-21 10:54:56		
2	LT8D-YZTB2	楼梯	D5	1F	3890	1280	1430	C35	0.993	2.482	已吊装					
3	LT8D-YZTB2a	楼梯	D5	1F	3890	1320	1430	C35	1.008	2.52	已吊装					
4	LT8D-YZTB3	楼梯	D5	1F	3235	1320	1430	C35	0.852	2.13	已吊装					
5	LT9D-YZTB1	楼梯	D5	1F	3235	1270	1430	C35	0.819	2.047	已吊装					
6	LT9D-YZTB2	楼梯	D5	1F	3890	1280	1430	C35	0.993	2.482	已吊装					
	LT9D-Y															

二维码　×

图 4-6　数据与 BIM 模型联动（一件一码）

图 4-6　数据与 BIM 模型联动（一件一码）（续）

SPCP 实现全周期、全角色、全要素在线协同的项目计划管理，如企业级多项目管理，参与各方在线沟通、协同交付（图 4-7）；多级计划满足集团管控、项目执行、作业管理不同需求（图 4-8）；计划驱动设计、生产、施工业务；配套移动应用，随时随地沟通反馈（图 4-9）。

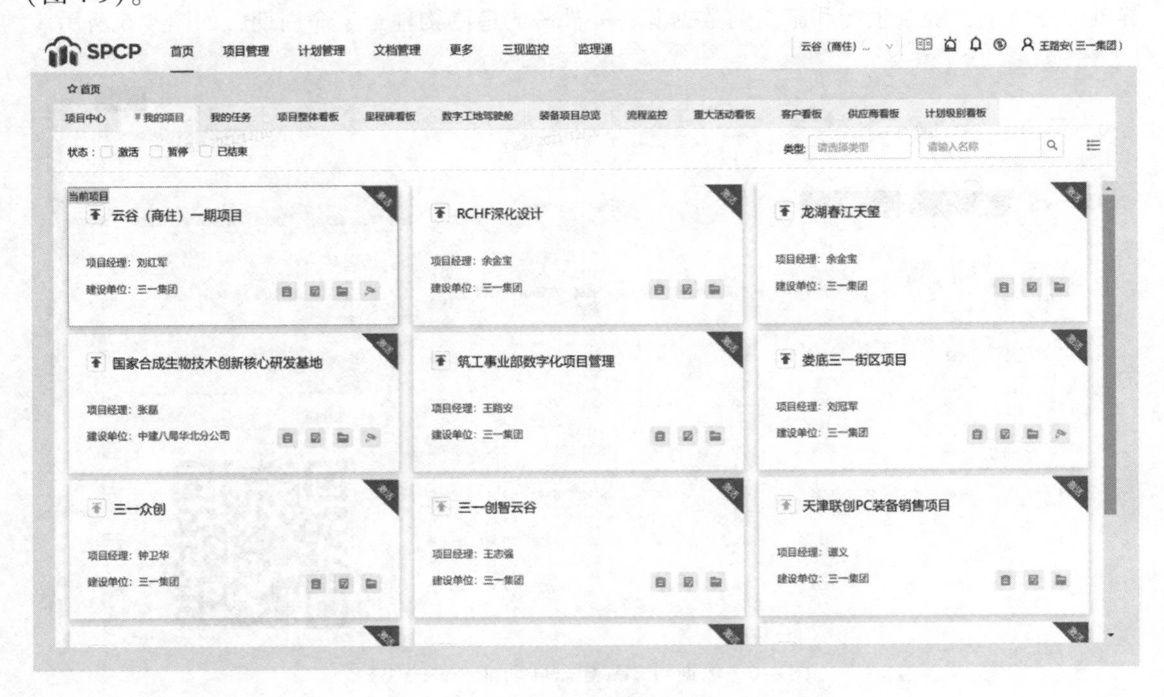

图 4-7　企业级多项目管理

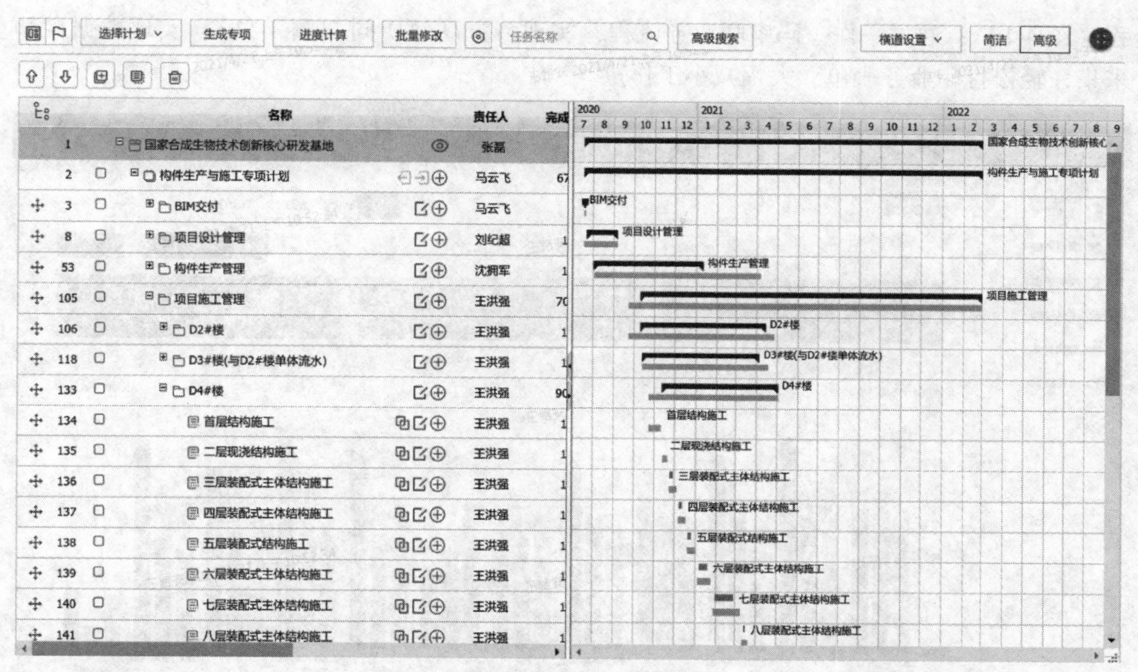

图 4-8　多级计划满足不同需求

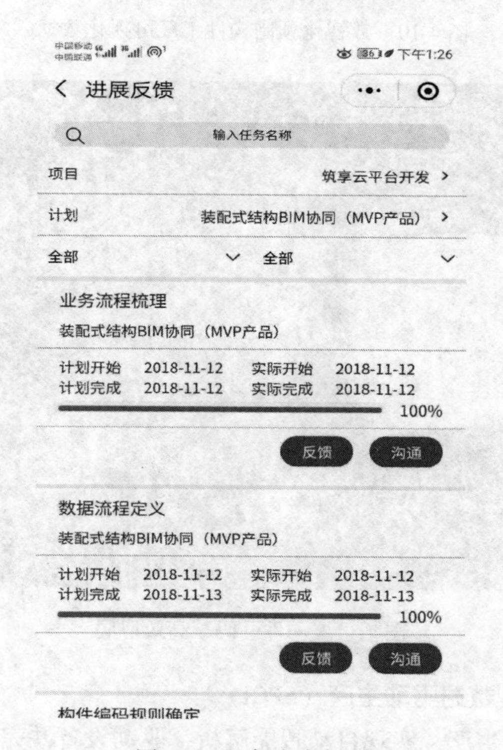

图 4-9　配套移动应用

2. 信息化核心系统 SaaS 应用（PCM）

信息化核心系统 SaaS 应用（PCM）通过可视化数据，直观显示生产任务，推动生产流程（图 4-10）；通过一件一码串联业务流程，实现多方高效协同（图 4-11）；实现数据自动采集，轻松打印业务表单，大幅减小工作量。

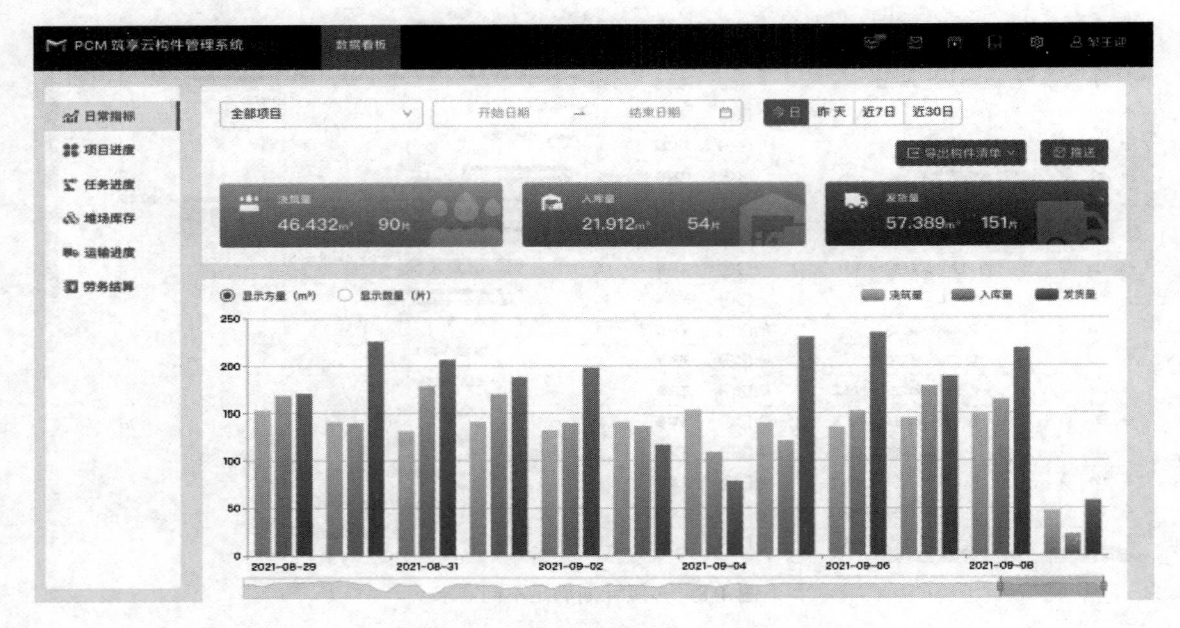

图 4-10　数智化预制构件工厂可视化数据

图 4-11　一件一码，高效协同

3. 工业软件通过模型数据驱动生产（SPCI）

通过模型数据来驱动生产，实现自动智能解析，驱动设备并完成质量检查，主要包括以下几个方面。

（1）从模型自动提取信息　智能解析设计成果为生产数据，还原构件 3D 信息。

（2）可视化智能拼模　通过图形化拖放虚拟部署，并完成产能优化计算。

（3）数据驱动装备　包括自动划线、自动布模桁架、网片数字加工和混凝土布料智能控制（图4-12）。

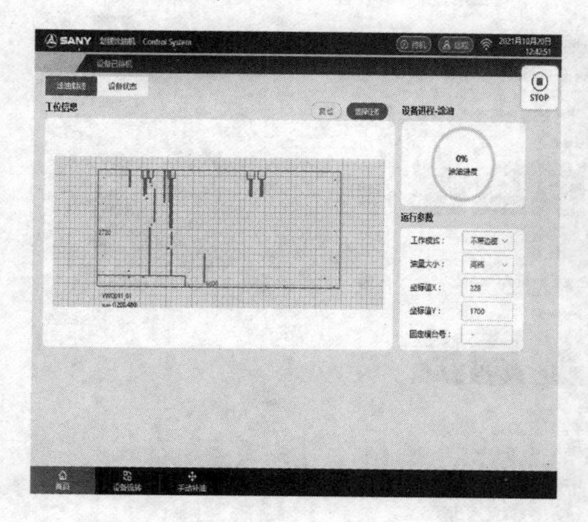

图4-12　模型数据驱动设备

（4）信息校验与质量控制　基于视觉中枢和模型数据进行质量检查，检查预留预埋信息，校验尺寸和位置信息，判断是否合格（图4-13）。

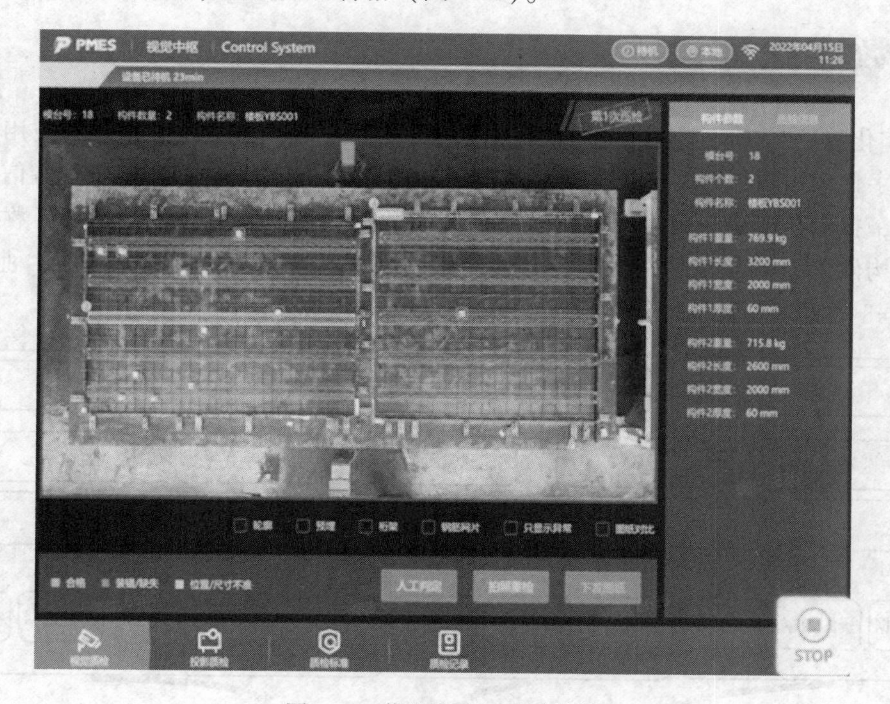

图4-13　信息校验与质量控制

4. 筑享易吊装（PCC），装配式施工管理APP

基于施工计划，打通生产数据，进行要货协同、运输跟踪、验货收货。构件运输轨迹跟踪、施工吊装实时记录、数字化图纸指导吊装如图4-14所示。

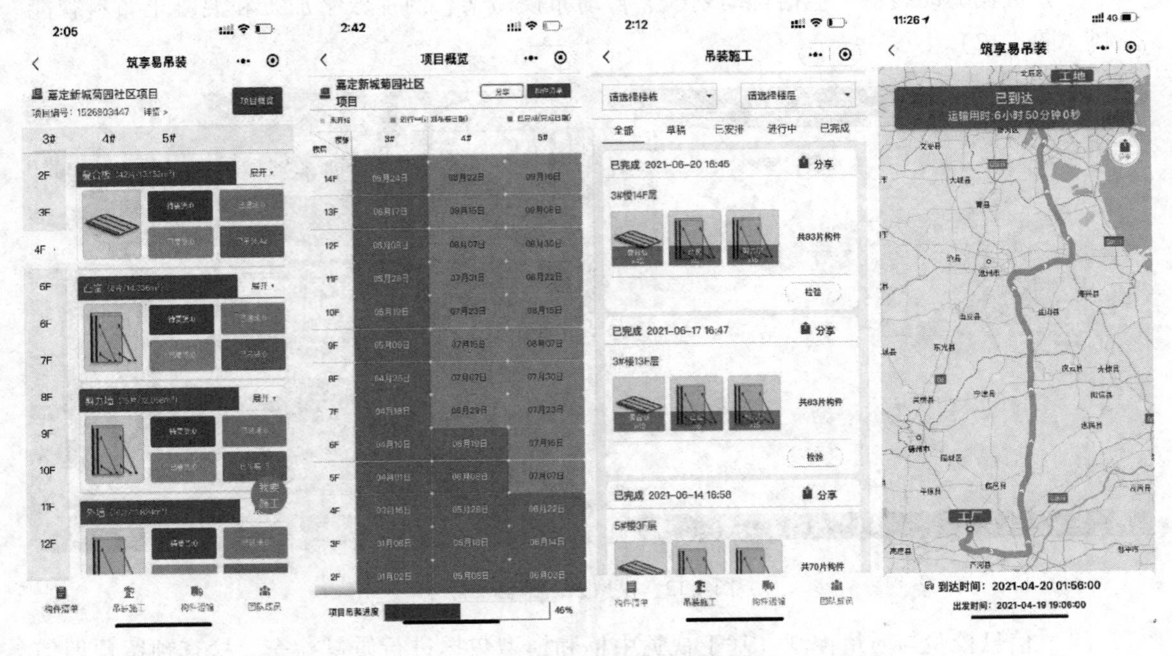

图 4-14　构件运输、吊装跟踪记录

4.5　数字化建设

“数字化建设”部分主要内容为预制构件工厂综合管理系统数据的管理与应用，包括数据池与数字化应用两部分。在具备支撑核心业务的信息化能力后，建立装备和各信息系统间数据连接，打造数据池（数据中心）解决系统间数据孤岛现象，同时形成工厂数据资产仓库。预制构件工厂中各类硬件设备与软件应用的数据经由采集处理后，按照“业务数据”“资产数据”“实时数据”的分类流入数据池中，如图 4-15 所示。

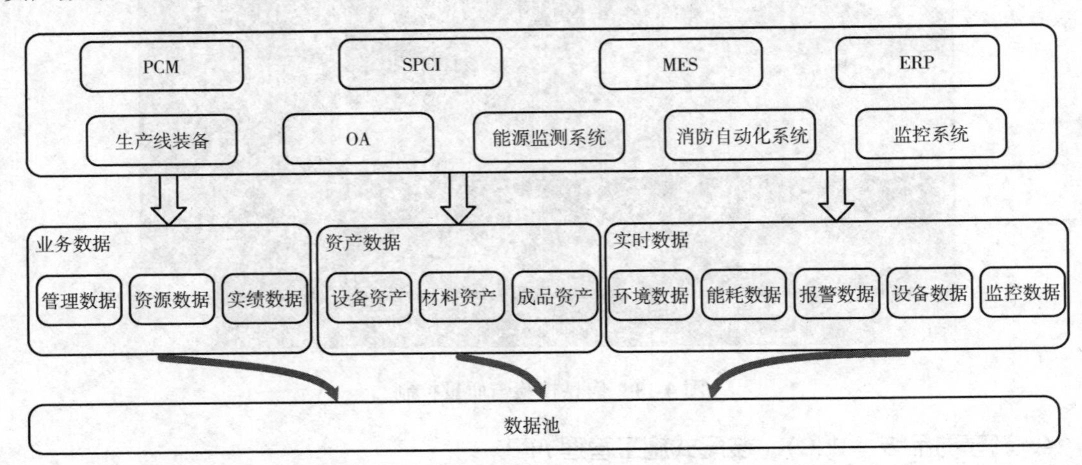

图 4-15　数智化预制构件工厂数据池

综合管理系统基于数据池中汇聚的各类数据，搭建一系列的数字化应用场景，以支持数字化、智能化预制构件工厂的数据驱动式运转。

1. 数字工厂门户

数字工厂门户以一个统一界面打通各个独立系统的数字应用模块（图 4-16）。作为工厂信息化与数字化系统的统一门户，打通各系统，通过单点登录的方式访问所有数字化应用模块。数字工厂门户的数据支撑为各系统登录验证信息；软件支撑为各系统登录接口集成。

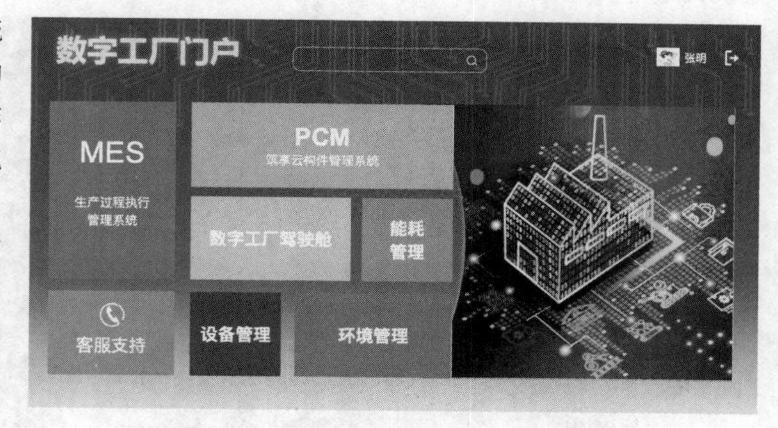

图 4-16　数字工厂门户

2. 工厂大屏驾驶舱

从数据池中收集汇总关键数据（生产节拍、项目进度、产品原料库存等），并在大屏上进行统一的汇总与展示，为管理决策者直观展现工厂实时运营状况，辅助相关决策管理（图 4-17）。工厂大屏驾驶舱数据支撑包括 PCM 业务数据、MES 设备数据、环境监测系统数据、监控系统数据等；软件支撑包括 PCM、MES、环境监测系统、安防监控系统、能源监控系统等；硬件支撑包括数据采集设备、传感器等。

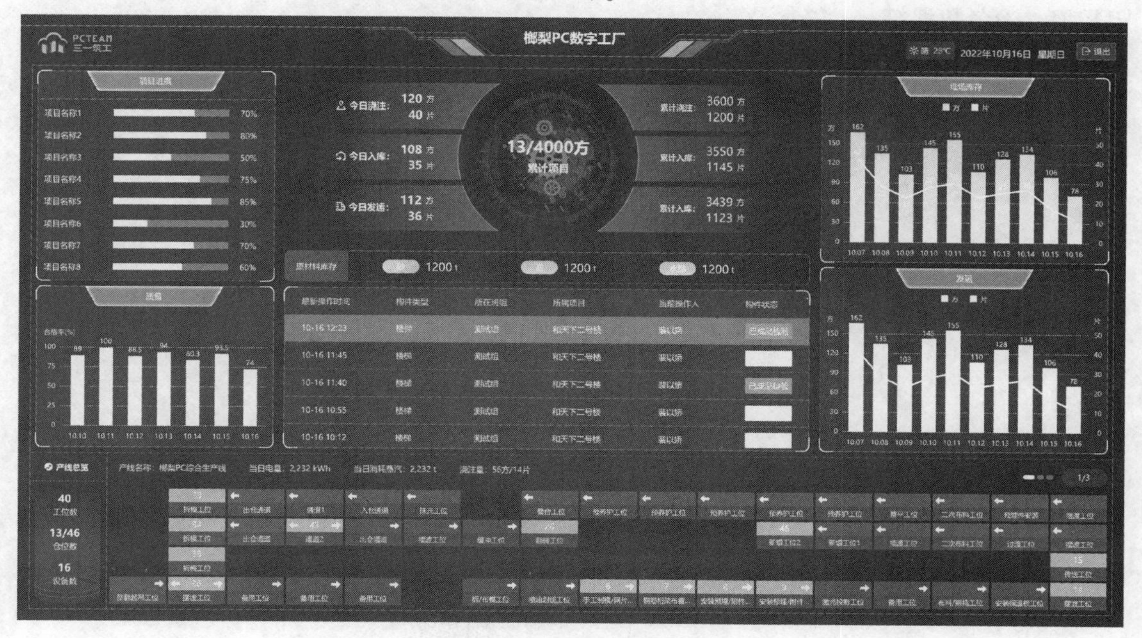

图 4-17　工厂大屏驾驶舱

3. 工厂播报大屏

从数据池中获取生产数据，通过大屏及播报方式实现数据的视觉、听觉的直观呈现，实现各工序之间的高效协同（图 4-18）。工厂播报大屏的数据支撑为 PCM 业务数据；软件支撑包括 PCM、PCM 语音播报软件、PCM 手持终端 APP；硬件支撑包括大屏拼接屏、音柱、手持终端等。

图 4-18　工厂播报大屏

4. 生产节拍优化管理

利用 MES 中的设备数据和构件数据，共同组成生产节拍管理的基本数据要素；配合工位旁的一体式媒体机，管理人员可实时掌握整体生产节拍和每个工位的实时生产状态，便于对生产节拍进行调整优化（图 4-19）。数据支撑包括生产计划数据、构件基础数据、生产过程数据、设备数据等。

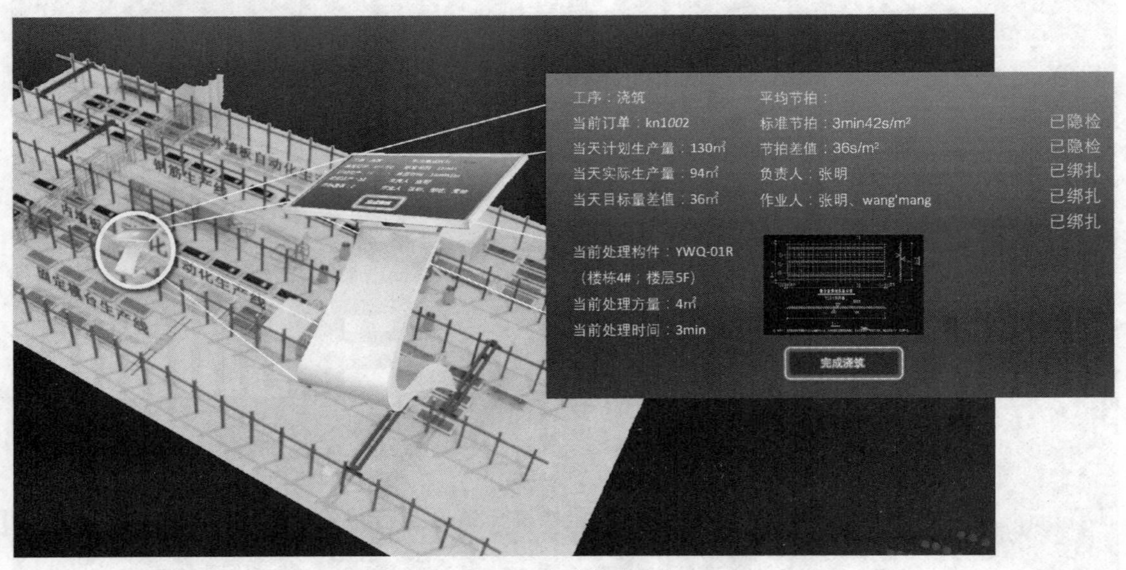

图 4-19　生产节拍优化管理

5. 环境管理平台

通过对接环境监测系统，从而实现实时监测预制构件工厂内外的温度、湿度、二氧化碳含量、PM2.5 等关键环境数据，并通过三维可视化的方式实时直观展示，在监测值超过阈值时进行及时预警与通知（图 4-20）。环境管理平台数据支撑包括温度数据、湿度数据、PM2. 5、二氧化碳等；软件支撑包括环境监测系统、建筑自动化系统；硬件支撑主要为环境传感器。

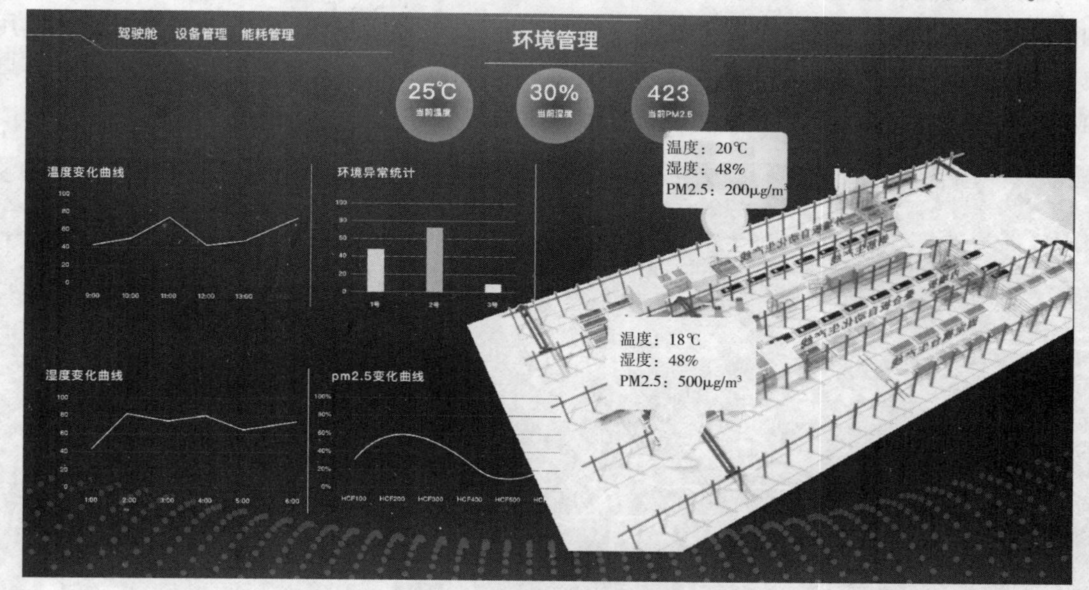

图 4-20　环境管理平台

6. 安防管理监控平台

通过对接安防监控系统，对重点安防监控区域、重点人员或设备进行实时持续的监控，通过结合视频识别技术、电子围栏技术等安防技术手段，实现自动捕捉预制构件工厂区域内的安防异常时间，进而保证预制构件工厂区域内的作业安全与作业稳定（图 4-21）。安防管理监控平台的数据支撑包括监控数据、拌线报警数据、门禁数据、其他传感数据等；软件支撑包括安防监控系统集成、事件分析算法；硬件支撑为各类安防设备。

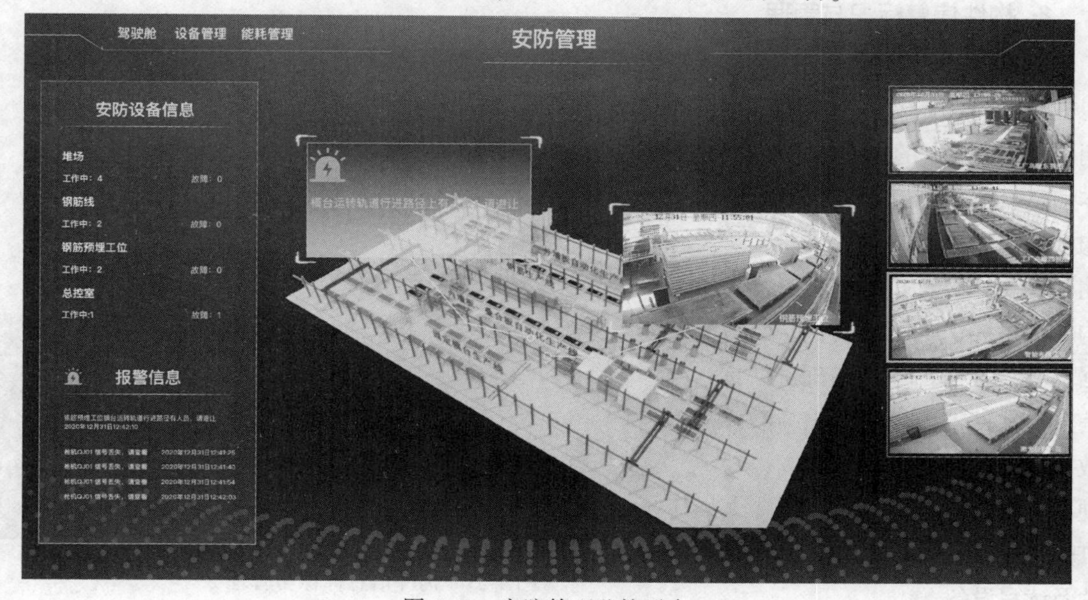

图 4-21　安防管理监控平台

7. 能耗监管平台

通过对接能源监控系统，实时获取厂房的用水用电情况，持续跟踪并结合预制构件工厂内的其他相关数据进行用能分析和预测（图 4-22）。能耗监管平台的数据支撑包括用水、用电、用气数据，环境数据和设备运行数据；软件支撑包括能源管理系统、MES 系统、环境监测系统；硬件支撑包括数据采集设备、传感器等。

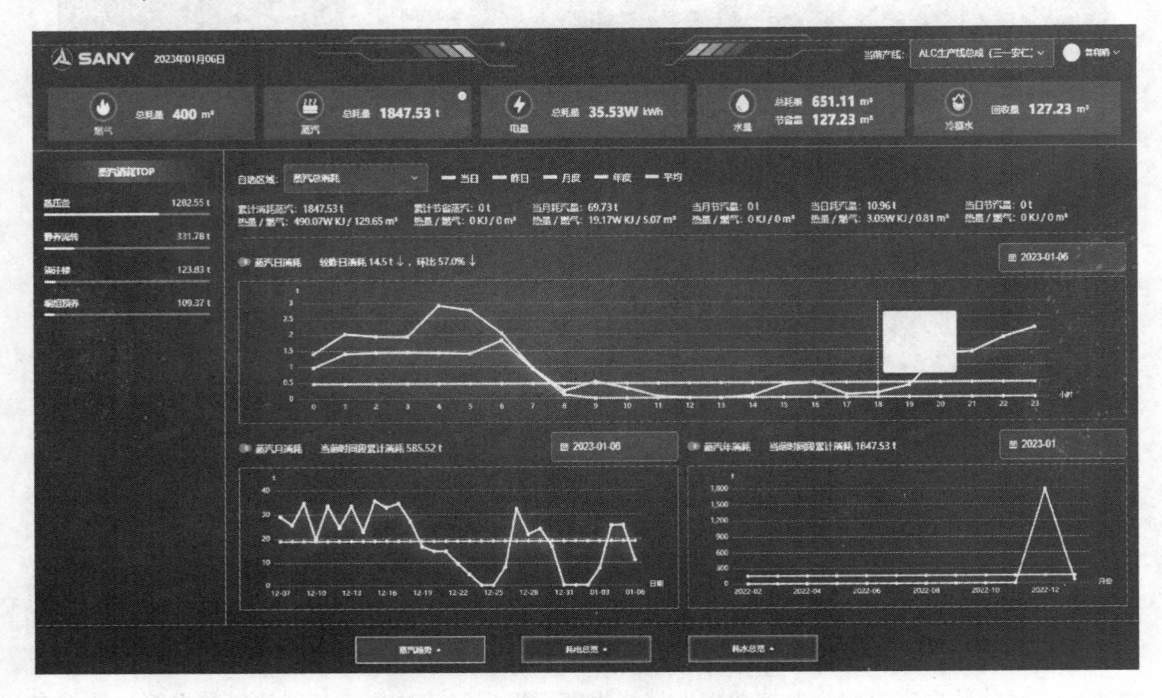

图 4-22　能耗监管平台

8. 构件信息标识与管理

通过使用二维码、RFID 技术与喷码枪，利用 PCM 系统中的构件基本信息，因地制宜地进行构件标识和构件全生命周期信息追踪（图 4-23）。构件信息标识与管理的数据支撑为 PCM 构件基础信息；软件支撑包括 PCM 数据集成、打印排版软件；硬件支撑包括喷码枪、PDA、打印设备、RFID 芯片及读写设备。

图 4-23　构件信息标识与管理

9. 基于 BIM 的进度模拟

沿用产品设计阶段的 BIM 数据，同时站在施工方和生产方的视角，将构件状态、产品信息进行直观地三维可视化表达，对构件全生命周期状态进行三维可视化的追踪（图 4-24）。基于 BIM 的进度模拟的数据支撑为构件设计数据、PCM 系统数据、PCC 吊装数据；软件支撑包括 PCM、PCC 和设计软件。

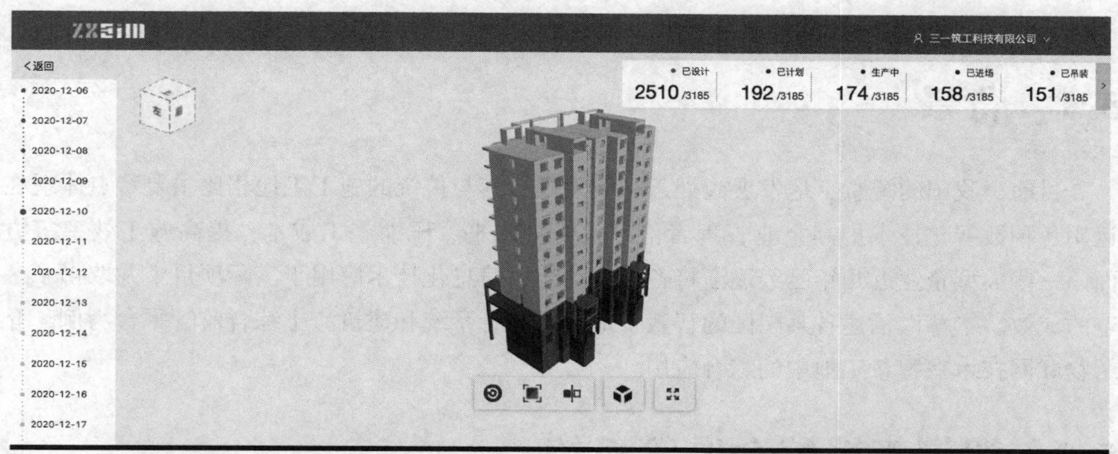

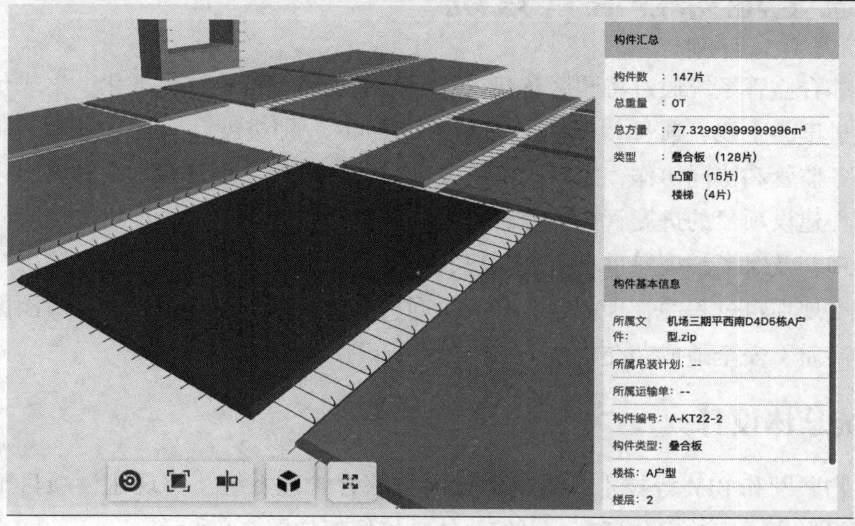

图 4-24　基于 BIM 的进度模拟

习题与思考题

1. 请简述该案例是如何实现预制构件工厂的转型升级的。
2. 请简述该案例中预制构件工厂信息数据的运作管理是如何实现的。
3. 该案例中预制构件工厂的信息化建设包含哪些方面？
4. 请根据自己的理解谈一谈预制构件工厂的数字化建设有何意义？

第5章 智慧工地数字化综合监管系统

5.1 背景

目前，我国的智慧工地发展尚处于初级阶段，其与传统的施工工地相比主要特点体现在运用各种数智化技术提高企业管理者信息化管理水平、压缩施工成本、提高施工效率等方面。一些大型企业近几年已经逐渐将各种自动化、信息化技术应用于实际项目中并取得了一定的成效。本章以福建省某园区的智慧工地综合监管系统和建筑渣土综合监管平台为例，介绍物联网技术在智慧工地中的综合应用。

5.2 智慧工地综合监管系统

智慧工地综合监管系统通过将园区各建设项目的工地建设信息以标准化、集成化的方式统一接入，以进度为主线，通过“三控、两管、一协同”，即进度、质量、安全控制，绿色施工监管、劳务监管和协同协作，提升园区管委会对区域内的工程监管水平和能力，实现对园区范围内工程建设项目的进度管控、质量管控、安全文明施工监管、项目文档协同和工程资料数字化管理，及时了解项目进度进展情况、质量检查整改情况、安全风险隐患、绿色文明施工状况，实现项目过程的管理前置、多方协同、多级联动、科学决策，保障园区工程建设项目按时、高质、安全地成功交付。

5.2.1 系统总体设计

充分利用物联网和 BIM 等技术，搭建建设项目综合管理系统，实现建设项目施工全过程管理，并积累形成园区数字化资产。系统总体功能框架如图 5-1 所示。

1. **数据采集层**

数据采集层充分利用物联网技术，对建设项目现场的人员、设备、环境、危险性较大的分部分项工程、进度等进行数据自动采集，尽可能减少项目管理人员工作量，并提高数据的准确性和及时性，为项目的动态实时管理提供数据。对项目的质量、安全等现场日常检查，采用 APP 模式，让管理人员可现场填报，实现移动式、便利性工作。

2. **平台层**

平台层主要是实现对物联网、三维模型、业务数据等进行统一管理和分析，为应用层提供数据服务。

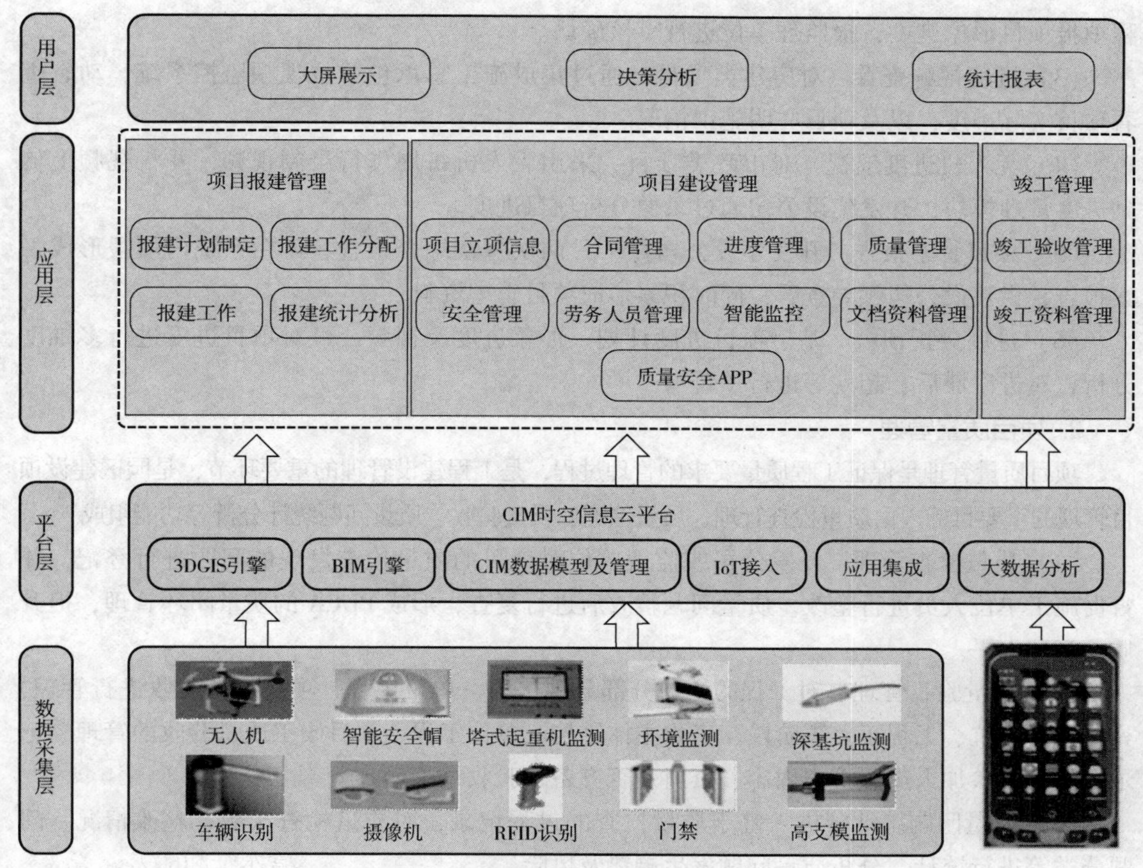

图 5-1　系统总体功能框架图

3. 应用层

应用层是满足开发建设公司、监理单位、施工单位对项目合同、进度、质量、安全、人员管理的协同，以及文档资料的共享与应用。

4. 用户层

用户层主要是满足园区的建设总体态势展示、项目数据统计分析以及辅助领导决策。

5.2.2　系统功能设计

1. 项目进度管理

项目进度管理模块围绕进度计划编制与填报、项目形象进度填报、进度视频查看、进度计划分析预警、项目督察报告等进行管理，并充分利用视频监控、无人机进度巡视等，实现可视化进度管理，以达到充分了解项目进度的目的。进度管理模块具有模板化、可视化的特点，具体功能如下：

（1）进度计划编制与填报　施工单位通过手工或导入方式编制项目单位工程的里程碑进度计划，并报监理单位审批后，由建设开发公司确认后执行。施工单位按周进行实际进度填报，报监理单位进行审核确认。

（2）项目形象进度填报　施工单位每周通过图片及文字等方式，对项目的每个单位工程填报项目形象进度，报监理单位进行审核确认。

（3）进度视频查看　对房建类项目，通过集成施工总承包单位视频监控系统，动态查看项目实际进度，以及项目文明施工情况。

（4）无人机进度巡视　对市政类项目，采用无人机每周飞行录制视频，并将视频上传到进度管理模块，开发建设公司通过录像分析项目进度。

（5）项目督察报告　开发建设公司每个月两次督察综合检查，可在系统内填报形成督察报告，供建设公司领导查看，同时积累形成项目管理资料。

（6）进度分析预警　基于项目进度计划、形象进度及视频，可对项目进度进行多维度分析，对进度滞后、超期等进行预警。

2. 项目质量管理

项目质量管理是保证工程质量要求的管理过程，是工程建设管理的重要环节，是园区建设项目管理的重要目标。由质量检查管理、质量追溯、质量验收、质量问题统计分析等功能组成。

（1）质量检查管理　开发公司或监理单位对项目的质量检查发现的问题进行登记，并督促施工单位人员进行整改。质量问题整改后进行复查，形成 PDCA 的质量闭环管理，提升质量管理水平。

（2）质量验收管理　对工程的主要分部分项工程、单位工程、项目质量验收进行管理，具体包括基坑、工程正负零阶段、工程主体结构、单位工程、项目竣工质量验收的管理，记录质量验收参加人员、检查内容、资料是否齐备、验收结论等。

（3）质量问题统计分析　基于质量检查的过程记录，对质量检查次数、整改情况、问题分类等进行统计，分析质量问题发生趋势及风险。

3. 项目安全管理

项目安全管理是项目监管关键管理环节之一，确保园区各项目生产作业安全进行是建设项目管理的重要目标。项目安全管理包括安全检查管理、安全培训管理、安全隐患统计等功能。

（1）安全检查管理　开发公司或监理单位对项目的安全检查发现的安全隐患进行登记，并督促施工单位人员进行整改。安全隐患整改后进行复查，形成 PDCA 的安全闭环管理，提升安全管理水平。

（2）安全培训管理　施工单位对项目部各种安全培训进行管理，记录安全培训的时间、地点、内容、参与人员等，辅助开发公司对安全培训进行核实查验。

（3）危险性较大的分部分项工程管理　施工单位对项目危险性较大的分部分项工程进行登记，明确管理方案和责任人，监理单位审核后备案。施工单位按管理方案，对危险性较大的分部分项工程进行日常的巡查监管和排除隐患。开发公司通过查询，辅助实现对危险性较大的分部分项工程安全监管。危险性较大的分部分项工程管理包括起重设备（塔式起重机、升降机）、深基坑、高支模工程。通过三维模型实现工地主要机械设备的分布、使用及监控；设备信息图表展示工厂现有设备种类、设备数量等基础信息（图 5-2）。

（4）安全隐患统计　基于安全检查积累的数据，对安全隐患数量、整改情况、隐患分类等进行统计，分析安全隐患发生趋势及风险。

图 5-2　危险性较大的分部分项工程设备管理

4. 劳务人员管理

项目现场劳务人员进出场频繁，考勤记录难，很难及时掌握现场劳务人员在场、出勤等情况。采用闸机和智能安全帽对劳务人员进行实名制管理。

（1）劳务人员实名制登记　采用身份证采集设备，对项目部劳务人员进行实名制登记，确保人员信息准确，无违法人员、违法用工等情况发生（图 5-3）。

图 5-3　劳务人员管理

（2）劳务人员进退场管理　以劳务人员实名制信息为依据，记录劳务人员进退场具体时间，为动态获知劳务人员在场数量提供数据。采用闸机方式进行考勤。

（3）劳务人员奖惩管理　以劳务人员实名制信息为依据，记录劳务人员在项目的奖惩情况，形成劳务人员项目信用数据。

5. 智能监控

项目现场场地大，人员进出频繁，产生垃圾多。采用传统人工方式管理，工作量不仅大，而且管理效果差，很难及时发现安全隐患。采用传感器及物联网，对劳务人员进出场进行实时数据采集，动态管理。通过视频监控，综合掌握项目现场人、材、机等行为状态，辅助实现对现场质量、安全、文明施工管理。对项目现场的施工扬尘也采用环境传感器及物联网进行监测，辅助提升管理效率。

（1）工地闸机接入　集成接入施工现场的闸机系统，对劳务工人出入施工区域的信息进行动态、实时、准确采集（图5-4），改变传统的工人考勤方式，大大降低人工工作量，提高了考勤的准确性，为工人工资核发提供了准确数据及依据，避免发生工资纠纷。

图5-4　工地闸机接入

（2）工地视频监控　通过集成施工总承包单位视频监控系统，可动态查看任意项目的施工现场，改变了传统模式下管理人员到工地巡查的工作方式，实时形象掌握建设进度、工地现场文明施工、安全管理等情况，辅助提升对项目的动态管理能力（图5-5）。

图5-5　施工现场视频监控

（3）施工扬尘在线监测　通过施工现场的传感设备，自动采集施工现场的PM2.5、PM10等多项环境参数要素，实时显示，并进行动态预警（图5-6），辅助项目部采取应对措施，保证项目进行绿色施工。

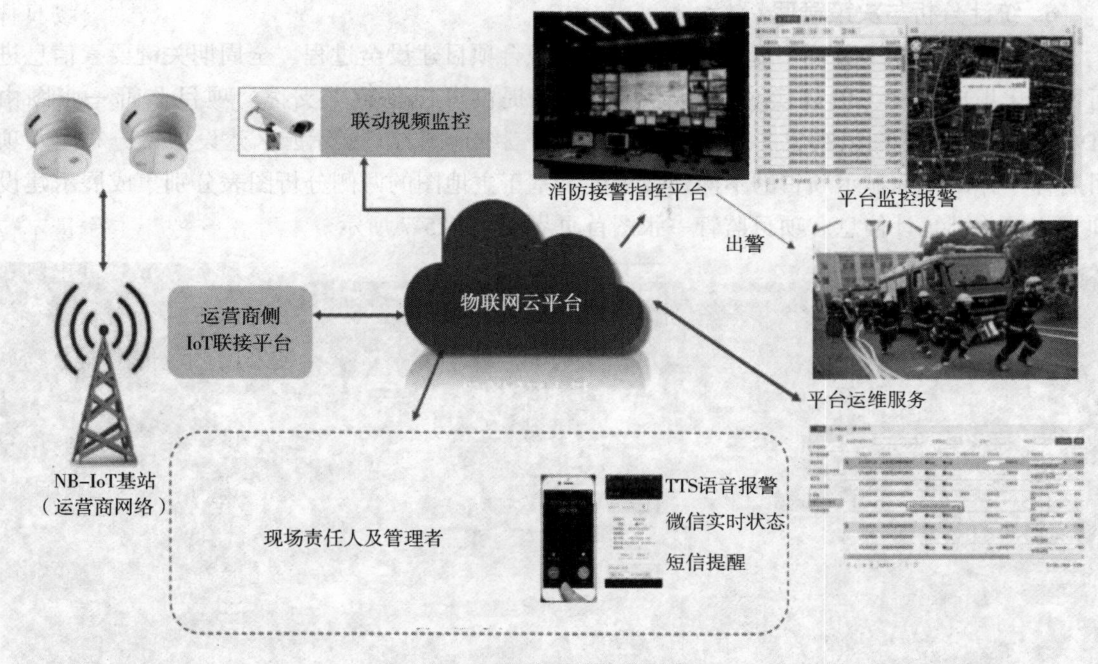

图 5-6　环境质量监控预警

6. 项目文档资料管理

通过对文档资料进行有效管理，提高园区管理单位对文档的集中管理能力，加强文档使用的便捷性和管理的科学性。项目文档控制管理包含文档目录定义、文档管理、文档检索查询、文档统计分析等功能。

（1）文档目录定义　用户可以根据需要自行定义文档目录，可对目录名称进行增、删，以及重命名等操作。

（2）文档管理　文档的上传、下载。按定义的目录结构，对各类文件、图纸、图片、视频等文件进行上传、删除、浏览、下载等操作，并支持通用文档的在线预览。

（3）文档检索查询　可按文档名称对文档进行模糊查询，便于快速找到需要的文档进行浏览或下载使用。

7. 质量安全管理 APP

质量安全不仅可以在 Web 操作，也可以在质量安全管理移动端应用，使现场质量安全信息获取更加方便省力。移动端应用包括：

（1）现场质量安全检查　建设开发公司、监理单位在项目现场通过手机 APP 直接记录发现的问题，以拍照、录像等方式记录，并可以直接指派给施工单位相关人员进行整改。

（2）质量安全问题整改　施工单位相关人员在手机 APP 可收到整改提醒，线下进行整改完成后，可在手机中进行整改反馈，并可以拍照上传整改结果。

（3）质量安全问题复查　建设开发公司、监理单位收到整改结果后，可组织人员在项目现场进行复查。若无问题，可关闭问题；若有问题，可再派给施工单位相关人员继续进行整改。

8. 统计分析与决策管理

(1) 项目监管一张图　基于3DGIS，系统融合项目建设全过程、全周期关键要素信息进行可视化集成展示，创新实现为领导科学决策提供可视化数据支撑。项目监管一张图由3DGIS及两侧分析图表组成。主地图初始加载以三维地图方式展示园区建设项目分布图及项目名称，并用图标显示项目的不同建设进度。基于主地图的两侧分析图表分别集成展示建设项目相关关键统计信息。项目监管一张图首页界面如图5-7所示。

图5-7　项目监管一张图首页界面

(2) 决策分析　基于项目全过程的合同、进度、质量、安全、人员等数据，可通过对各类业务数据的关联分析，为园区管委会、建设开发公司领导提供各种辅助决策分析图表数据，为领导科学决策提供准确、可靠的数据支撑。决策分析示意图如图5-8所示。

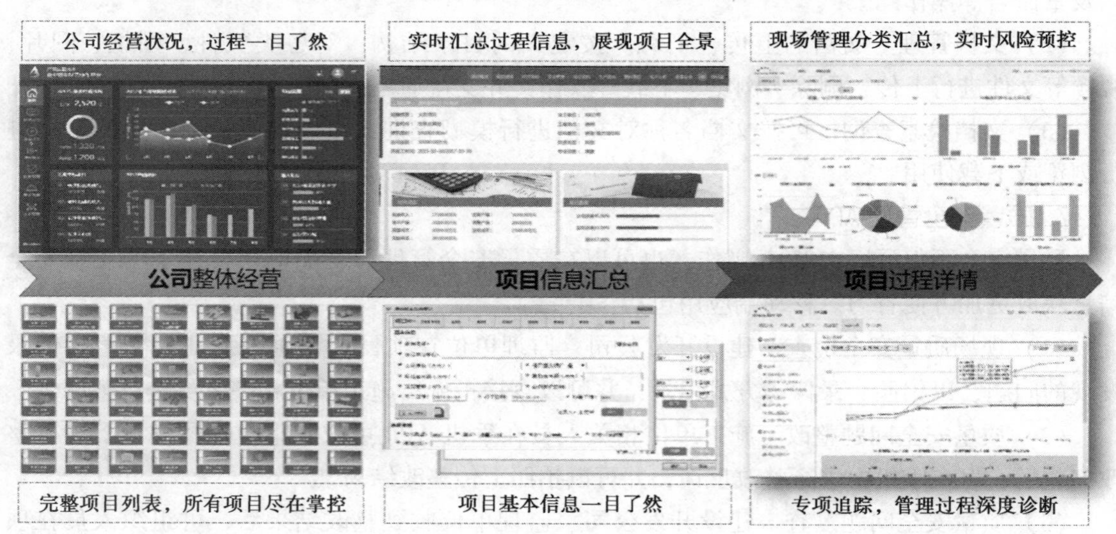

图5-8　决策分析示意图

(3) 统计报表　面对不同业务部门的管理以及数据汇总分析需求，系统可提供各业务部门需要的统计分析报表，以及跨部门的综合分析报表，降低工作人员工作量，提高数据统计的准确性和及时性。

5.3　建筑渣土综合监管平台

建筑渣土综合监管平台是通过智能终端设备和 4G/5G 无线通信技术，对园区范围内渣土运输全过程进行 24 小时在线视频与定位监管，全程监控车辆的运行状态，实时发现建筑渣土运输过程中超速、超载、违规倾倒、污损号牌、撒漏、闯红灯、抄近路、闯禁区等问题，及时向智慧渣土综合监管平台发出预警信息，并拍照录像取证，为事后处罚提供依据，从而彻底避免车辆的违章等不正当行为，维护园区公共环境卫生。

5.3.1　系统总体设计

建筑渣土智慧综合监管平台整体架构分为软件产品和硬件产品两部分。软件系统主要包括施工现场管理、车辆运输管理和消纳场现场管理。硬件集成部分主要包括监控设备、对讲设备和 ADAS + DMS 设备、车载智能终端、传感器等。系统总体功能框架举例如图 5-9 所示。

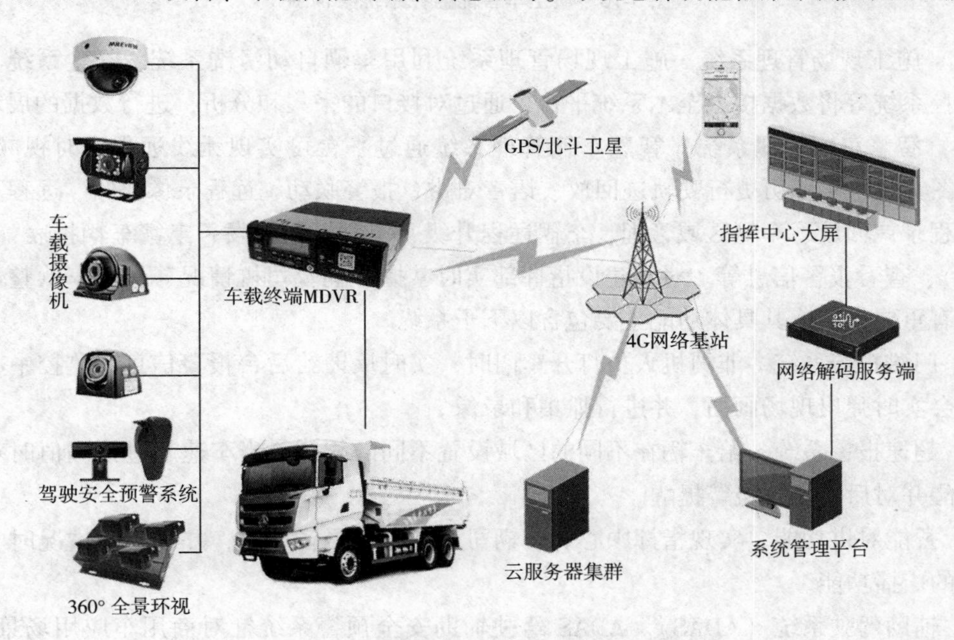

图 5-9　建筑渣土智慧综合监管平台整体架构

5.3.2　系统功能设计

1. 渣土车智能监控系统

建筑渣土车智能监控系统是对渣土运输全过程监控管理，包括建筑工地、运输车辆、消纳场的两点一线动态管控，主要包括施工现场管理系统、智慧车辆管理系统和消纳场监管系统三大系统，具体功能设计如图 5-10 所示。

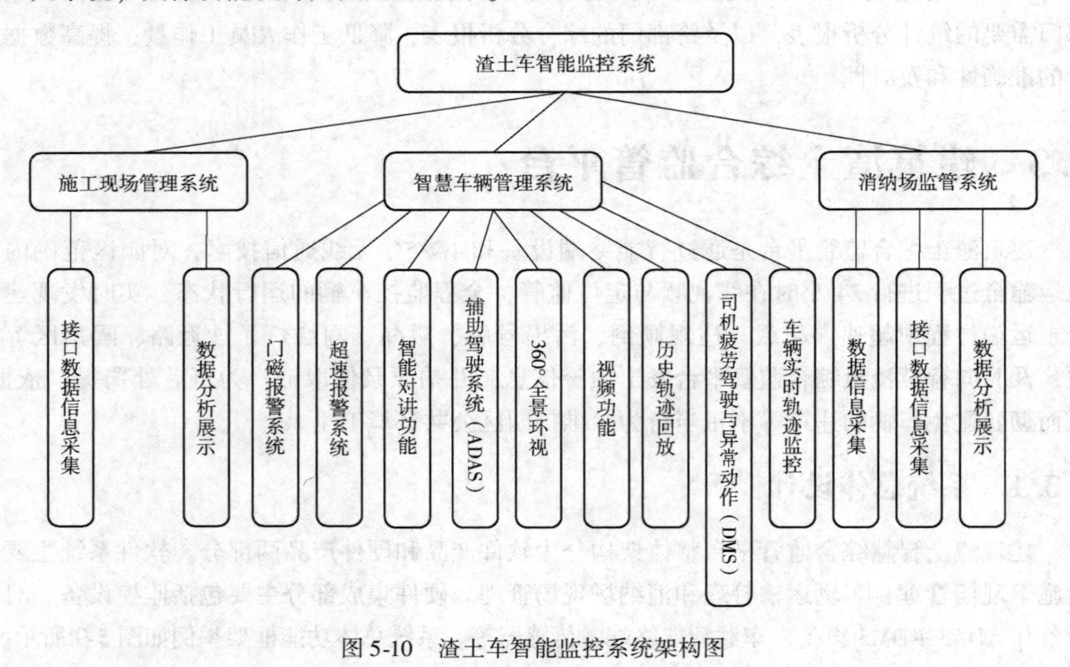

图 5-10　渣土车智能监控系统架构图

（1）施工现场管理系统　施工现场管理系统利用车辆自动清洗系统、除尘系统、车辆进出监控系统等将数据接入至本系统平台，通过对接口的采集和分析，进行数据的展示。

（2）智慧车辆管理系统　智慧车辆管理系统通过平台可实现无线远程实时视频监控、GPS 地图定位、车辆历史行驶轨迹回放、语音对讲、报警联动、远程录像存储、远程下载录像、远程录像回放、车辆区域管理、车辆远程升级、车辆短信下发、丰富车辆报表（速度、油量等）、查看报警信息等。对于建设指挥部实时掌握车辆及司机情况、提升车队整体运营效率具有重要作用。其具体功能主要包含以下子系统。

1）门磁报警系统。非司机人员打开车门时，实时反馈给后台报警信息，监控中心平台客户端会实时弹出现场画面，并进行抓拍和录像。

2）超速报警系统。给车辆在不同的区域设置不同的阈值，当车速超过该阈值时对司机进行提醒并对后台进行报警提醒。

3）智能对讲功能。实现指挥中心和车辆司机的实时语音通话，并在紧急情况时实现多个终端的广播功能。

4）辅助驾驶系统（ADAS）。ADAS 驾驶辅助安全预警系统针对商用车应用场景开发，基于领先的深度学习技术，兼具前向防碰撞预警监测功能，当前视 ADAS 摄像头检测到与前车潜在的碰撞风险、车距过近或无意识的车道偏离时，系统会通过语音提醒司机及时采取措施。

5）360°全景环视。全景环视系统在汽车周围架设能覆盖车辆周边所有视场范围的 4 个广角摄像头，对同一时刻采集到的多路视频影像处理成一幅车辆周边 360°的车身俯视图，最后在中控台的屏幕上显示，使司机能清楚查看车辆周边是否存在障碍物并了解障碍物的相对方位与距离，帮助司机轻松停泊车辆。

6）视频功能。对视频进行存储，后台实时查看视频状态，并可以回放下载视频，后台可以分屏显示多个画面状态，监控司机行为。

7）历史轨迹回放。利用车载 GPS 实现车辆的有效追踪，查看历史记录，进行单独车辆轨迹的回放。

8）司机疲劳驾驶与异常动作（DMS）。针对疲劳驾驶和各种异常动作如抽烟、接打电话、喝水等进行提醒并上传至云端，在降低交通事故率的同时，可通过收集的预警数据对司机做深度的驾驶行为分析，为车队提升运营效率，为保险公司降低理赔率，为政府监管部门分忧。

9）车辆实时轨迹监控。将车辆的实时轨迹与之前的预定路线进行分析对比，对不按规定路线行驶的车辆进行限速及提醒，并进行后台报警。

（3）消纳场监管系统　消纳场监管系统利用倾角传感器，现有系统的接口信息数据通过对车身倾斜感应，进出口视频记录，同时结合地图设置的倾倒区域进行监控，当不在消纳场和工地范围内的举升动作，都将受到限制和报警，同时在平台中进行记录和查看，解决其“乱倾乱倒”问题。

（4）手机移动端 APP　具体功能设计如下：手机移动终端列表查看、地图位置、视频浏览功能（图 5-11），方便管理者随时随地查看渣土车运行状况及车辆实时数据，提高管理的便捷性。

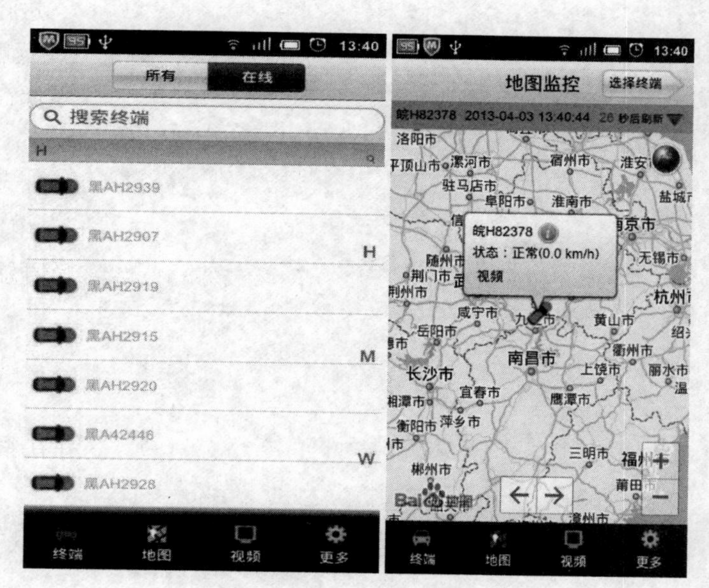

图 5-11　手机移动端应用示意图

1）终端列表：显示账号权限内所有或在线的车辆，蓝色为在线，灰色为离线。

2）地图定位：可以对指定终端进行定位，可查看车牌号、速度等信息。

3）视频浏览：可以对指定终端进行视频浏览，支持云台操作、本地录像、图片抓拍功能。

2. 硬件智能终端

硬件集成部分主要包括车载录像机、监控摄像机、ADAS + DMS 驾驶预警设备、360°全景环视仪、拾音器、报警按钮、高清显示屏、语音对讲设备、GPS 设备等。

习题与思考题

1. 请简述该案例中智慧工地综合监管系统的总体设计。

2. 请简述该案例中智慧工地综合监管系统的功能设计。

3. 该案例中建筑渣土综合监管平台的车辆管理系统包含哪些子系统？各有哪些功能和作用？

4. 请根据自己的理解谈一谈智慧工地综合监管有何意义？

第6章　基于数字孪生综合智慧建筑管理平台

6.1　背景

基于数字孪生的综合智慧建筑管理平台的集成，是智慧建筑项目智能化系统的上层建筑，是项目中所有智能化子系统的大脑，扮演着沟通者、监护者、管理者与决策者的角色。它利用标准化或非标准化的通信接口将各个子系统连接起来，共同构建一个全设备、全空间、全时域、全过程的有机整体。它通过统一的平台，实现对各子系统进行全程集中检测、监视和管理，同时将所有子系统的数据收集上来，存储到统一的开放式关系数据库当中，使各个原本独立的子系统可以在统一的IBMS平台上互相对话，做到充分数据共享。本章以福建省漳州市某建筑群综合智慧管理平台为例，介绍物联网技术在建筑智慧运维中的综合应用。

6.2　系统总体设计

本节按照系统架构、技术架构、业务流程三个部分依次对基于数字孪生的综合智慧建筑管理平台的架构设计进行介绍，平台软件示意图如图6-1所示。

图6-1　基于数字孪生综合智慧建筑管理平台软件示意图

6.2.1 系统架构

基于数字孪生综合智慧建筑管理平台的系统架构主要分为物联感知层、数据处理层、业务应用层三个部分，如图 6-2 所示。

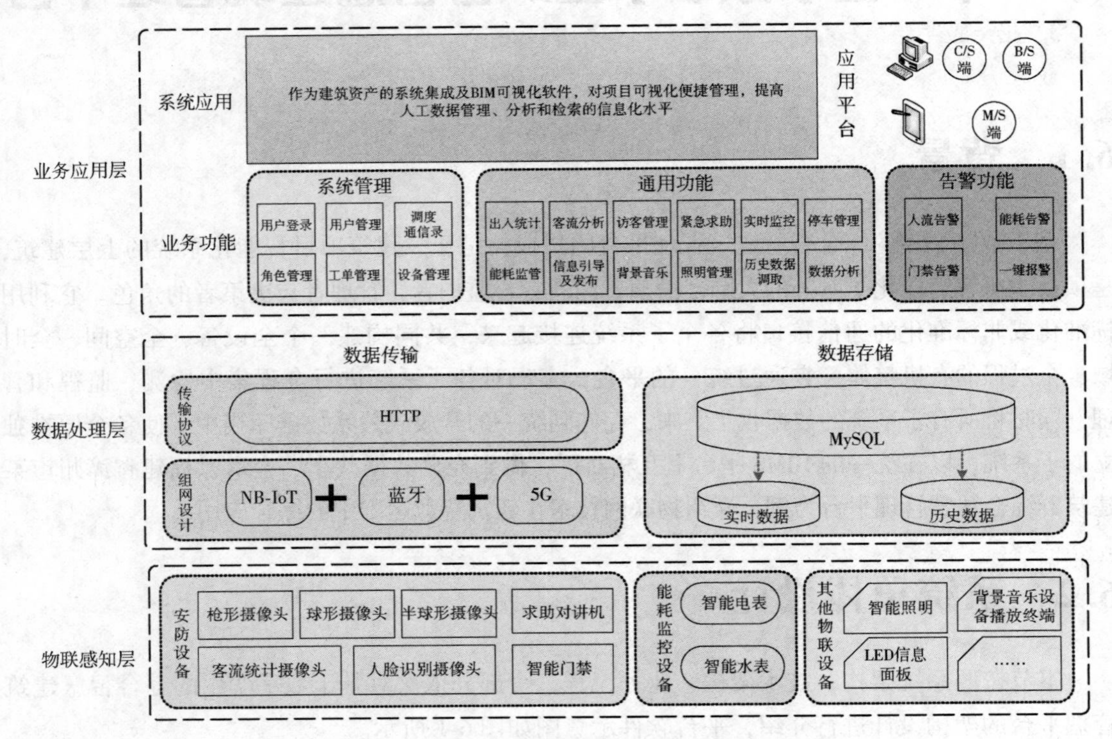

图 6-2 基于数字孪生综合智慧建筑管理平台系统架构图

1. 物联感知层

物联感知层的主要功能是利用物联感知设备采集建筑物在运维时产生的各种需要的数据与信息。其主要包括了三种类型的物联感知设备：安防设备、能耗监控设备及其他物联设备。

（1）安防设备　主要是由用于建筑智慧安防系统的一系列智慧摄像头、求助对讲机及智能门禁组成，主要用于对建筑内外进行视频监控，采集潜在的安防视频数据信息，以保证建筑物的安全。其中智慧摄像头包括了枪形摄像头、球形摄像头、半球形摄像头、客流统计摄像头与人脸识别摄像头等。

（2）能耗监控设备　包括智能水表与智能电表，主要负责对建筑物内部各种基础活动与机电设备运作所产生的用水、用电情况进行数据收集与数据统计。

（3）其他物联设备　包括智能照明设备、背景音乐设备播放终端机、LED 信息面板等，主要负责建筑照明、背景音乐播放、信息引导发布等建筑物运维期的一些基础功能，同时这些设备也会将自身的工作运转情况进行数据收集与数据上报。

2. 数据处理层

数据处理层主要负责对物联感知层采集到的数据进行传输、存储与处理。系统架构图

（图6-2）中主要展示了数据传输、数据存储两大部分。数据传输部分主要展示了智慧建筑管理系统的基本组网设计与所用的基本传输协议。系统主要采用了NB-IoT+蓝牙+5G的混合组网设计，而传输协议主要使用了HTTP协议。数据存储部分展示了本系统中各种数据的主要存储手段：即在MySQL数据库中分别以实时数据、历史数据的方式进行存储。

3. 业务应用层

业务应用层主要展示了系统利用数据库中处理过的数据，实现一系列基本功能，并最终实现系统实际应用的部分。业务应用层主要分为业务功能层与系统应用层。

（1）业务功能层　主要由系统管理、通用功能与告警功能三个部分组成。

1）系统管理部分的业务功能包括：用户在不同平台输入正确的用户名与密码进行登录，对智慧建筑管理平台的用户进行增删改查等管理，在系统内存储通信录并在需要的时候进行快速准确地调度，对不同层级的用户所能访问的系统内容与系统功能进行角色管理，对系统自动上报或人工上报的工单进行管理，以及对建筑内部各类设备进行管理，等等。

2）通用功能包括：车辆人员的出入统计，建筑关键位置客流的实时监测、统计与分析，建筑资产访客的登记与管理，对建筑内部紧急求助的管理，对建筑内外关键位置的实时视频监控，对建筑物内部停车场停车状况的管理，对建筑内部各个位置区域机电设备的能耗监管，建筑内部的信息引导及发布，背景音乐管理，照明管理，数据库中各种历史数据调取及数据分析，等等。

3）告警功能主要包括：人流告警、能耗告警、门禁告警及一键报警等功能。

（2）系统应用层　主要展示了基于数字孪生的智慧建筑管理系统的最终系统应用与系统应用平台，其中智慧建筑管理系统的系统应用主要指的是作为建筑资产的系统集成及BIM可视化软件，对项目可视化便捷管理，提高人工数据管理、分析和检索的信息化水平，应用平台主要指计算机的客户端、网页端及手机上的移动端。

6.2.2　技术架构

基于数字孪生综合智慧建筑管理平台的技术架构主要分为物联感知层、数据处理层、业务应用层三个模块（图6-3）。

1. 物联感知层

物联感知层主要是负责采集数据的物联感知设备的硬件选型，本技术架构图偏向于软件方向，因此这里不做赘述，物联感知设备主要包括安防设备、能耗监控设备和其他物联设备三大类。

2. 数据处理层

数据处理层主要是负责数据传输的接口、组网选型与负责数据存储的数据库选型。数据传输方面：基于数字孪生的综合智慧建筑管理平台主要采用NB-IoT+蓝牙+5G的混合组网方式，数据传输协议以Http为主，数据传输格式包括SDK格式、JSON格式、APPLICATION格式、bacnet格式等多种格式，数据请求传输类型包括bacnet与post。各种数据传输格式与管理平台子系统对应，具体见表6-1。

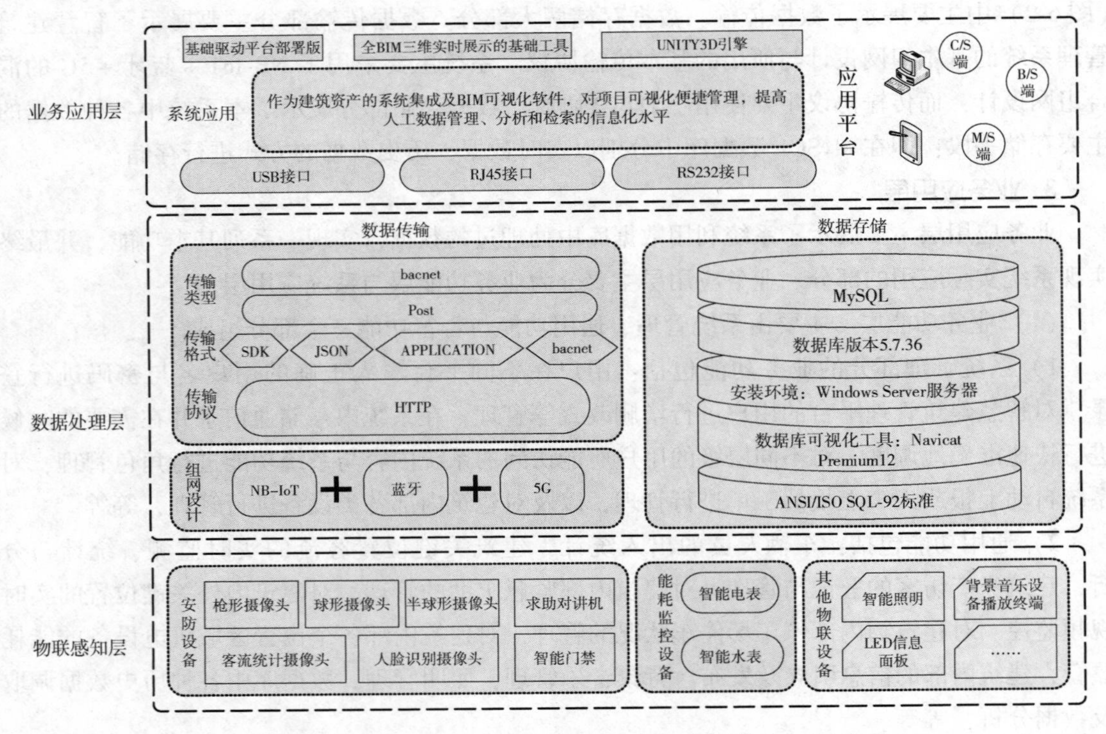

图 6-3　基于数字孪生综合智慧建筑管理平台技术架构图

表 6-1　各个子系统与数据传输格式、数据传输协议对应

子系统类型	出入口控制系统	访客管理系统	信息引导发布系统	能源系统	智慧停车管理系统	求助对讲机系统	建筑设备监控系统	客流分析统计系统	视频监控系统	背景音乐系统	智能照明系统
数据传输格式	APPLICATION/JSON					JSON	SDK				
数据传输协议	HTTP										

数据存储方面基于数字孪生的综合智慧建筑管理平台主要采用 MySQL 型数据库，数据库版本为 5. 7. 36，数据库安装环境为 Windows Server 服务器，数据库可视化工具为 Navicat Premium12，数据库采用 ANSI/ISO SQL-92 标准。

3. 业务应用层

业务应用层包括数据的最终应用方式与应用平台，其中客户端的硬件接口包括 USB 接口、RJ45 双绞线接口及 RS232 接口等，实现平台系统应用的软件包括一套基础驱动平台软件部署版、一系列全 BIM 三维实时展示的基础工具及 UNITY3D 引擎等。

6. 2. 3　业务流程

业务流程也主要分为物联感知层、数据处理层和业务应用层三大部分进行介绍，如图 6-4所示。

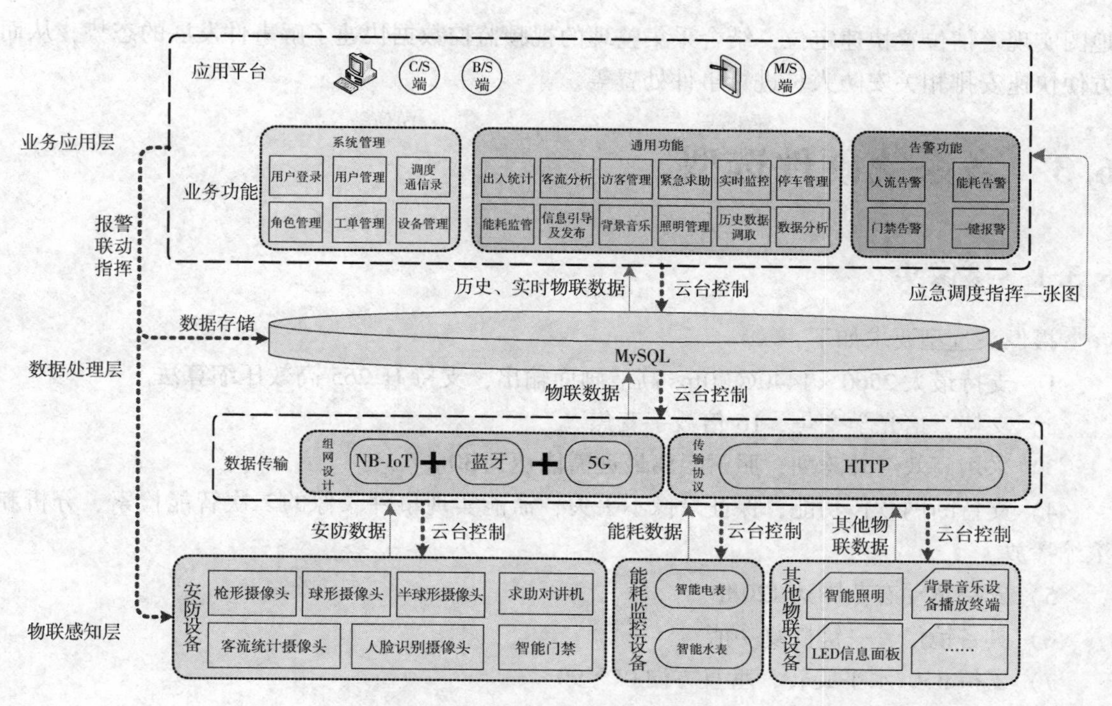

图 6-4　基于数字孪生综合智慧建筑管理平台业务流程图

1. 物联感知层

物联感知层的安防设备主要负责识别与采集各种和安防相关的数据信息，摄像头主要负责采集与传输实时视频画面和设备的运行数据，求助对讲机主要负责采集传输实时与历史的求助语音和设备运行数据，智能门禁主要负责采集传输实时和历史的门禁数据与设备的运行数据。能耗监控设备主要负责识别与采集各种和能耗有关的数据信息，智能水表负责采集建筑内部各个区域内各种设备用水数据信息，智能电表负责采集建筑内部各个区域内各种设备的用电数据信息。其他物联设备负责识别与采集建筑运维过程中的其他物联数据信息，如智能照明设备负责采集其自身的运行状态信息、故障状态信息、用电情况等。

2. 数据处理层

数据处理层中的数据传输部分负责通过 NB-IoT + 5G + 蓝牙的混合组网设计与 HTTP 传输协议将物联感知层中采集到的物联数据传输到数据存储部分中的 MySQL 数据库中去，分别按照实时数据与历史数据的形式进行存储。

3. 业务应用层

业务应用层主要负责利用数据库中存储的数据以支持其一系列功能，并最终在应用端口上呈现出来。用户也可以通过应用端口对数据库中的数据与物联感知设备进行远端操控。同时，平台也为用户提供了应急指挥调度一张图与报警联动指挥两种业务应用。应急指挥调度一张图允许用户在安全应急事件发生时，通过操作将数据库中需要的相关人员、物资等各类数据综合上传到图中，结合融合通信技术与三维 BIM 技术，实现一张图可视化指挥调度。报警联动指挥业务允许用户快速地在远端采集求助报警等系统的相关数据，并结合三维电子地图实现警情位置快速定位，结合采集整理的视频监控数据快速了解事件发展的态势，从而方便快速安排相关安防人员进行事件处置等。

6.3 多系统硬件选型

6.3.1 摄像头

摄像头选型要求如下：

1）支持最大2560×1440@30fps高清画面输出，支持H.265高效压缩算法。

2）支持2倍光学变焦，16倍数字变焦。

3）采用高效红外阵列，照射距离最远需能达到30m。

4）支持断网续传功能，保证录像不丢失，需能实现事件录像的二次智能检索、分析和浓缩播放。

5）支持宽动态范围达120dB。

6）具备镜像、一键恢复功能。

7）支持350°水平旋转，垂直方向0°~90°。

8）具备300个预置位，8条巡航扫描功能。

9）支持3D定位功能，可通过鼠标框选目标以实现目标的快速定位与捕捉。

10）具备定时抓图与事件抓图功能。

11）支持定时任务、一键守望、一键巡航功能。

12）内置麦克风，同时支持1路音频输入和1路音频输出。

13）内置扬声器（内置功放）。

14）内置1路报警输入和1路报警输出，支持报警联动功能。

15）支持最大256GB的MicroSD/MicroSDHC/MicroSDXC卡存储。

6.3.2 三相数字电表

三相数字电表选型要求如下：

1）电流量程：不低于100A。

2）测量内容：需包含电量、电流、电压、频率。

3）信号接口：RS485。

4）安装方式：标准35mm导轨安装。

6.3.3 环境传感器

环境传感器能够监测温湿度、PM2.5、CO_2等环境指标，关键参数和要求如下：

1）工作电压：24VDC±10%，通过总线连接。

2）工作电流：10mA/DC 24V。

3）检测范围：PM2.5、CO_2、温度、湿度。

4）通信接口：RS485。

5）工作环境：温度为－10～50℃，湿度为10%～95%。

6）安装方式：吸顶安装。

6.3.4 照明监控

照明监控设备选型要求如下：

1）工作电压：24VDC±10%，通过总线连接。

2）工作电流：10mA/DC 24V。

3）输出回路：4路继电器。

4）输出负载：10A×4路。

5）通信接口：Ci-bus。

6）工作环境：温度为－10～50℃，湿度为10%～95%。

7）安装方式：标准35mm导轨式安装（4模数）。

6.3.5 智能展示终端

智能展示终端选型要求如下：

1）显示颜色：65535真彩。

2）分辨率：不低于1024×600。

3）智能交互终端：电阻式。

4）额定电压：DC 24V。

5）额定功率：不低于5.5W。

6）系统存储：不低于128MB。

7）接口：串口。

6.3.6 门禁

门禁设备选型要求如下：

1）需具备人脸识别、掌纹、刷卡功能。

2）面部信息容量：不低于1000张。

3）手掌信息容量：不低于1000张。

4）具有不低于200万像素的摄像头。

5）电源：12V，1.5A。

6）通信协议：TCP/IP，Wi-Fi。

6.3.7 物联网监控系统运行环境（IBMS）

为保证系统正常运行，需要在服务器端和客户端等方面满足以下要求。

1. 硬件环境

（1）服务器　服务器端硬件选型见表6-2。

表 6-2　服务器端硬件选型

数据库服务器硬件配置	
CPU	至强 12 核处理器，不低于 3. 2GHz
内存	至少 32GB
磁盘空间	至少 9TB，最大支持 12TB 扩展，支持 SAS 或 SATA
网卡	应配置至少 2 个 10Mbps/100Mbps/1000Mbps 以太网双绞线接口
电源	热插拔冗余配置
网络带宽	50Mbps 以上
Web 应用服务器硬件配置	
CPU	至强 12 核处理器，不低于 3. 2GHz
内存	至少 32GB
磁盘空间	至少 2TB，最大支持 12TB 扩展，支持 SAS 或 SATA
网卡	应配置至少 2 个 10Mbps/100Mbps/1000Mbps 以太网双绞线接口
电源	热插拔冗余配置
操作系统	Windows Server 2012 及以上
网络带宽	50Mbps 以上

（2）客户端　客户端硬件选型见表 6-3。

表 6-3　客户端硬件选型

物联网监控系统硬件配置	
CPU	Intel i7 处理器，不低于 2. 9GHz
内存	至少 16GB
显卡	6GB 以上显存的独立显卡
网卡	千兆网卡，千兆无线网卡
电源	热插拔冗余配置
操作系统	Windows 10
其他	声卡、光驱、键盘、鼠标 1 套，至少有 2 个 RS-232 串行口、2 个 USB 口 3. 0
网络带宽	100Mbps 以上

2. 软件环境

预装 Window 10 操作系统，360 极速浏览器、EDGE 浏览器、Navicat Premium 16、Visual Studio2019、IEDA2019、MySQL 5. 7. 39、Internet Information Services 和 NET Framework 3. 5（4. 5、4. 6、4. 7）。

6. 3. 8　三维大屏展示系统运行环境（三维可视化）

为保证系统正常运行，需要在服务器端和客户端等方面满足以下要求。

1. 硬件环境

（1）服务器　服务器端硬件选型见表6-4。

表6-4　服务器端硬件选型

三维应用数据库服务器硬件配置	
CPU	至强12核处理器，不低于3.2GHz
内存	至少32GB
磁盘空间	至少9TB，最大支持12TB扩展，支持SAS或SATA
网卡	应配置至少2个10Mbps/100Mbps/1000Mbps以太网双绞线接口
电源	热插拔冗余配置
网络带宽	50Mbps以上
操作系统	Windows Server 2012及以上

（2）客户端　客户端硬件选型见表6-5。

表6-5　客户端硬件选型

三维大屏展示系统硬件配置	
CPU	Intel i7处理器，不低于2.9GHz
内存	至少32GB
显卡	8GB以上显存的独立显卡
网卡	千兆网卡，千兆无线网卡
电源	热插拔冗余配置
操作系统	Windows 10
其他	声卡、光驱、键盘、鼠标1套，至少有2个RS-232串行口、2个USB口
网络带宽	100Mbps以上

2. 软件环境

预装Window 10操作系统，Navicat Premium 16、Visual Studio 2019、IEDA 2019、MySQL 5.7.39、Internet Information Services、VLC和NET Framework 3.5（4.5、4.6、4.7）。

6.4　接口及功能介绍

6.4.1　软件接口

软件接口根据其所属系统不同而有所区别，本案例具有的子系统及其软件接口简要介绍如下。

1. 出入口控制系统

接口描述：获取门禁读卡器列表。

请求协议：Http。

请求方式：POST。

数据类型：application/json。

请求路径：/api/resource/v1/reader/get。

安全认证：认证信息。

请求 URL：https：//10. 137. 2. 230: 443/artemis/api/resource/v1/reader/get。

2. 访客管理系统

接口描述：查询访客来访记录。

请求协议：Http。

请求方式：POST。

数据类型：application/json。

请求路径：/api/visitor/v2/visiting/records。

安全认证：认证信息。

请求 URL：https: //10. 137. 2. 230: 443/artemis/api/visitor/v2/visiting/records。

3. 智能照明系统

接口描述：照明系统相关数据。

使用 UDP 测试。

配置 IP 地址：255. 255. 255. 255。

输入 IP 端口：8005。

输入参数：87000000000000500076D。

4. 信息引导及发布系统

接口描述：信息引导系统相关数据。

请求 URL：http: //10. 137. 12. 254: 8080/Auth/Login。

请求方式：POST。

请求格式：application/json。

5. 背景音乐系统

接口描述：音乐系统相关数据。

使用 UDP 测试。

配置 IP 地址：10. 137. 2. 236。

输入 IP 端口：2048。

6. 能源系统

接口描述：能源系统相关数据。

请求 URL：http: //10. 137. 2. 210: 10082/DCCS/openapi/v1/access_token。

请求方式：POST。

请求格式：application/json。

7. 视频监控系统

接口描述：监控系统相关数据。

请求 URL：10.137.2.200。

请求方式：POST。

请求格式：SDK。

视频监控系统采用的是大华 NVR 二次开发 SDK，将视频接入。

8. 智慧停车管理系统

接口描述：停车系统相关数据。

请求方式：POST。

请求格式：application/json。

9. 客流分析统计系统

接口描述：客流分析系统相关数据。

请求格式：SDK。

视频监控系统采用的是大华 NVR 二次开发 SDK，将视频接入。

10. 建筑设备监控系统

接口描述：建筑设备系统相关数据。

请求 URL：10.137.10.200。

请求方式：bacnet。

请求格式：SDK。

建筑设备通过 bacnet 方式接入。

11. 求助对讲机系统

接口描述：求助对讲相关数据。

请求方式：POST。

请求格式：json。

求助对讲设有三个设备 IP。

6.4.2 硬件接口

基于数字孪生的综合智慧建筑管理平台主要用到的硬件接口选型如下。

1. RS485 协议接口模块

工作电压：24VDC ±10%。

功耗：≤0.24W。

工作电流：10mA/DC 24V。

输出回路：3 路总线协议转换（RS485/232）。

通信接口：Ci-bus。

工作环境：温度为 -10 ~50℃，湿度为 10% ~95%。

安装方式：标准 35mm 导轨式安装（4 模数）。

2. 平台数据接口模块

工作电压：24VDC ±10%，通过总线连接。

工作电流：10mA/DC 24V。

网口：RJ45，10M/100M 自适应，需能支持 TCP/IP、UDP。

串口：RS232/485 串口。

通信接口：Ci-bus。

工作环境：温度为 -10 ~50℃，湿度为 10% ~95%。

安装方式：标准 35mm 导轨式安装（4 模数）。

6.4.3 功能介绍

各个子系统的功能介绍如下。

1. 出入口控制系统（图 6-5）

电子地图：显示楼层建筑模型结构及设备信息。

设备列表及历史数据：显示设备列表及历史数据信息，可对数据进行导出与页面数据展示。

楼栋楼层选择区：图 6-5 中楼栋楼层选择区可以选择具体的楼栋楼层。

设备状态显示：单击图 6-5 中设备可以显示设备基础信息及状态信息。

图 6-5　出入口控制系统软件示意图

2. 访客管理系统（图 6-6）

电子地图：显示楼栋楼层的建筑地理信息。

历史记录：调出访客管理系统的访客历史数据信息，可对数据进行导出与页面数据展示。

楼层选择区：图 6-6 中楼层选择区可以选择具体的楼层。

图 6-6　访客管理系统软件示意图

3. 智能照明系统（图 6-7）

电子地图：显示楼栋楼层的建筑地理信息。

设备列表：显示设备列表信息。

设备信息：单击设备查看包含设备名称、设备状态、设备编号、设备位置、所属模块等信息。

历史记录：调出智能照明系统的历史运行数据记录信息，可对数据进行导出与页面数据展示。

图 6-7　智能照明系统软件示意图

4. **信息引导发布系统**（图 6-8）

电子地图：显示楼栋楼层的建筑地理信息。

设备信息：双击设备显示信息，包含设备名称、设备位置、设备编号、设备状态、故障状态、更新时间、设备分辨率。

设备列表及历史记录：调出信息发布系统的历史记录信息及设备列表，可对数据进行导出与页面数据展示。

楼层选择区：图 6-8 中楼层选择区可以选择具体的楼层。

图 6-8　信息引导及发布系统软件示意图

5. **背景音乐系统**（图 6-9）

电子地图：显示楼栋楼层的建筑地理信息。

设备信息：双击设备显示信息，包含设备名称、设备位置、设备编号、设备状态、故障状态、更新时间、设备分辨率。

设备列表及历史记录：调出背景音乐的历史记录信息及设备列表，可对数据进行导出与页面数据展示。

楼层选择区：图 6-9 中楼层选择区可以选择具体的楼层。

6. **能源系统**（图 6-10）

电子地图：显示楼栋楼层的建筑地理信息。

设备信息：双击设备显示信息，包含设备名称、设备位置、设备编号、设备状态、故障状态、更新时间、设备分辨率。

设备列表及历史记录：调出能源监控的历史记录信息及设备列表，可对数据进行导出与页面数据展示。

楼层选择区：图 6-10 中楼层选择区可以选择具体的楼层。

数据分析：以图文表格方式显示用电用水的数据分析。

图 6-9　背景音乐系统软件示意图

图 6-10　能源监控系统软件示意图

7. 视频监控系统（图 6-11）

电子地图：显示楼层建筑模型结构及设备信息。

设备列表及历史数据：显示设备列表及历史数据信息，可对数据进行导出与页面数据展示。

楼栋楼层选择区：图 6-11 中楼栋楼层选择区可以选择具体的楼栋楼层。

设备状态显示：单击图 6-11 中设备可以显示设备基础信息及状态信息，可打开设备对应的视频监控。

图 6-11　视频监控系统软件示意图

8. 智慧停车管理系统（图 6-12）

电子地图：显示楼层停车场车位信息及建筑地理信息。

设备列表：显示设备列表信息。

停车记录：调出停车场车辆进出记录信息。

楼层选择区：图 6-12 中楼层选择区可以选择具体的楼层。

图 6-12　智慧停车管理系统软件示意图

9. **客流分析统计系统**（图 6-13）

电子地图：显示楼栋楼层的建筑地理信息。

设备列表：显示设备列表信息。

历史记录：调出客流分析系统的历史记录信息，可对数据进行导出与页面数据展示。

楼层选择区：图 6-13 中楼层选择区可以选择具体的楼层。

图 6-13　客流分析统计系统软件示意图

10. **建筑设备监控系统**（图 6-14）

电子地图：显示楼栋楼层的建筑地理信息。

设备信息：双击设备显示信息，包含设备名称、设备位置、设备编号、设备状态、故障状态、更新时间、设备分辨率。

设备列表及历史记录：调出建筑设备监控系统的历史记录信息及设备列表，可对数据进行导出与页面数据展示。

楼层选择区：图 6-14 中楼层选择区可以选择具体的楼层。

11. **求助对讲机系统**（图 6-15）

电子地图：显示楼栋楼层的建筑地理信息。

设备信息：双击设备显示信息，包含设备名称、设备位置、设备编号、设备状态、故障状态、更新时间、设备分辨率。

设备列表及历史记录：调出历史记录信息及设备列表。

楼层选择区：图 6-15 中楼层选择区可以选择具体的楼层。

图 6-14　建筑设备监控系统软件示意图

图 6-15　求助对讲系统软件示意图

6.5　培训及交付

6.5.1　培训人员对象

基于数字孪生综合智慧管理系统的培训人员主要包括：城市、园区、建筑及建筑内部资产的电子政务中心的开发和技术支持人员；系统的管理员和操作员；项目相关技术及管理人员。

培训目的在于使上述三类被培训人员能够认知理解系统平台的界面展示信息、熟悉系统平台的基本操作，通过上岗考核认证，能够使用基于数字孪生的智慧综合建筑管理平台有效地辅助自己的日常工作，对资产进行监测、控制、管理以保障资产的整体功能、效率、安全和节能，对各个子系统进行综合监测，为智能分析和决策提供依据和保障。

6.5.2 交付内容

交付内容主要包括软件部分与相关安装、使用手册等，软件部分具体交付内容见表6-6。

表6-6 软件部分交付内容

验收时间		验收地址及形式
序号	功能名称	技术参数描述
		1. 基础支撑
1.1	三维地理信息软件	包含基础驱动平台部署版一套；全BIM三维实时展示的基础工具（模型渲染展示、单击模型交互、缩放、旋转、拖拽、室内楼层展开等功能）。按照CAD图纸等参考资料在BIM场景内摆放设备的点位；调试点位与实际数据的对接等
1.2	三维数据采集	模型补充和美化，信息设备、安保点位等设备在原有BIM数据进行标示描点：①出入口控制系统；②视频监控系统；③智慧停车管理系统；④客流分析统计系统；⑤访客管理系统；⑥智能照明系统；⑦信息引导发布系统；⑧背景音乐系统；⑨能源监控系统；⑩建筑设备监控系统；⑪求助对讲系统
1.3	数据集成接入	通过对于接口开发，与智能化各子系统对接，并完成数据接入、数据清洗，集成接入以下系统：①出入口控制系统；②视频监控系统；③智慧停车管理系统；④客流分析统计系统；⑤访客管理系统；⑥智能照明系统；⑦信息引导发布系统；⑧背景音乐系统；⑨能源监控系统；⑩建筑设备监控系统；⑪求助对讲系统
1.4		基础设施建设（含以下）
	服务平台	操作系统：64位操作系统CentOS release 6.5；数据库：MySQL5.7.18可运行基于三维可视化的Unity3D引擎
		2. 应用平台建设
2.1		统一门户
（1）	单点登录	统一的登录入口
（2）	统一认证	根据用户名和密码进行登录
（3）	门户展示	根据登录者的权限，自动跳转到相关首页
（4）	授权管理	超级管理员对用户权限进行配置
2.2		数据资源可视化应用
（1）	建筑物态势数据可视化	通过出入口控制系统、智慧停车场管理系统、视频监控系统、客流量分析统计系统，并结合BIM做数据可视化呈现
（2）	区域态势数据可视化	依托实时动态数据接入，展示建筑物内区域客流综合数据，结合BIM展示各个入口客流情况
（3）	安全应急数据资源	实时展示各主要人车出入口运行情况、视频监控、求助对讲系统运行情况
（4）	能源、能耗运行状况	实时展示建筑物内的照明、空调等系统的运行清单，水、电等能耗使用清单

（续）

序号	功能名称	技术参数描述
(5)	信息设备运行状况	能够通过表单的形式展示如下智能化系统硬件运行状况：①出入口控制系统；②视频监控系统；③智慧停车管理系统；④客流分析统计系统；⑤访客管理系统；⑥智能照明系统；⑦信息引导发布系统；⑧背景音乐系统；⑨能源系统；⑩建筑设备监控系统；⑪求助对讲机系统
2.3	安全应急指挥平台	
(1)	日常指挥调度	一个调度通信录供查看
(2)	应急指挥一张图调度	将建筑物安全应急相关的人员、物资设施等各类资源上传到图中，结合融合通信技术、三维 BIM 技术，实现一张图可视化指挥调度
(3)	报警联动指挥	采集求助报警等系统数据，结合三维 BIM，进行警情快速定位，结合视频监控系统快速了解事件态势，直接安排安保人员进行事件处置
(4)	移动指挥 APP	查看日常调度指挥通信录
2.4	信息设备运维管理平台	
(1)	平台首页	运维管理平台首页中包含各类弱电系统设备的统计信息，如各类设备的数量，及各类设备离线率、完好率等统计信息 支持网络设备的统计信息，包括资源总数、完好数、告警数
(2)	数据采集模块	各系统设备统一告警管理
(3)	数据分析处理模块	一两个场景，预警提示，人流过高预警，一键求助预警
(4)	平台管理模块	设备录入、统计报表
(5)	运维 APP	工单管理
2.5	建筑设备运维管理平台	
	数据采集处理模块	对现场设备数据进行对接和调试，实现数据采集，对数据库进行设计和部署

相关安装、使用手册部分主要包括汇报文档、数据库设计手册、软件使用手册、运维管理报告、系统技术方案、部署安装手册、接口设计说明书、测试报告、验收流程文件等。

习题与思考题

1. 请简述该案例中基于数字孪生综合智慧建筑管理平台的业务流程。

2. 请简述该案例中数据处理层在系统架构、技术架构和业务流程中分别包括哪些内容，起到什么作用？

3. 该案例中基于数字孪生综合智慧建筑管理平台的子系统包括哪些？各有哪些功能？

4. 请根据自己的理解谈一谈建筑智慧管理有何意义？

第3篇

实 训 篇

第 7 章　建筑物联网工程综合实训软硬件系统

7.1　简介

基于智能建造专业的建筑物联网工程综合实训系统由北方工业大学、云顿（北京）科技有限公司、数智科（北京）建设科技有限公司联合研制。该实训系统包括建筑物联网工程综合实训平台（图 7-1）和配套实训硬件（图 7-2），以智能建造全过程中的预制混凝土生产、智慧工地和建筑智慧运维三大场景为依托，使学生系统性地学习物联网在智能建造过程中应用的关键知识。通过虚拟仿真和虚实结合两种方式，利用沉浸式学习场景和实训箱操作互动，全面提升学生对物联网技术的认知和实践能力。

图 7-1　建筑物联网工程综合实训平台

7.2　系统内容和功能

7.2.1　虚拟实训

建筑物联网工程综合实训平台共分五部分内容，首页输入正确的账号、密码、验证码登录后进入主菜单页面如图 7-3 所示，其中【生产阶段】、【施工阶段】和【运维阶段】三个是基于智能建造场景的学习模块，【便携式学习】是配合物联网实训箱开展虚实联动的实训学习模块，【沉浸式测评】是基于 VR

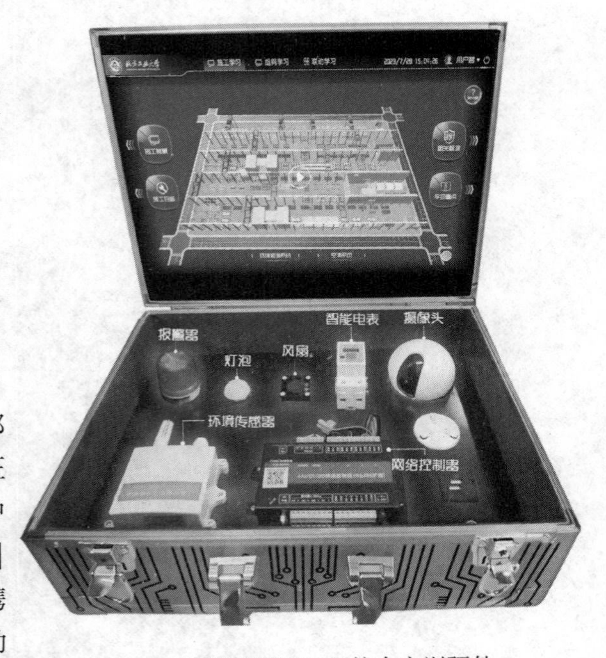

图 7-2　建筑物联网工程综合实训硬件

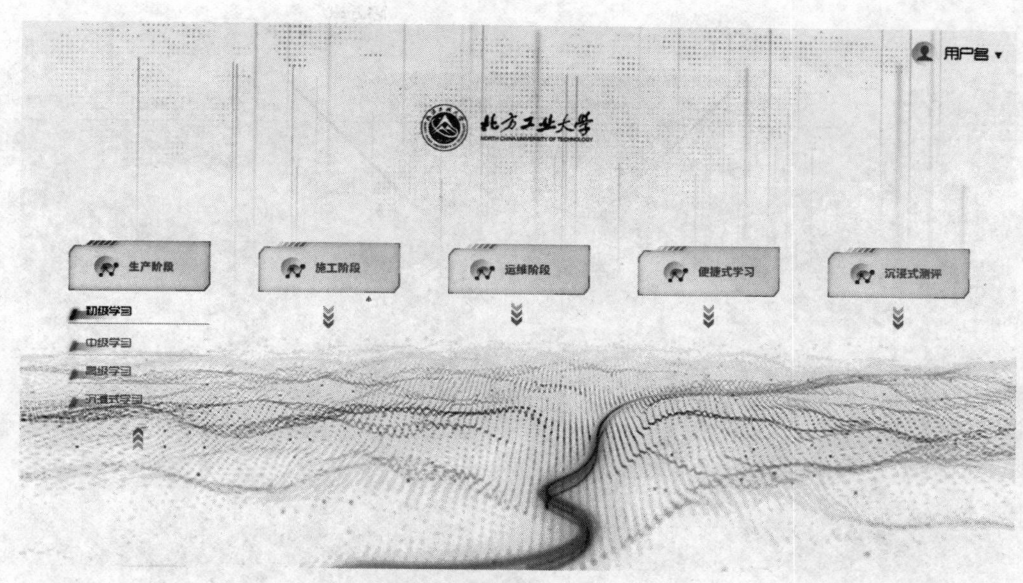

图 7-3　软件主菜单页面

场景设置的实训测评模块，检验学生的学习成果。除了【便携式学习】模块，其余模块均为虚拟实训部分。【生产阶段】、【施工阶段】和【运维阶段】各又分为【沉浸式学习】、【初级学习】、【中级学习】和【高级学习】四级。图 7-4 ~ 图 7-6 分别为【生产阶段】、【施工阶段】和【运维阶段】的【初级学习】界面，图 7-7 ~ 图 7-9 分别为【生产阶段】的【沉浸式学习】、【中级学习】和【高级学习】界面，图 7-10 ~ 图 7-12 为【沉浸式测评】部分考点界面。限于篇幅，本书将以生产阶段环境监测系统和空调系统为例，讲解建筑物联网工程综合实训平台中虚拟实训部分的主要功能和使用方法。

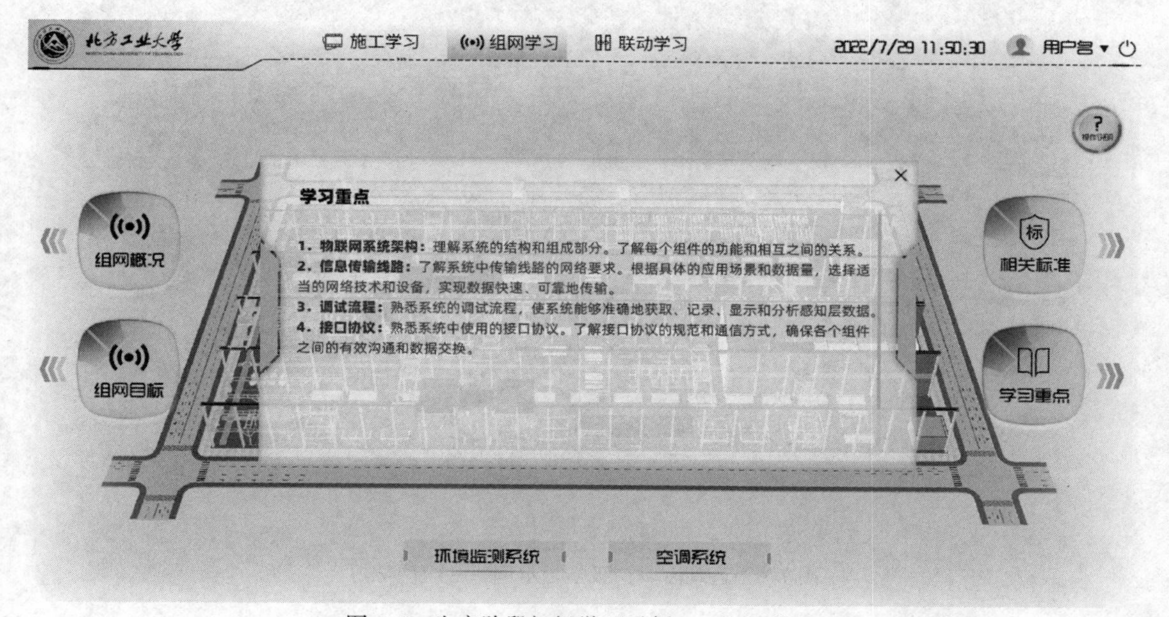

图 7-4　生产阶段初级学习示例——组网学习

图 7-5　施工阶段初级学习示例——施工学习

图 7-6　运维阶段初级学习示例——组网学习

图 7-7　生产阶段沉浸式学习示例——多功能生产线

图 7-8　生产阶段中级学习示例——数据分析代码

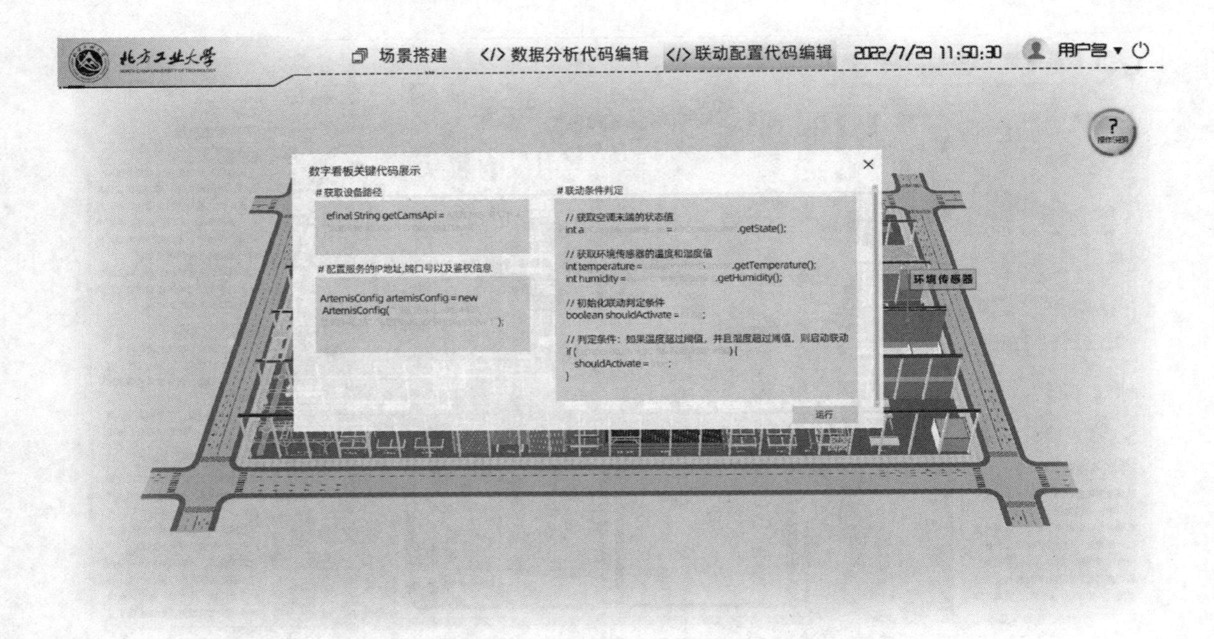

图 7-9　生产阶段高级学习示例——联动配置代码编辑

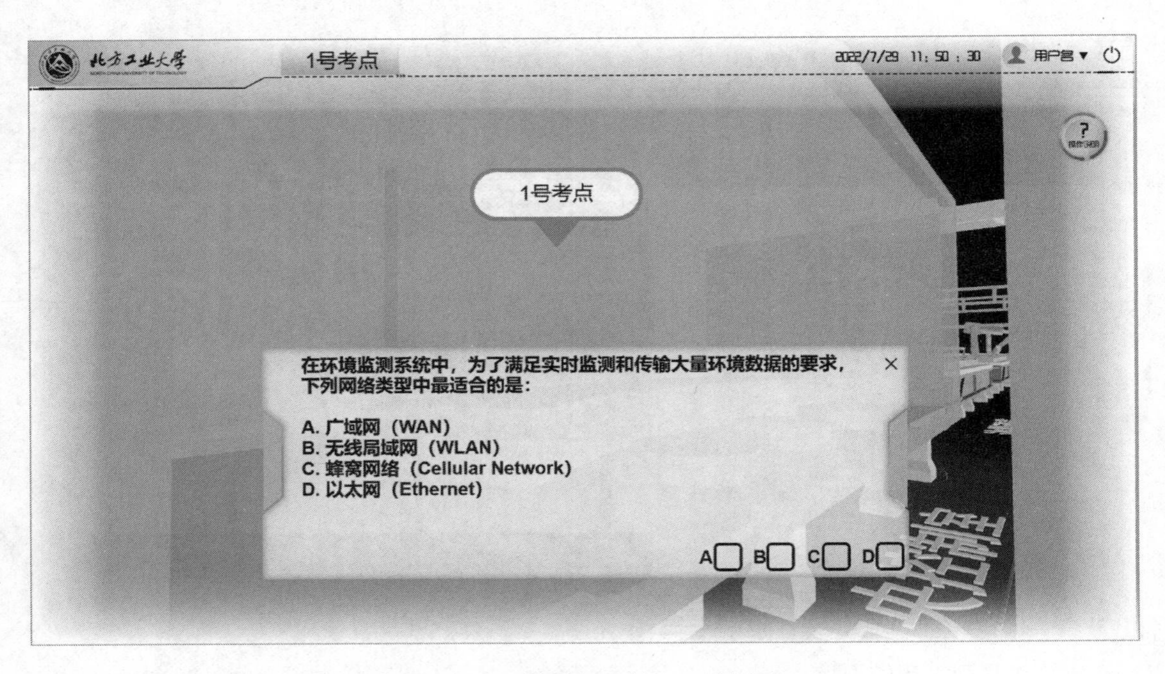

图 7-10　沉浸式测评示例——1 号考点

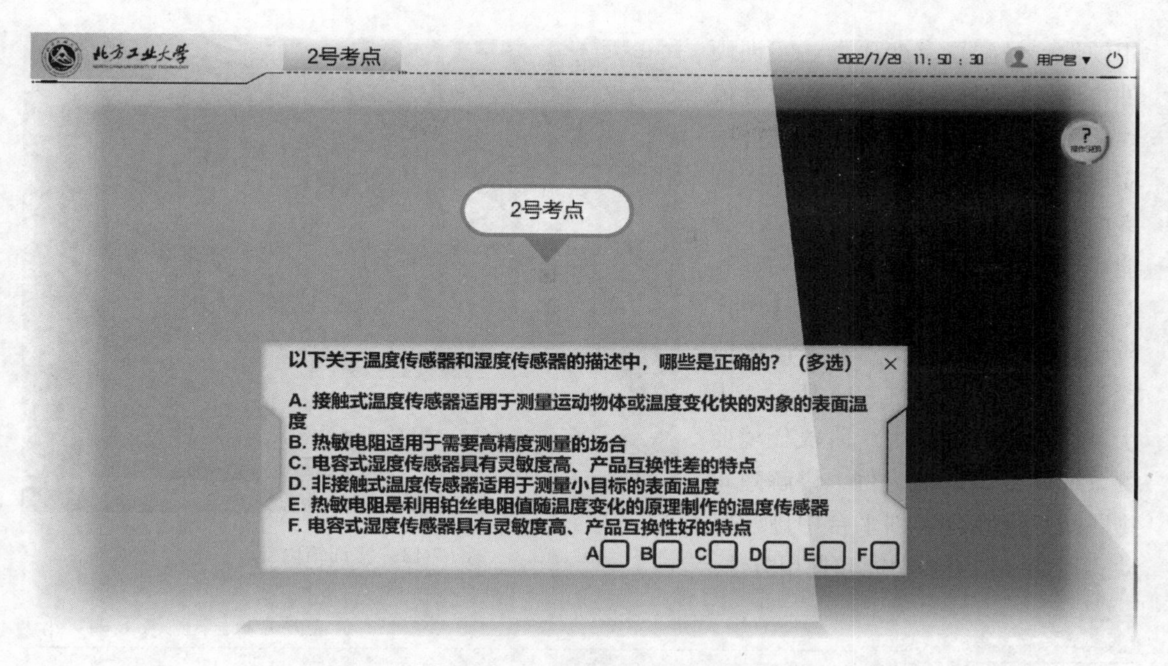

图 7-11　沉浸式测评示例——2 号考点

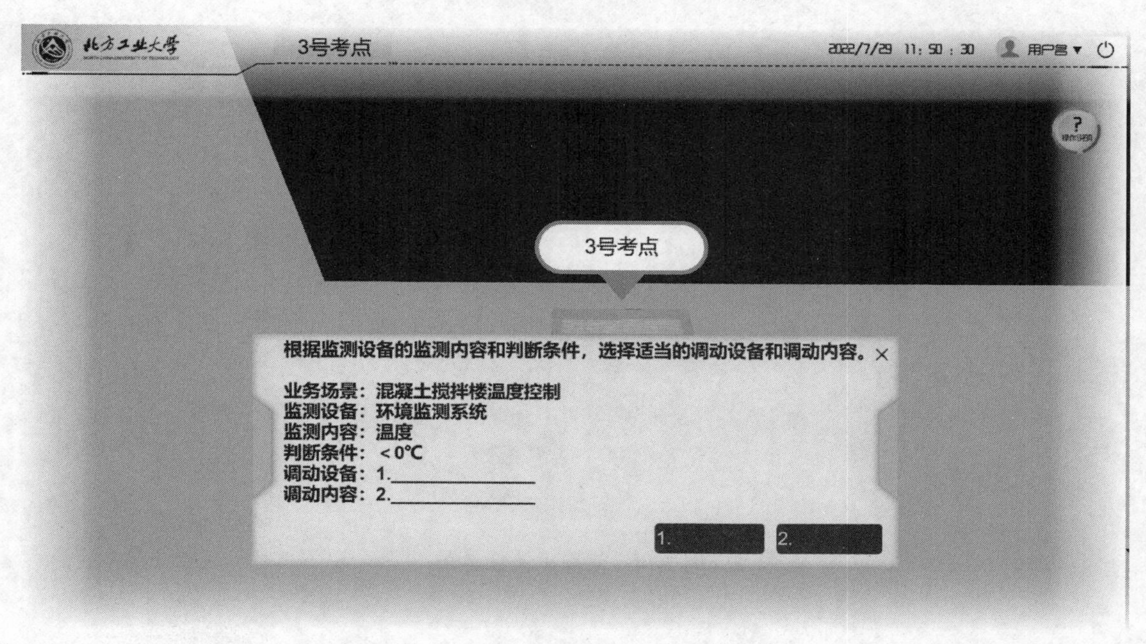

图 7-12　沉浸式测评示例——3 号考点

7.2.2　虚实联动实训

建筑物联网工程综合实训平台的【便携式学习】模块结合实训箱硬件即为虚实联动实训部分。实训硬件采用集成实训箱的方式，便于携带和移动，如图 7-13 所示。实训箱内包括环境传感器、摄像头、报警器、小灯泡、小风扇、智能电表、网络控制器等建筑物联网常用硬件，另配置有变压器。实训硬件将通过实训平台内的配置设置模块接入平台系统，实现虚实结合的实训方式，让学生能在教室和实训室内有限的硬件条件下完成基于智能建造场景的实训。与虚拟实训相对应，便携式学习也分为了【生产阶段】、【施工阶段】和【运维阶段】三个部分，如图 7-14 所示。限于篇幅，本书将以生产阶段环境监测系统和空调系统为例，讲解建筑物联网工程综合实训平台中虚实联动实训部分的主要功能和使用方法。

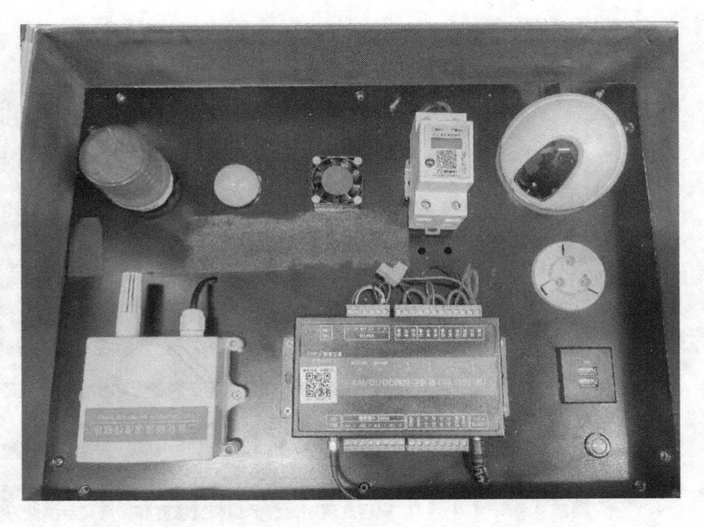

图 7-13　实训箱内部

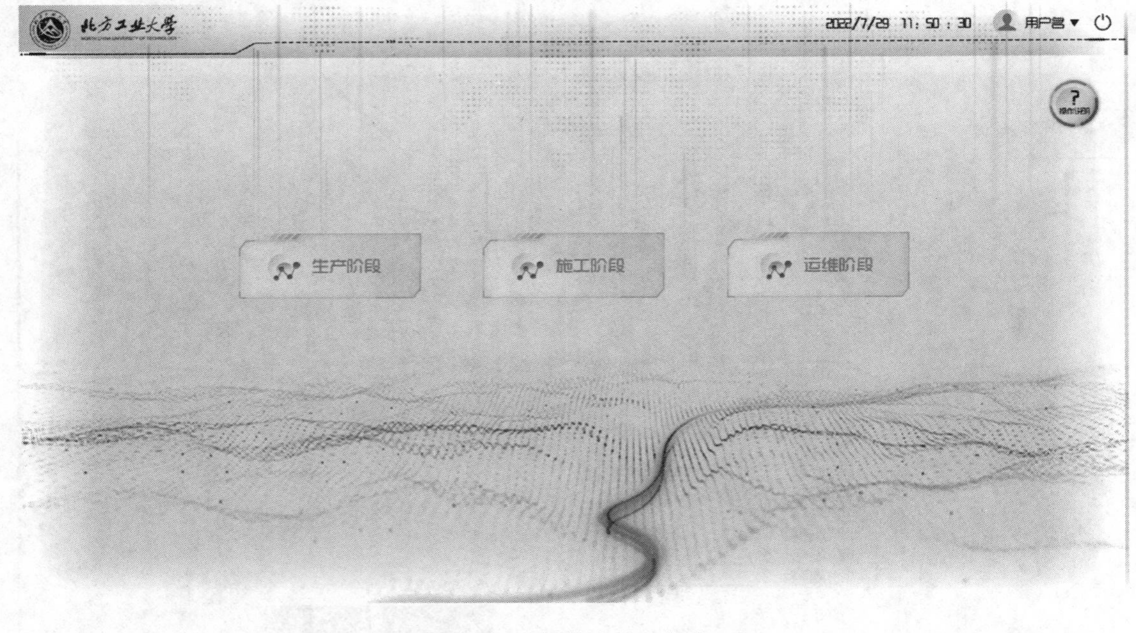

图 7-14　便携式学习菜单

习题与思考题

1. 建筑物联网工程综合实训系统软硬件的组成包括哪些？
2. 建筑物联网工程综合实训平台包含哪些智能建造场景？

第 8 章　基于智能建造场景的虚拟实训

8.1　沉浸式学习

沉浸式学习模块采用 VR 技术展示构件生产工厂三维 BIM 模型，介绍工厂内整体布局、主要设备和相关专业知识，使读者对预制混凝土工厂的关键技术和业务流程有所了解，为物联网技术应用学习奠定良好基础。图 8-1 和图 8-2 分别展示了沉浸式学习中养护窑学习点和骨料仓学习点的界面。

图 8-1　沉浸式学习——生产阶段构件厂养护窑学习点

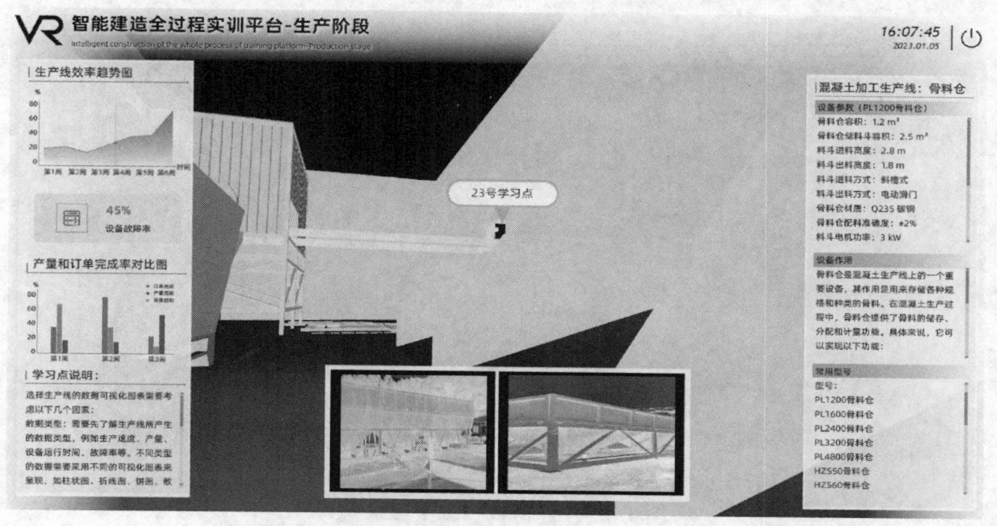

图 8-2　沉浸式学习——生产阶段构件厂骨料仓学习点

8.2 初级

8.2.1 学习目标

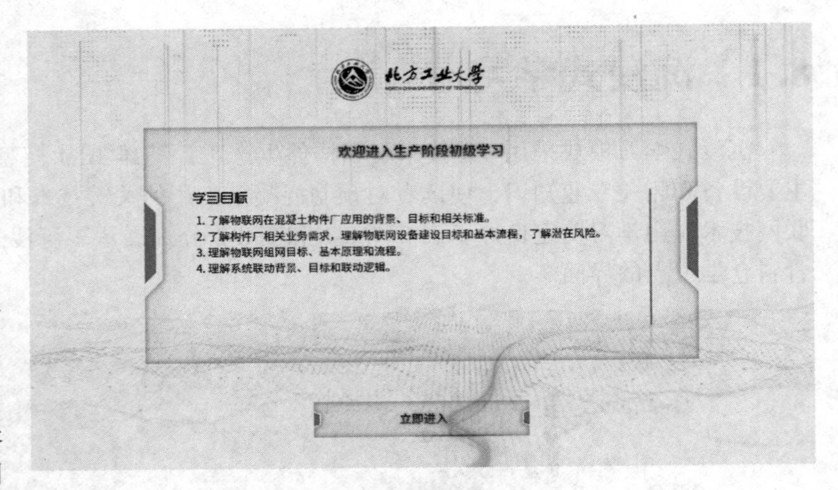

图 8-3 生产阶段初级学习欢迎页面

单击主菜单上生产阶段初级学习栏目后，进入欢迎页面，如图 8-3 所示。该页面列出了生产阶段初级学习的学习目标：

1）了解物联网在混凝土构件厂应用的背景、目标和相关标准。

2）了解构件厂相关业务需求，理解物联网设备建设目标和基本流程，了解潜在风险。

3）理解物联网组网目标、基本原理和流程。

4）理解系统联动背景、目标和联动逻辑。

8.2.2 施工学习

单击欢迎页面【立即进入】按钮后，进入生产阶段初级学习菜单页，如图 8-4 所示，包括【施工学习】、【组网学习】和【联动学习】三部分，需依次按顺序进行学习。

图 8-4 生产阶段初级学习菜单页

首先单击按钮进入施工学习，如图 8-5 所示。页面上基于三维混凝土预制构件厂 BIM 模型设置了四个按钮，分别为【施工背景】、【施工目标】、【相关标准】和【学习重点】。

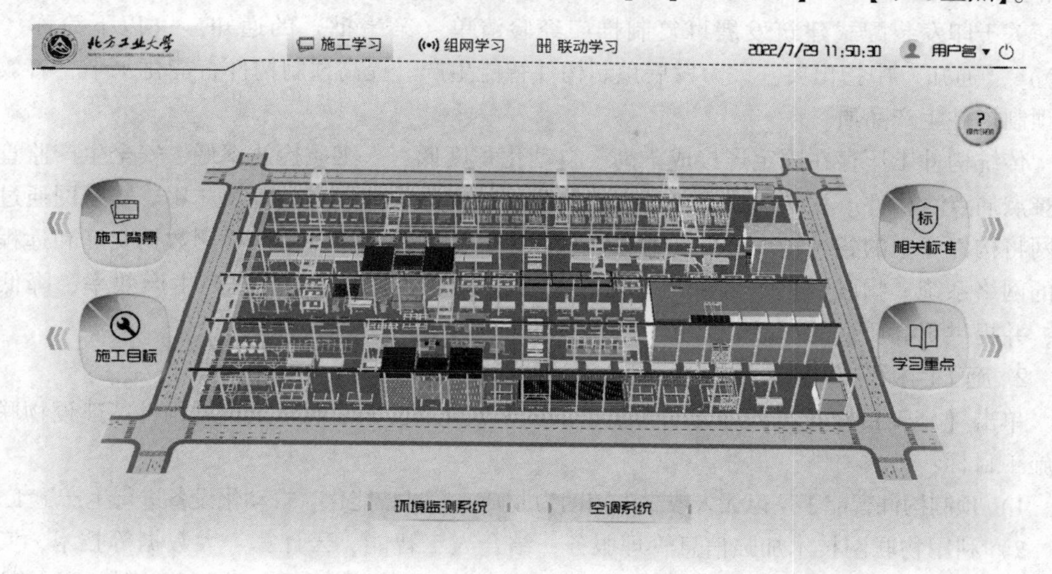

图 8-5　生产阶段初级学习施工学习总页面

1. 施工背景

单击【施工背景】按钮弹出学习框，如图 8-6 所示，显示混凝土预制构件厂建设物联网的相关政策和行业背景。

国务院办公厅于 2016 年 9 月 27 日下发《国务院办公厅关于大力发展装配式建筑的指导意见》(以下简称《意见》)，《意见》中指出要：优化部品部件生产。引导建筑行业部品部

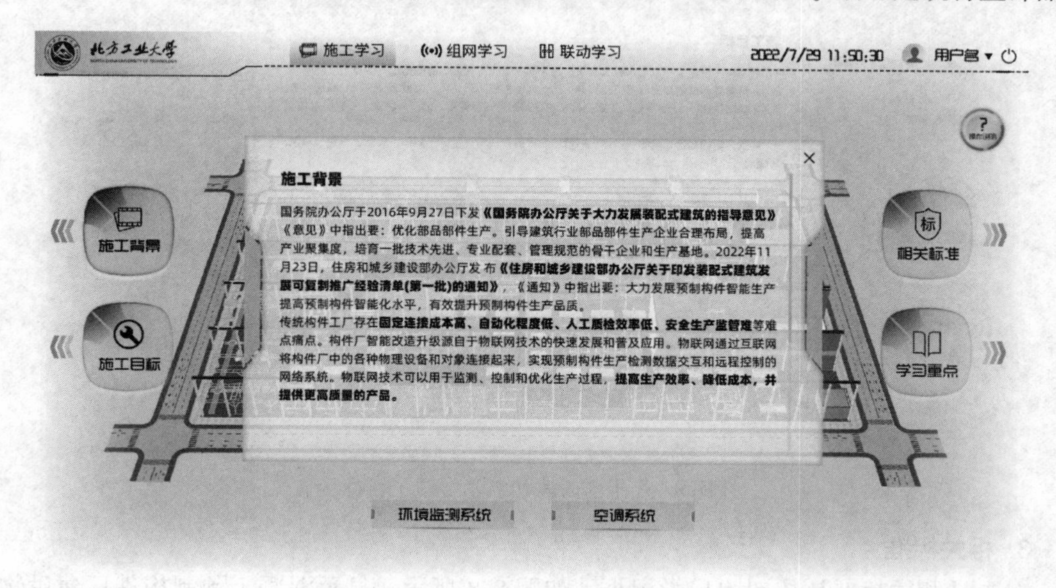

图 8-6　生产阶段初级学习施工背景

件生产企业合理布局，提高产业聚集度，培育一批技术先进、专业配套、管理规范的骨干企业和生产基地。2022 年 11 月 23 日，住房和城乡建设部办公厅发布《住房和城乡建设部办公厅关于印发装配式建筑发展可复制推广经验清单（第一批）的通知》（以下简称《通知》)，《通知》中指出要：大力发展预制构件智能生产。提高预制构件智能化水平，有效提升预制构件生产品质。

传统构件工厂存在固定连接成本高、自动化程度低、人工质检效率低、安全生产监管难等难点痛点。构件厂智能改造升级源自于物联网技术的快速发展和普及应用。物联网通过互联网将构件厂中的各种物理设备和对象连接起来，实现预制构件生产检测数据交互和远程控制的网络系统。物联网技术可以用于监测、控制和优化生产过程，提高生产效率、降低成本，并提供更高质量的产品。

2. 施工目标

单击【施工目标】按钮弹出学习框，如图 8-7 所示，显示混凝土预制构件厂建设物联网的施工目标：

1）预制构件智能工厂以无人或少人辅助为原则，通过智能化、自动化设备进行生产施工。

2）利用物联网技术加强信息管理服务，结合人工智能、云计算、大数据等技术，实现多个数字化车间的统一管理与协同生产，将各类生产数据进行采集、分析与决策，并将控制信息传回数字化车间。

3）实现车间的精准、柔性、高效、节能的生产模式，构建智能、高效、节能、绿色、环保、舒适的人性化混凝土预制件工厂。

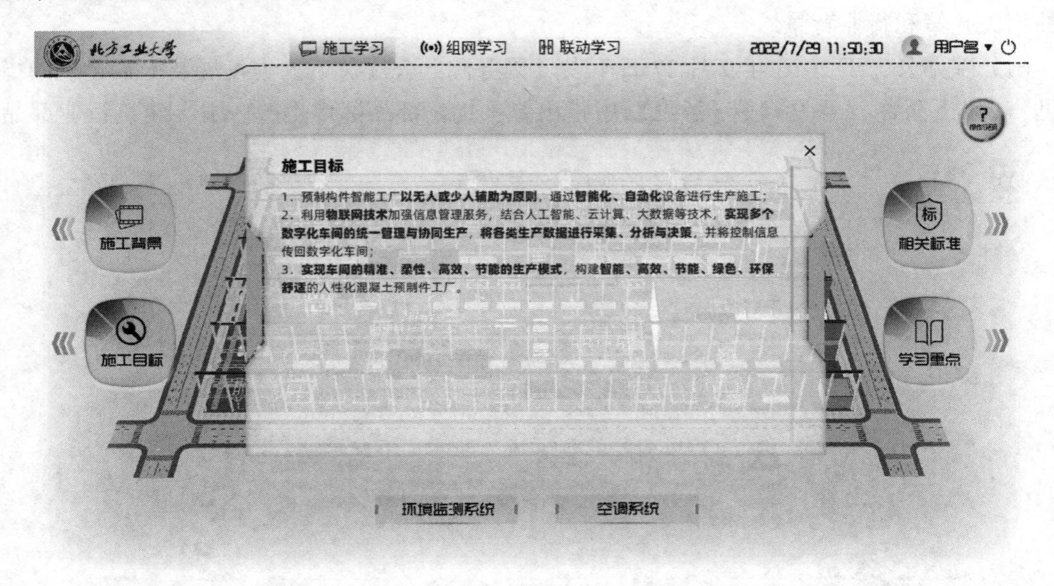

图 8-7 生产阶段初级学习施工目标

3. 相关标准

单击【相关标准】按钮弹出学习框，如图 8-8 所示，显示混凝土预制构件厂建设物联网的相关标准：

《空调用通风机安全要求》(GB 10080—2001)
《建筑电气与智能化通用规范》(GB 55024—2022)
《混凝土结构工程施工规范》(GB 50666—2011)
《混凝土质量控制标准》(GB 50164—2011)
《混凝土物理力学性能试验方法标准》(GB/T 50081—2019)
《工业建筑供暖通风与空气调节设计规范》(GB 50019—2015)
《装配式混凝土结构技术规程》(JGJ 1—2014)
《预拌混凝土绿色生产及管理技术规程》(JGJ/T 328—2014)
《预制混凝土构件质量检验标准》(DB/T 29—245—2021)
《预拌混凝土绿色生产管理规程》(DB11/T 642—2021)
《预制混凝土构件工厂质量保证能力要求》(T/CECS 10130—2021)
《预拌混凝土智能工厂评价要求》(T/CBMF 89—2020/ T/CCPA 16—2020)
《混凝土预制构件智能工厂 通则》(T/TMAC 012. 1—2019)

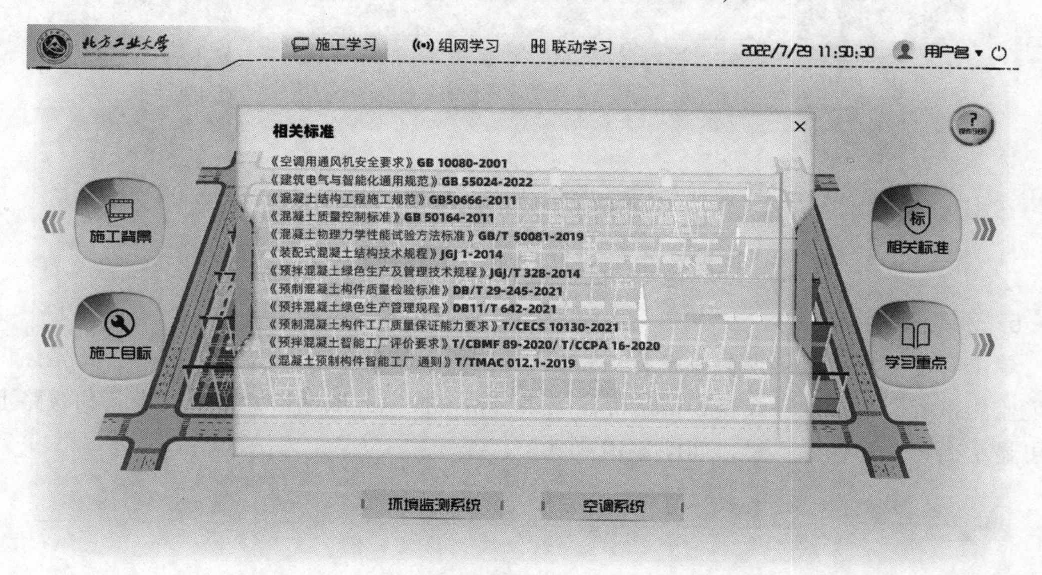

图 8-8　生产阶段初级学习施工相关标准

4. 学习重点

单击【学习重点】按钮弹出学习框，如图 8-9 所示，显示施工学习的学习重点。

(1) 设备选择和布局　学习如何选择适合构件厂需求的智能设备，并了解设备之间的相互关系和布局要求。了解各种智能设备的功能、规格和性能指标，以及它们在生产线上的位置。

(2) 电气和网络连接　学习如何进行电气连接，包括电源供应、传感器接线。了解不同设备之间的通信需求和数据传输方式，确保设备能够正常运行并实现数据的互联互通。

(3) 设备安装和调试　学习如何正确安装智能设备，并进行必要的调试和测试。了解设备安装的要求和步骤，包括固定设备、调整设备参数和校准传感器等。通过合理的安装和调试，确保设备的稳定性和准确性。

（4）数据采集和监测系统　学习如何设置和配置数据采集系统，包括传感器选择、数据采集设备安装和数据传输设置。了解如何监测和记录关键数据，以支持生产过程的实时监控和数据分析。

（5）安全和保护措施　学习在智能设备安装过程中的安全和保护措施。了解设备的安全操作规程、紧急停机程序和应急措施，以保障工作人员和设备的安全。

（6）施工管理和验收　学习如何进行智能设备安装的施工管理和验收工作。

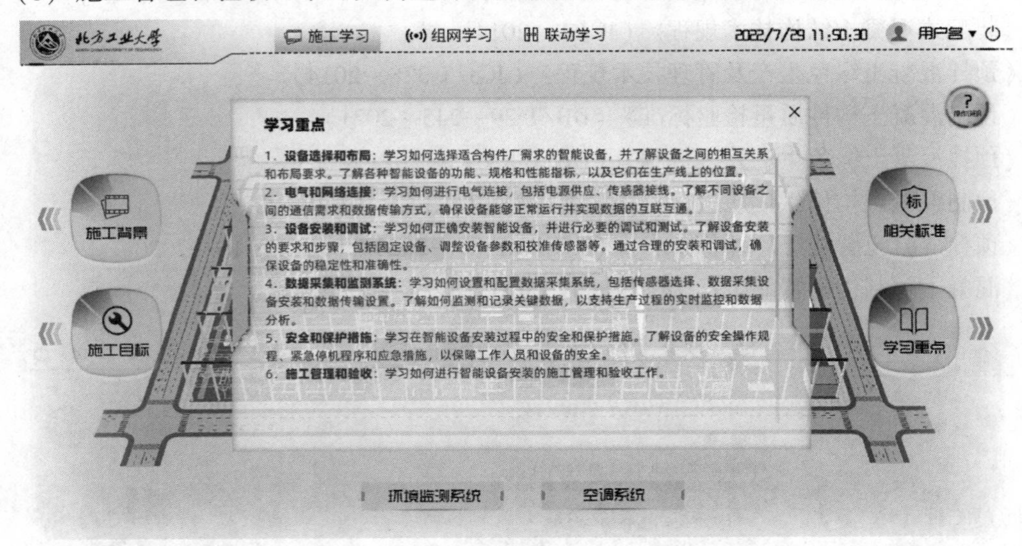

图 8-9　生产阶段初级学习施工学习的重点

5. 环境监测系统

单击屏幕下方【环境监测系统】，进入环境监测系统的学习。三维场景中会高亮标识出环境监测系统，包括硬件设备和信息传输线路与相关技术，鼠标指针移动到设备和线路上方即可显示出相关知识点信息，如图 8-10 所示。

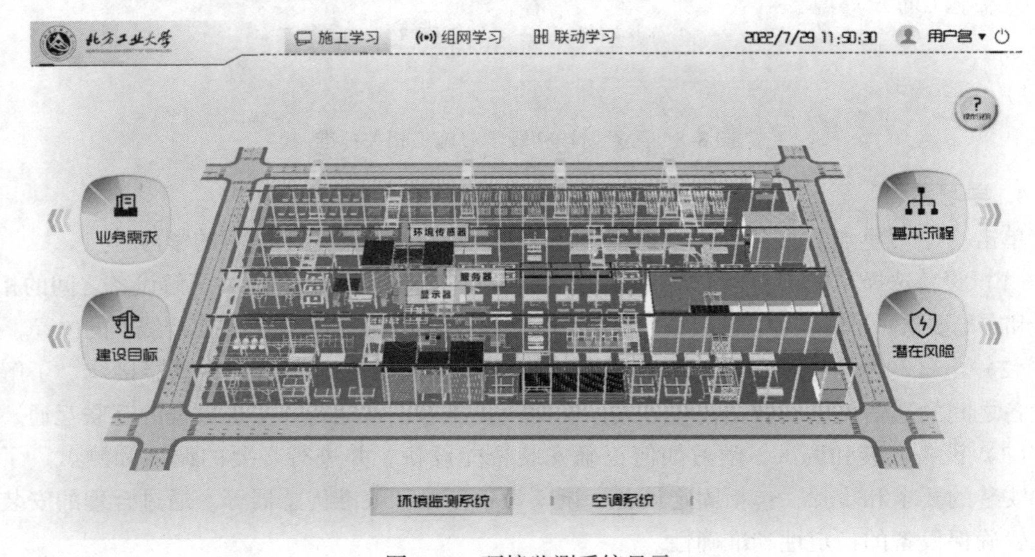

图 8-10　环境监测系统显示

（1）业务需求　单击屏幕左方【业务需求】按钮，弹出学习框，讲解环境监测系统施工相关的业务需求，如图 8-11 所示。根据相关规范，在混凝土构件厂内，涉及环境监控的业务需求主要包括以下内容：

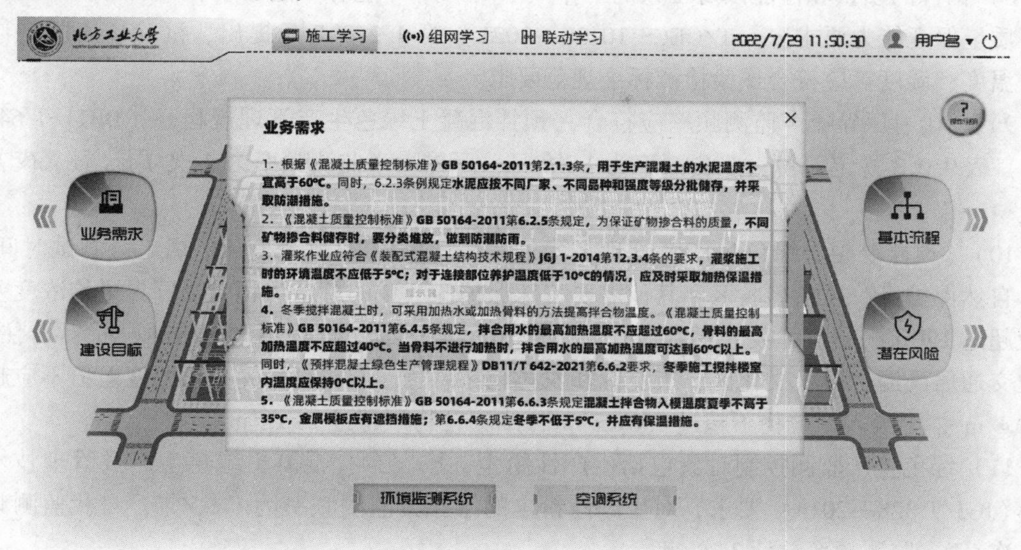

图 8-11　生产阶段环境监测系统施工业务需求

1）根据《混凝土质量控制标准》（GB 50164—2011）第 2.1.3 条，用于生产混凝土的水泥温度不宜高于 60℃。同时，第 6.2.3 条规定，水泥应按不同厂家、不同品种和强度等级分批储存，并采取防潮措施。

2）《混凝土质量控制标准》（GB 50164—2011）第 6.2.5 条规定，为保证矿物掺合料的质量，不同矿物掺合料以及水泥不得混杂堆放，应防潮防雨。

3）灌浆作业应符合《装配式混凝土结构技术规程》（JGJ 1—2014）第 12.3.4 条的要求，灌浆施工时，环境温度不应低于 5℃；当连接部位养护温度低于 10℃时，应采取加热保温措施。

4）冬季搅拌混凝土时，可采用加热水或加热骨料的方法提高拌合物温度。《混凝土质量控制标准》（GB 50164—2011）第 6.4.5 条规定，拌合用水的最高加热温度不应超过 60℃，骨料的最高加热温度不应超过 40℃。当骨料不进行加热时，拌合用水的最高加热温度可达到 60℃以上。同时，《预拌混凝土绿色生产管理规程》（DB11/T 642—2021）第 6.6.2 条要求，冬期施工搅拌楼室内温度应保持 0℃以上。

5）《混凝土质量控制标准》（GB 50164—2011）第 6.6.3 条规定，混凝土拌合物入模温度夏季不高于 35℃，金属模板应有遮挡措施；第 6.6.4 条规定，冬期施工时，混凝土拌合物入模温度不应低于 5℃，并应有保温措施。

6）预制构件的养护方式、养护制度、养护设备设施需通过标准试验确定，严格控制环境条件。

7）采用蒸汽养护时，应采取合理的升温、降温速度，且最高和恒温温度不宜超过《混凝土质量控制标准》(GB 50164—2011)第6.7.6条要求的65℃;构件表面保持《混凝土结构工程施工规范》(GB 50666—2011)第9.3.5条规定的90%~100%的相对湿度。

8)构件的质量和性能以及工人的工作效率对工厂环境有一定要求,《预制混凝土构件工厂质量保证能力要求》(T/CECS 10130—2021)第4.2.3.5条提出,试验场所的工作条件、温度、湿度等应符合试验检测标准规范要求。

9)粉尘、厂界噪声监测频率应符合《预拌混凝土绿色生产管理规程》(DB11/T 642—2021)表9.0.3规定,粉尘监测频率为1次/日,厂界噪声监测频率为2次/周(昼、夜各一次)。

10)《预拌混凝土绿色生产及管理技术规程》(JGJ/T 328—2014)规定,测试时间1h内,自然保护区、风景名胜区和其他需要特殊保护的区域的总悬浮颗粒物厂界平均浓度差值不应超过120μg/m^3,可吸入颗粒物不超过50μg/m^3,细颗粒物不超过35μg/m^3;居住区、商业交通居民混合区、文化区、工业区和农村地区总悬浮颗粒物厂界平均浓度差值不应超过300μg/m^3,可吸入颗粒物不超过150μg/m^3,细颗粒物不超过75μg/m^3。

11)绿色生产监测控制对象包括生产性粉尘,按《预拌混凝土绿色生产及管理技术规程》(JGJ/T 328—2014)要求,对生产性粉尘的第三方监测频率为1次/年,自我监测频率为1次/年,监测频率总计2次/年。

12)《预拌混凝土绿色生产及管理技术规程》(JGJ/T 328—2014)对生产性粉尘排放的测点分布和监测方法做了以下规定:

①监测厂界生产性粉尘排放时,应在厂界外20m处、下风口方向均匀设置两个以上监控点,其中被测粉尘源影响最大的位置应包含在监控点范围内,各测点分别监测1h平均值,进行单独评价。

②监测厂区内生产性粉尘排放时,监测点须在厂区骨料堆场、称量层、生活区等区域,当日细颗粒物平均浓度值不应大于75μg/m^3,各测点分别监测1h平均值,进行单独评价。

③监测参照点当日24h大气污染物浓度时,应在距离厂界50m处、上风口方向均匀设置两个以上参照点,各点位分别监测24h平均值,取算术平均值作为参照点颗粒物平均浓度。

13)《预拌混凝土绿色生产及管理技术规程》(JGJ/T 328—2014)规定,混凝土搅拌站(楼)的计量层和搅拌层生产时段的无组织排放总悬浮颗粒物的1h平均浓度不应大于1000μg/m^3,骨料堆场不应大于800μg/m^3,搅拌站(楼)的操作间、办公区和生活区不应大于400μg/m^3。

14)《混凝土物理力学性能试验方法标准》(GB/T 50081—2019)规定,标准混凝土养护室的温度为20±2℃,湿度为95%以上。

(2)建设目标　单击屏幕左方【建设目标】按钮,弹出学习框,讲解环境监测系统施工建设目标,如图8-12所示。环境监测系统能够实时收集骨料仓、搅拌站(楼)、养护室等区域内的湿度、温度、粉尘等关键环境参数。这些数据通过物联网设备实时传输到中央控制系统,以便工厂管理人员可以随时了解构件生产全流程中的环境状况,及时进行调整和决策。

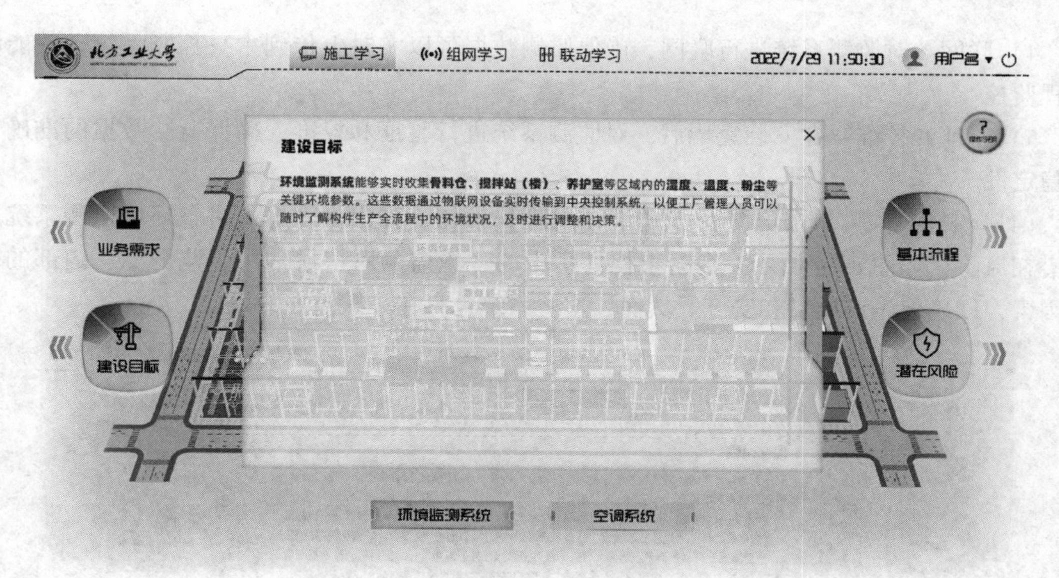

图 8-12　生产阶段环境监测系统施工建设目标

（3）基本流程　单击屏幕右方【基本流程】按钮，弹出学习框，讲解环境监测系统施工基本流程和各环节的要求，如图 8-13 所示。混凝土构件厂的环境监测系统是感知构件生产过程中工厂环境条件的重要设施。环境监测系统施工的基本流程和要求如下：

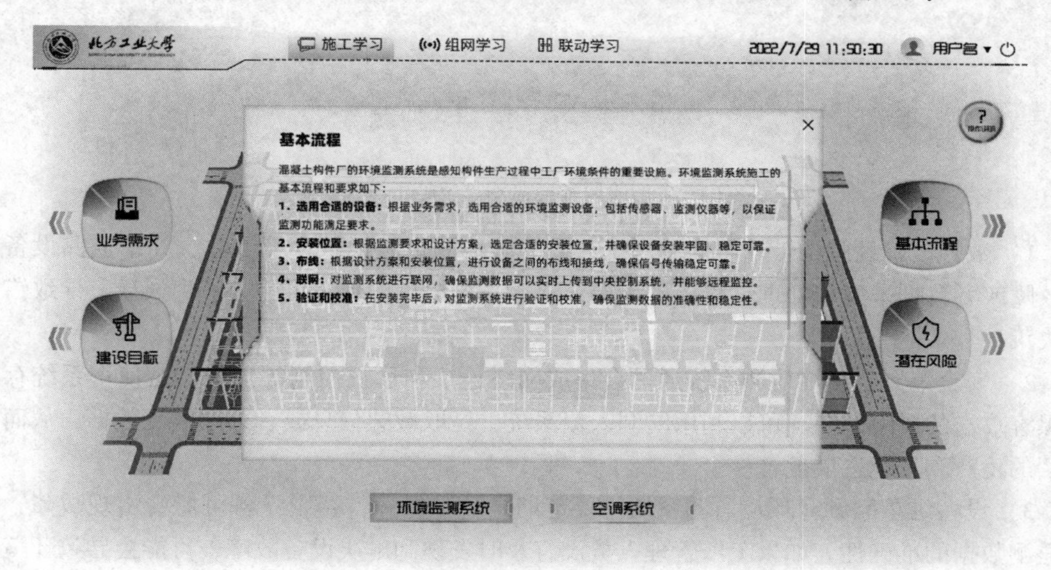

图 8-13　生产阶段环境监测系统施工基本流程

1）选用合适的设备：根据业务需求，选用合适的环境监测设备，包括传感器、监测仪器等，以保证监测功能满足要求。

2）安装位置：根据监测要求和设计方案，选定合适的安装位置，并确保设备安装牢固、稳定可靠。

3）布线：根据设计方案和安装位置，进行设备之间的布线和接线，确保信号传输稳定可靠。

4）联网：对监测系统进行联网，确保监测数据可以实时上传到中央控制系统，并能够远程监控。

5）验证和校准：在安装完毕后，对监测系统进行验证和校准，确保监测数据的准确性和稳定性。

（4）潜在风险　单击屏幕右方【潜在风险】按钮，弹出学习框，讲解环境监测系统施工潜在风险，如图 8-14 所示。混凝土构件厂中的环境监测系统通常用于监测工厂内部的环境因素，以确保生产质量和安全。然而，这些系统也存在一些潜在的风险。

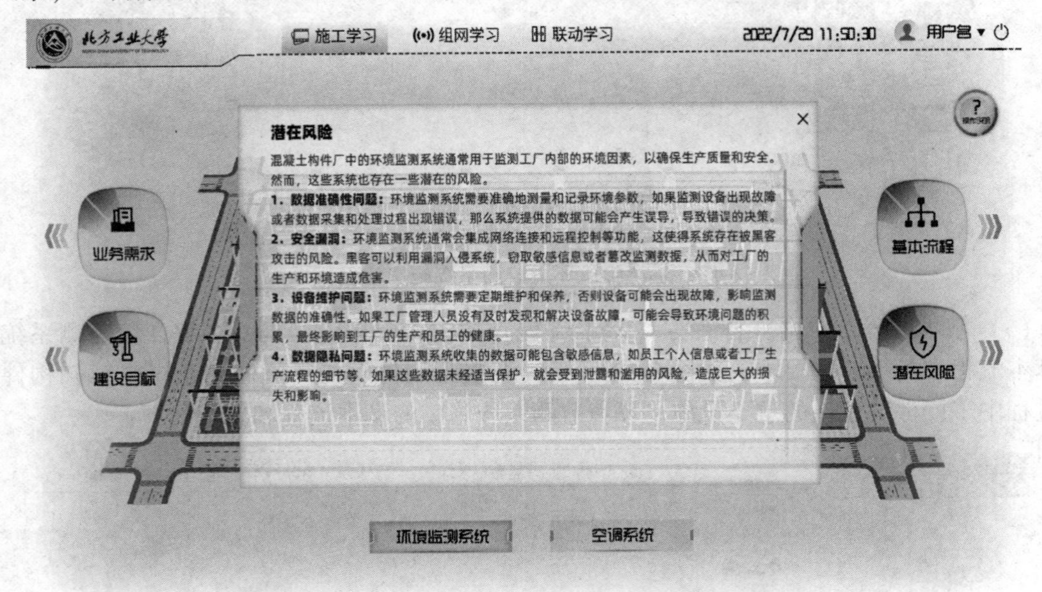

图 8-14　生产阶段环境监测系统施工潜在风险

1）数据准确性问题：环境监测系统需要准确地测量和记录环境参数，如果监测设备出现故障或者数据采集和处理过程出现错误，那么系统提供的数据可能会产生误导，导致错误的决策。

2）安全漏洞：环境监测系统通常会集成网络连接和远程控制等功能，这使得系统存在被黑客攻击的风险。黑客可以利用漏洞入侵系统，窃取敏感信息或者篡改监测数据，从而对工厂的生产和环境造成危害。

3）设备维护问题：环境监测系统需要定期维护和保养，否则设备可能会出现故障，影响监测数据的准确性。如果工厂管理人员没有及时发现和解决设备故障，可能会导致环境问题的积累，最终影响到工厂的生产和员工的健康。

4）数据隐私问题：环境监测系统收集的数据可能包含敏感信息，如员工个人信息或者工厂生产流程的细节等。如果这些数据未经适当保护，就会有泄露和滥用的风险，会造成巨大的损失和影响。

（5）传感器安装　单击三维模型中的环境监测传感器设备，镜头即拉近到传感器处，并出现环境监测传感器学习按钮，包括【设备选型】、【安装位置】、【安装角度】和【安装流程】，如图 8-15 所示。

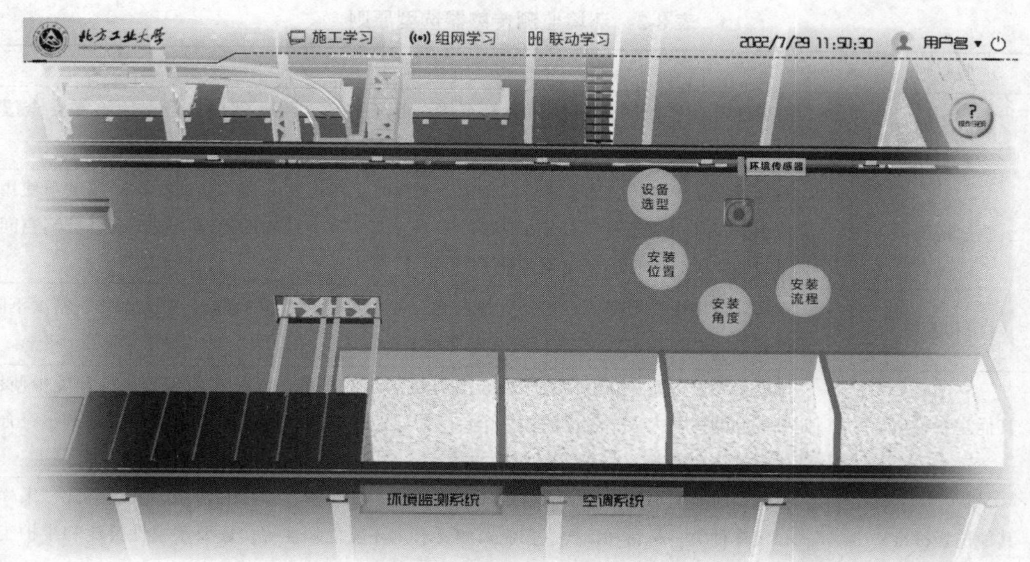

图 8-15　生产阶段环境监测传感器安装

1）设备选型：单击【设备选型】按钮，弹出环境传感器分类和选型原则的学习框。环境监测传感器分类和选型原则分别见表 8-1 和表 8-2。

表 8-1　环境监测传感器分类

类型	子类别	特点
温度传感器	接触式	与被测对象有良好接触，测量精度高，但对运动体、目标小或热容量小的对象可能会有较大误差
	非接触式	无须与被测对象接触，适用于测量运动物体，以及目标小、热容量小或温度变化快的对象的表面温度
	铂热电阻	利用铂丝电阻值随温度变化的原理制作，测温范围为 -200 ~ 850℃，适用于需要高精度测量的场合
	热电偶	利用两种不同金属线在一端连接并受热产生电势差的原理制作，测温范围宽、耐用且成本低，适用于各种大气环境
	热敏电阻	由半导体材料制成，其阻值会随温度变化，温度变化会引起大的阻值改变，具有很高的灵敏度，但线性度较差
湿度传感器	电阻式	电阻率和电阻值会随空气中水蒸气的吸附而变化，优点是灵敏度高，主要缺点是线性度和产品的互换性差
	电容式	利用环境湿度变化会导致传感器的介电常数变化，进而使传感器的电容量发生变化的原理来测量湿度，主要优点是灵敏度高、产品互换性好、响应速度快、湿度的滞后量小、便于制造、容易实现小型化和集成化，其精度一般比湿敏电阻要低一些
粉尘传感器	红外	使用红外散射和浊度法测量，一般只能测量 1mm 以上的颗粒物，无法精确测量 PM2. 5 的浓度
	激光	使用激光散射和粒子计数法测量，能测量 0. 3mm 以上的颗粒物，监测级别在 μg/m^3 级，可以相对准确地测量 PM2. 5 的浓度

表 8-2　环境监测传感器选型原则

选型原则	描述
测量范围	需要确定环境监测传感器的测量范围。除了气象、科研部门外，一般不需要全湿程（0～100%RH）测量
测量精度	测量精度是湿度传感器最重要的指标，选择时需考虑实际需求，如在不同温度下使用湿度传感器，其示值还要考虑温度漂移的影响。如果没有精确的控温手段，或者被测空间是非密封的，±5%RH 的精度就足够了
时漂和温漂	在实际使用中，湿度传感器会受到尘土、油污及有害气体的影响，产生老化、精度下降，年漂移量一般都在 ±2% 左右，需要定期重新标定
其他注意事项	湿度传感器应避免在酸性、碱性及含有机溶剂的环境，以及在粉尘较大的环境中使用。如果被测的房间太大，就应放置多个传感器。使用时应按照技术要求提供合适的、符合精度要求的供电电源
其他选择标准	在选用时要考虑用户的实际应用环境和要求，如量程、输出和显示、安装方式、采样方式、气体种类、材料和结构、控制监测要求、环境危险性等。还要重视性价比和维护工作量等因素

2）安装位置：单击【安装位置】按钮，弹出环境传感器安装位置要求的学习框，如图 8-16 所示。环境传感器应在关键区域安装，如工艺设备附近、化学品储存区、通风口、气流交换处等。同时，为了全面监测工厂的环境状况，还可以在不同位置安装传感器，如墙壁、顶棚、地面等。

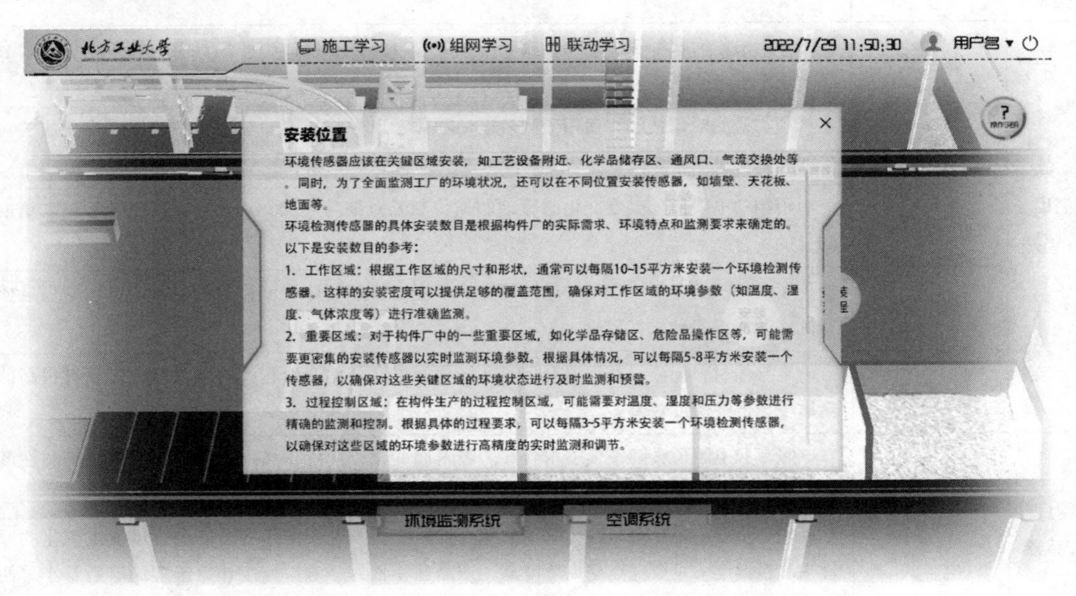

图 8-16　生产阶段环境监测传感器安装位置

环境检测传感器的具体安装数目是根据构件厂的实际需求、环境特点和监测要求来确定的。以下是安装数目的参考：

①工作区域：根据工作区域的尺寸和形状，通常可以每隔 10～15m^2 安装一个环境检测

传感器。这样的安装密度可以提供足够的覆盖范围，确保对工作区域的环境参数（如温度、湿度、气体浓度等）进行准确监测。

②重要区域：对于构件厂中的一些重要区域，如化学品存储区、危险品操作区等，可能需要更密集地安装传感器以实时监测环境参数。根据具体情况，可以每隔 5 ~ 8m^2 安装一个传感器，以确保对这些关键区域的环境状态进行及时监测和预警。

③过程控制区域：在构件生产的过程控制区域，可能需要对温度、湿度和压力等参数进行精确的监测和控制。根据具体的过程要求，可以每隔 3 ~ 5m^2 安装一个环境检测传感器，以确保对这些区域的环境参数进行高精度的实时监测和调节。

④关键设备周围：对于关键设备周围的环境监测，例如自动化生产线、构件加工区等，通常需要密集地安装传感器。根据设备的尺寸和工作要求，可以每隔 1 ~ 2m^2 安装一个传感器，以确保对设备周围环境参数的准确监测和控制。

需要强调的是，具体安装数目的确定应综合考虑构件厂的实际需求，并依据专业工程师的建议和环境监测标准进行决策。在工程设计和施工规划阶段，应与专业的环境工程师进行深入讨论，以确保环境检测传感器的安装数目能够满足构件厂的监测需求和相关标准。

3）安装角度：单击【安装角度】按钮，弹出环境传感器安装角度要求的学习框，如图 8-17 所示。环境传感器安装角度要求如下。

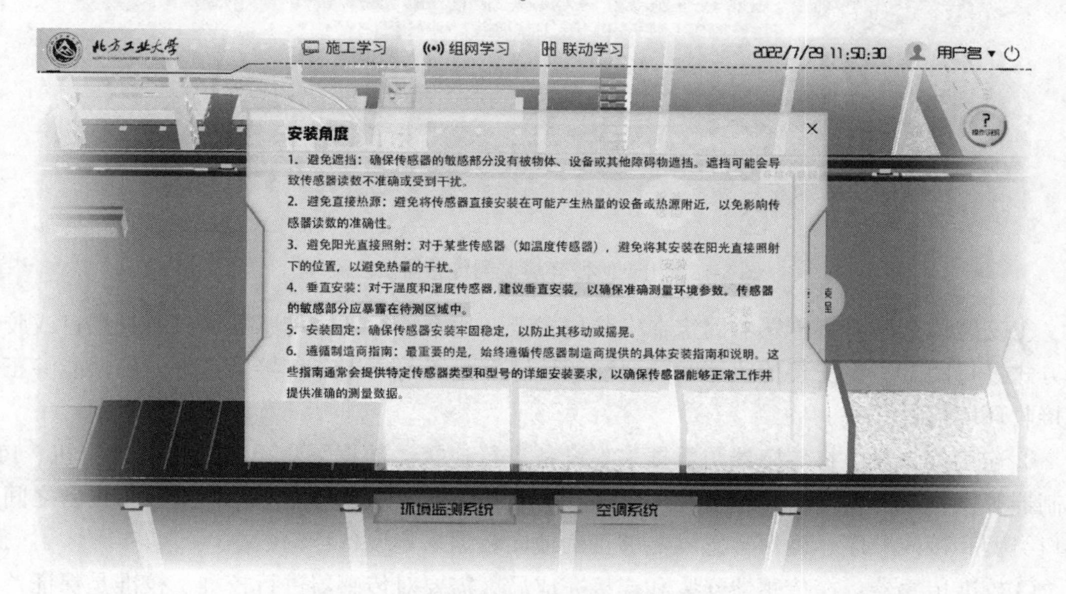

图 8-17　生产阶段环境监测传感器安装角度

①避免遮挡：确保传感器的敏感部分没有被物体、设备或其他障碍物遮挡。遮挡可能会导致传感器读数不准确或受到干扰。

②避免直接热源：避免将传感器直接安装在可能产生热量的设备或热源附近，以免影响传感器读数的准确性。

③避免阳光直接照射：对于某些传感器（如温度传感器），避免将其安装在阳光直接照射下的位置，以避免热量的干扰。

④垂直安装：对于温度和湿度传感器，建议垂直安装，以确保准确测量环境参数。传感器的敏感部分应暴露在待测区域中。

⑤安装固定：确保传感器安装牢固稳定，以防止其移动或摇晃。

⑥遵循制造商指南：最重要的是，始终遵循传感器制造商提供的具体安装指南和说明。这些指南通常会提供特定传感器类型和型号的详细安装要求，以确保传感器能够正常工作并提供准确的测量数据。

4）安装流程：单击【安装流程】按钮，弹出环境传感器安装流程的学习框，如图 8-18 所示。环境传感器安装流程和相对应的要求如下。

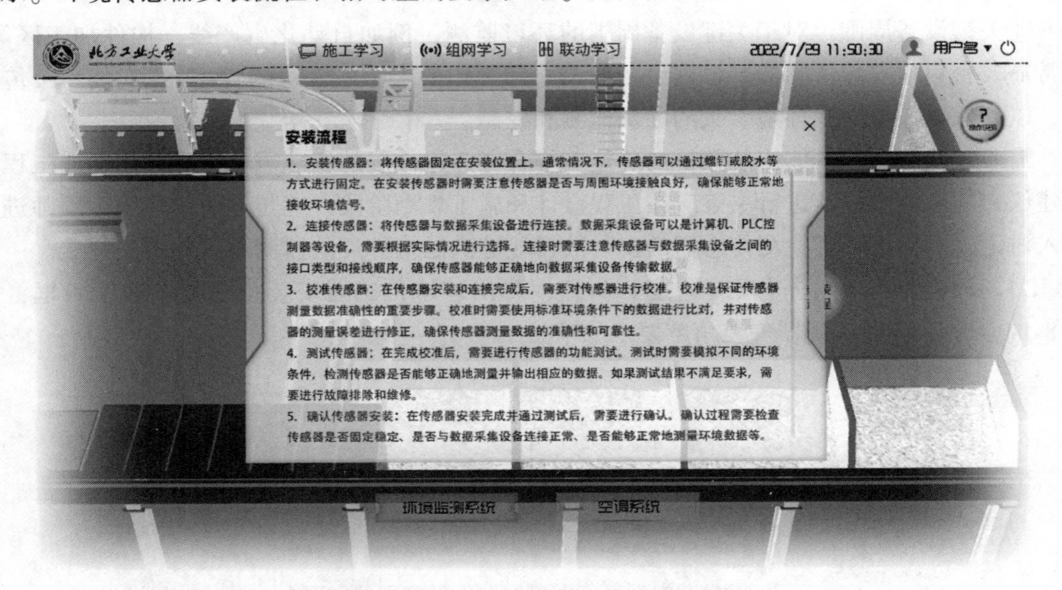

图 8-18　生产阶段环境监测传感器安装流程

①安装传感器：将传感器固定在安装位置上。通常情况下，传感器可以通过螺钉或胶水等方式进行固定。在安装传感器时需要注意传感器是否与周围环境接触良好，确保能够正常地接收环境信号。

②连接传感器：将传感器与数据采集设备进行连接。数据采集设备可以是计算机、PLC 控制器等设备，需要根据实际情况进行选择。连接时需要注意传感器与数据采集设备之间的接口类型和接线顺序，确保传感器能够正确地向数据采集设备传输数据。

③校准传感器：在传感器安装和连接完成后，需要对传感器进行校准。校准是保证传感器测量数据准确性的重要步骤。校准时需要使用标准环境条件下的数据进行比对，并对传感器的测量误差进行修正，确保传感器测量数据的准确性和可靠性。

④测试传感器：在完成校准后，需要进行传感器的功能测试。测试时需要模拟不同的环境条件，检测传感器是否能够正确地测量并输出相应的数据。如果测试结果不满足要求，需要进行故障排除和维修。

⑤确认传感器安装：在传感器安装完成并通过测试后，需要进行确认。确认过程需要检查传感器是否固定稳定、是否与数据采集设备连接正常、是否能够正常地测量环境数据等。

确认完成后，环境传感器的安装流程就结束了。

6. 空调系统

单击屏幕下方【空调系统】按钮，进入空调系统的学习。三维场景中会高亮标识出空调系统，包括硬件设备、信息传输线路和相关技术，鼠标指针移动到设备和线路上方即可显示出相关信息，如图 8-19 所示。

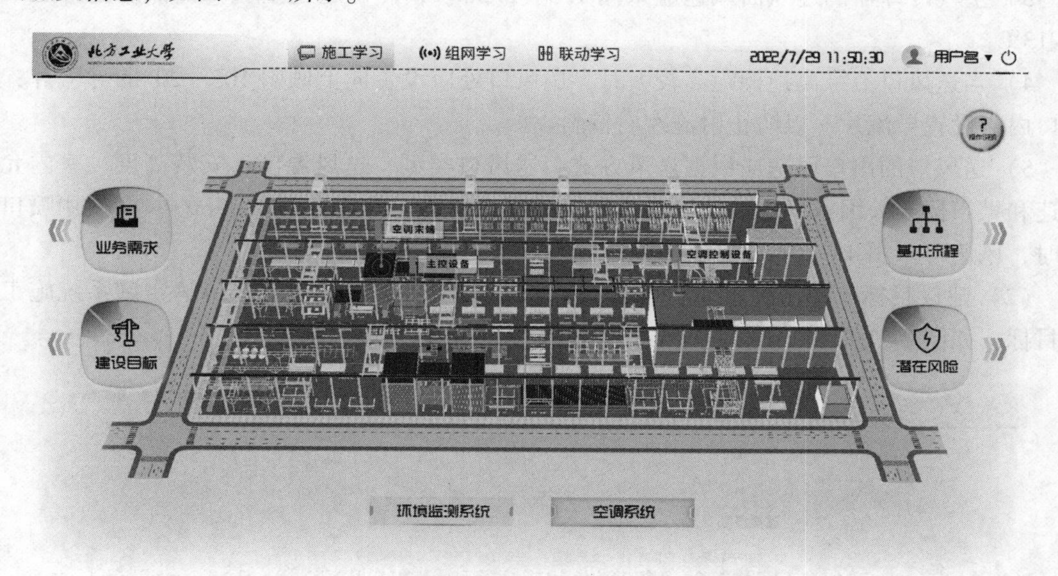

图 8-19　生产阶段空调系统显示

（1）业务需求　单击屏幕左方【业务需求】按钮，弹出学习框，讲解空调系统施工相关的业务需求，如图 8-20 所示。根据《工业建筑供暖通风与空气调节设计规范》（GB 50019—2015），在混凝土构件厂内涉及空调系统的业务需求主要包括以下内容：

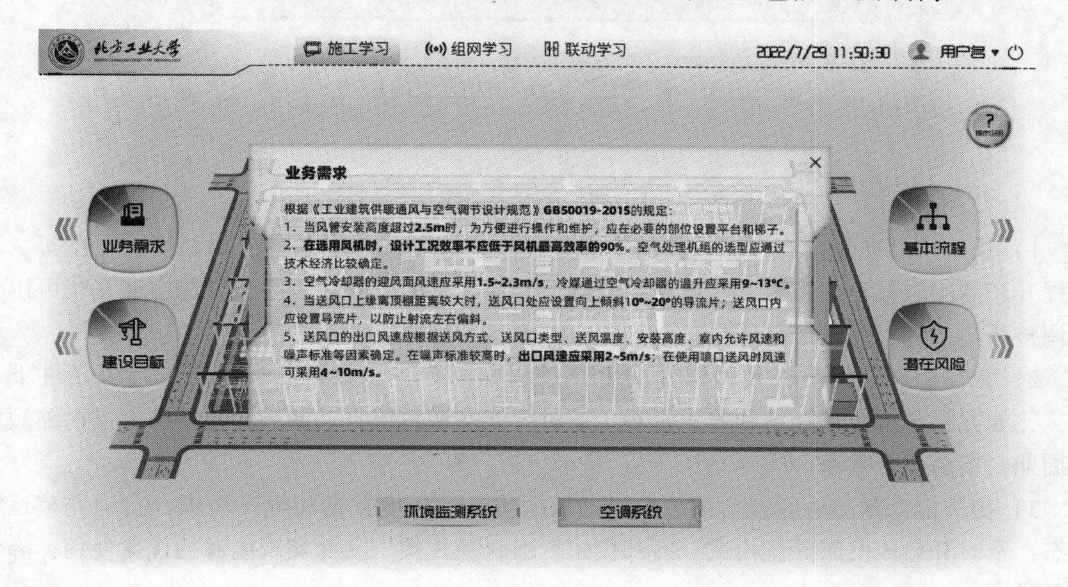

图 8-20　生产阶段空调系统施工业务需求

1）当风管安装高度超过2.5m时，为方便操作和维护，应在必要的部位设置平台和梯子。

2）在选用风机时，设计工况效率不应低于风机最高效率的90%。空气处理机组的选型应通过技术经济比较确定。

3）空气冷却器的迎风面风速应采用1.5～2.3m/s，冷媒通过空气冷却器的温升应采用9～13℃。

4）当送风口上缘离顶棚距离较大时，送风口处应设置向上倾斜10°～20°的导流片；送风口内应设置导流片，以防止射流左右偏斜。

5）送风口的出口风速应根据送风方式、送风口类型、送风温度、安装高度、室内允许风速和噪声标准等因素确定。在噪声标准较高时，出口风速应采用2～5m/s；在使用喷口送风时，风速可采用4～10m/s。

（2）建设目标　单击屏幕左方【建设目标】按钮，弹出学习框，讲解空调系统施工建设目标，如图8-21所示。空调系统施工建设目标主要包括以下内容。

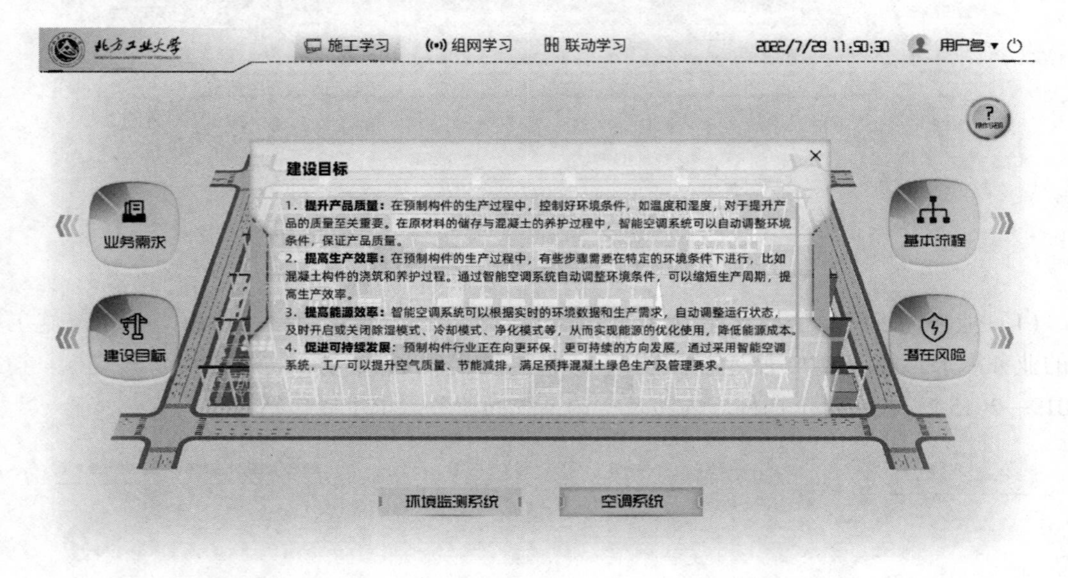

图8-21　生产阶段空调系统施工建设目标

1）提升产品质量：在预制构件的生产过程中，控制好环境条件，如温度和湿度等，对于提升产品的质量至关重要。在原材料的储存与混凝土的养护过程中，智能空调系统可以自动调整环境条件，保证产品质量。

2）提高生产效率：在预制构件的生产过程中，有些步骤需要在特定的环境条件下进行，比如混凝土构件的浇筑和养护过程。通过智能空调系统自动调整环境条件，可以缩短生产周期，提高生产效率。

3）提高能源效率：智能空调系统可以根据实时的环境数据和生产需求，自动调整运行状态，及时开启或关闭除湿模式、冷却模式、净化模式等，从而实现能源的优化使用，降低能源成本。

4）促进可持续发展：预制构件行业正在向更环保、更可持续的方向发展，通过采用智能空调系统，工厂可以提升空气质量、节能减排，满足预拌混凝土绿色生产及管理要求。

（3）基本流程　单击屏幕右方【基本流程】按钮，弹出学习框，讲解空调系统施工基本流程和各环节的要求，如图8-22所示。在混凝土构件厂中，安装空调系统需要遵守一定的施工要求，以确保空调系统的正常运行和使用安全。空调系统施工的基本流程和要求如下。

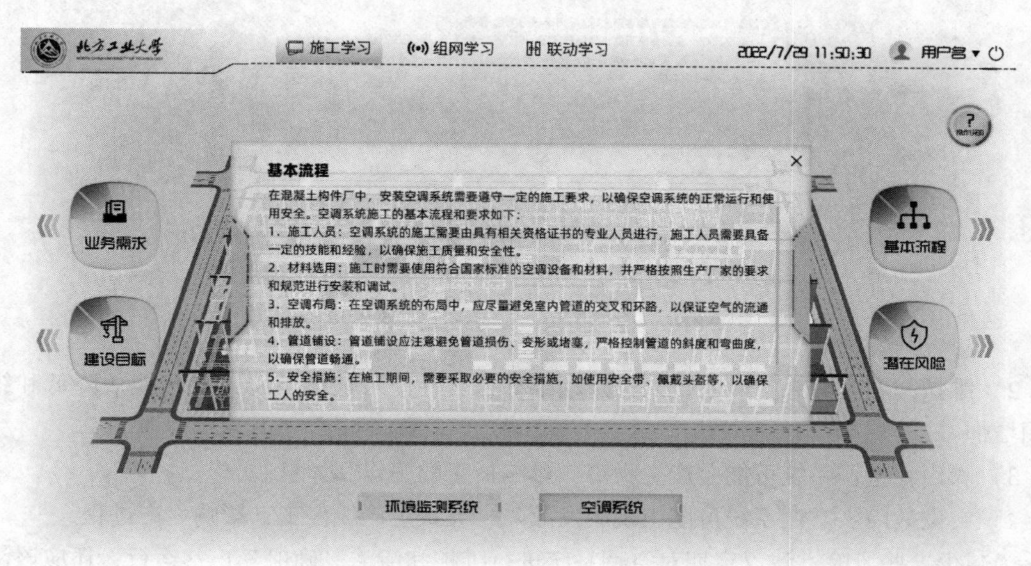

图8-22　生产阶段空调系统施工基本流程

1）施工人员：空调系统的施工需要由具有相关资格证书的专业人员进行，施工人员需要具备一定的技能和经验，以确保施工质量和安全性。

2）材料选用：施工时需要使用符合国家标准的空调设备和材料，并严格按照生产厂家的要求和规范进行安装和调试。

3）空调布局：在空调系统的布局中，应尽量避免室内管道的交叉和环路，以保证空气的流通和排放。

4）管道铺设：管道铺设应注意避免管道损伤、变形或堵塞，严格控制管道的斜度和弯曲度，以确保管道畅通。

5）安全措施：在施工期间，需要采取必要的安全措施，如使用安全带、佩戴头盔等，以确保工人的安全。

6）完成验收：空调系统的安装完成后，需要进行必要的验收，检查空调系统的运行状况和安全性能，确保其符合国家标准和相关规范。

（4）潜在风险　单击屏幕右方【潜在风险】按钮，弹出学习框，讲解空调系统施工潜在风险，如图8-23所示。混凝土构件厂中的空调系统可能存在以下潜在的风险。

1）空气污染：空调系统可能会将外部空气中的污染物和有害物质释放到室内空气中，影响员工的健康。

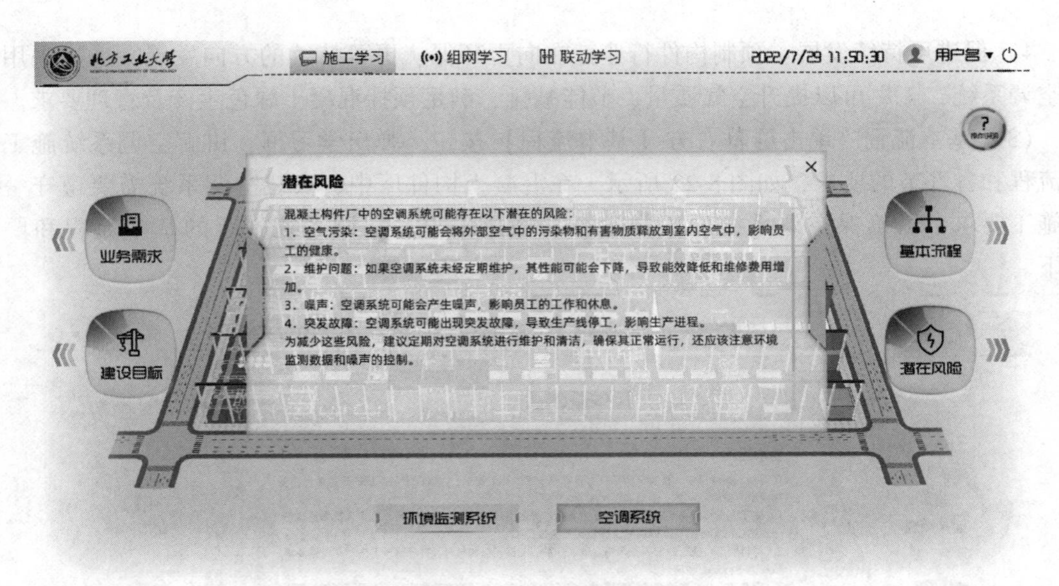

图 8-23　生产阶段空调系统施工潜在风险

2）维护问题：如果空调系统未经定期维护，其性能可能会下降，导致能效降低和维修费用增加。

3）噪声：空调系统可能会产生噪声，影响员工的工作和休息。

4）突发故障：空调系统可能出现突发故障，导致生产线停工，影响生产进程。

为减少这些风险，建议定期对空调系统进行维护和清洁，确保其正常运行，还应该注意环境监测数据和噪声的控制。

（5）空调末端安装　单击三维模型中的空调末端设备，镜头即拉近到空调末端处，并出现空调末端学习按钮，包括【设备选型】、【安装位置】、【安装角度】和【安装流程】，如图 8-24 所示。

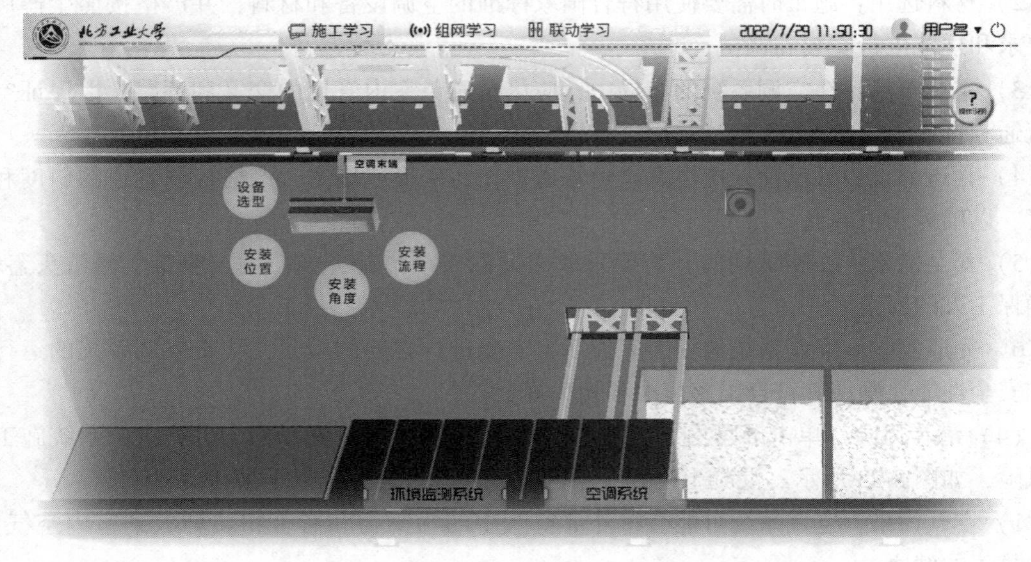

图 8-24　生产阶段空调末端安装

1）设备选型：单击【设备选型】按钮，弹出空调系统分类和选型原则的学习框，如图 8-25 所示。空调系统分类和选型原则分别见表 8-3 和表 8-4。

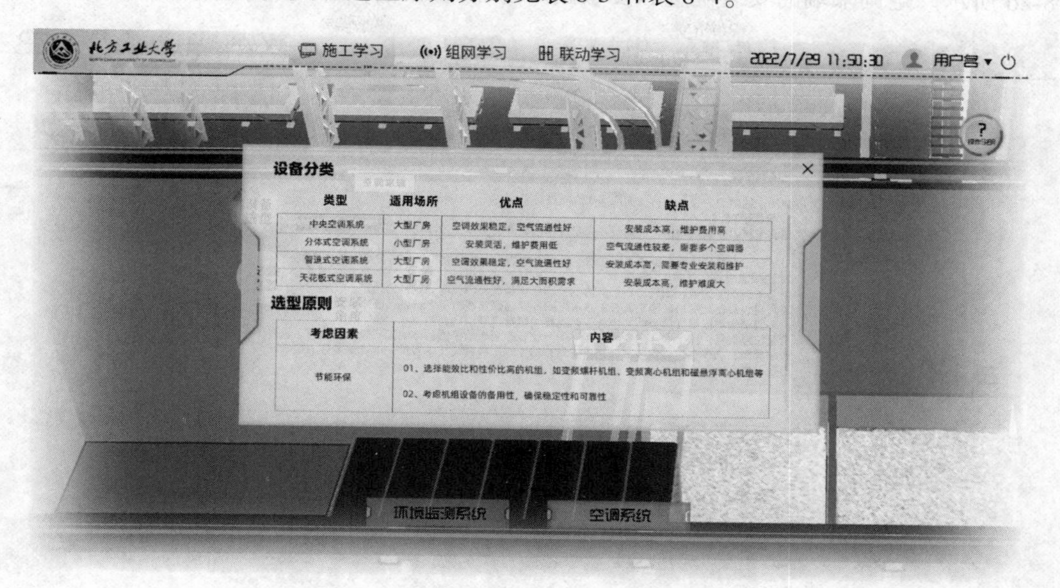

图 8-25　生产阶段空调设备选型

表 8-3　空调系统分类

类型	适用场所	优点	缺点
中央空调系统	大型厂房	空调效果稳定，空气流通性好	安装成本高，维护费用高
分体式空调系统	小型厂房	安装灵活，维护费用低	空气流通性较差，需要多个空调器
管道式空调系统	大型厂房	空调效果稳定，空气流通性好	安装成本高，需要专业安装和维护
顶棚式空调系统	大型厂房	空气流通性好，满足大面积需求	安装成本高，维护难度大

表 8-4　空调系统选型原则

考虑因素	内容
节能环保，稳定可靠	选择能效比和性价比高的机组，如变频螺杆机组、变频离心机组和磁悬浮离心机组等
	考虑机组设备的备用性，确保稳定性和可靠性
末端室内机组和空气管道输送	选择稳定可靠、功能齐备、安装灵活的室内末端机组，如风机盘管、吊顶式空气处理机组和组合式空气处理机组等
	根据厂房要求选择合适的风管材料，如单双面彩钢酚醛风管、镀锌薄钢板风管、防腐薄钢板风管和不锈钢风管等
	布置风管时考虑空调气流输送的合理性，同时注重美观和安装可实施性
操作控制便捷	选择中央空调系统时注重系统控制的智能性和简便性
	使用空调智能控制系统，根据生产情况和环境调节空调系统的效率，实现节能和提高整体工作效率

2）安装位置：单击【安装位置】按钮，弹出空调末端安装位置要求的学习框，如图 8-26 所示。空调末端的安装位置和要求因厂房布局和具体需求不同而有所变化。

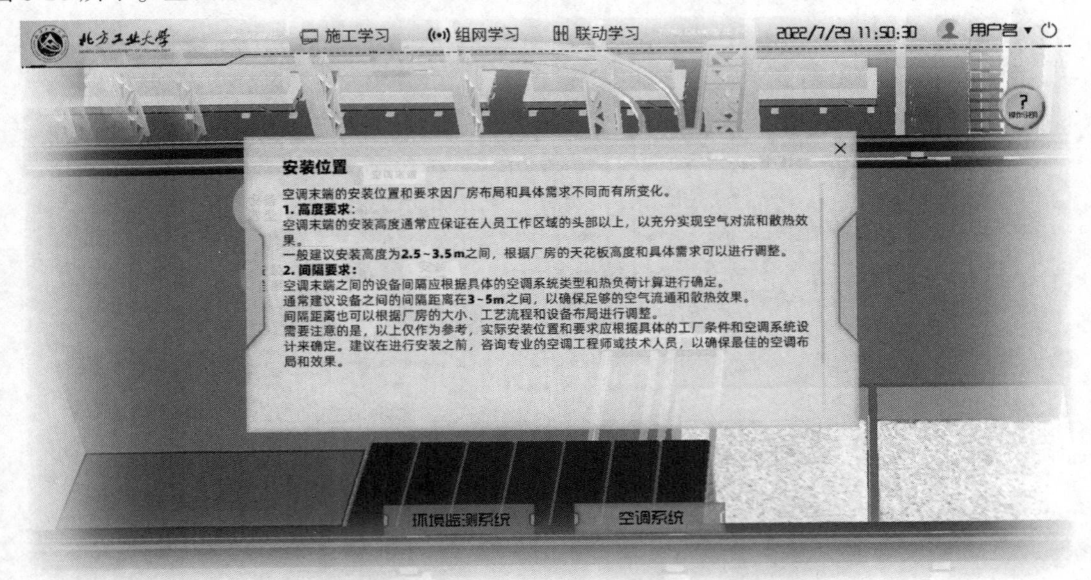

图 8-26　生产阶段空调末端安装位置

①高度要求：空调末端的安装高度通常应保证在人员工作区域的头部以上，以充分实现空气对流和散热效果。

一般建议安装高度为 2.5～3.5m 之间，根据厂房的顶棚高度和具体需求可以进行调整。

②间隔要求：空调末端之间的设备间隔应根据具体的空调系统类型和热负荷计算进行确定。

通常建议设备之间的间隔距离在 3～5m 之间，以确保足够的空气流通和散热效果。

间隔距离也可以根据厂房的大小、工艺流程和设备布局进行调整。

需要注意的是，以上仅作为参考，实际安装位置和要求应根据具体的工厂条件和空调系统设计来确定。建议在进行安装之前，咨询专业的空调工程师或技术人员，以确保最佳的空调布局和效果。

3）安装角度：单击【安装角度】按钮，弹出空调末端安装角度要求的学习框，如图 8-27 所示。在构件厂空调系统中，出风口的安装角度需要遵循一定的规范，以确保空气流动的效率和舒适性。

一般来说，出风口的安装角度应该是垂直于地面或者稍微向下倾斜，这样可以使空气流动更加自然，同时也可以避免风口内部积尘和堵塞。

4）安装流程：单击【安装流程】按钮，弹出空调末端安装流程的学习框，如图 8-28 所示。构件厂空调系统中出风口的安装流程可以概括为以下几个步骤。

①确定出风口位置：根据空调系统的设计方案和实际需求，在施工现场确定出风口的位置和数量。

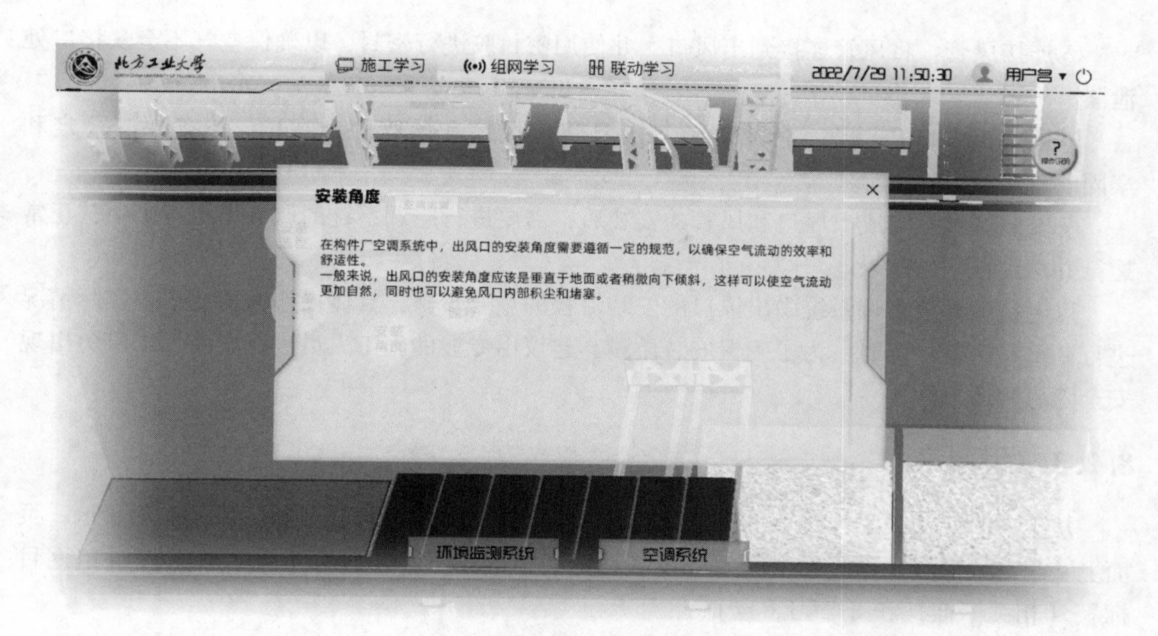

图 8-27　生产阶段空调末端安装角度

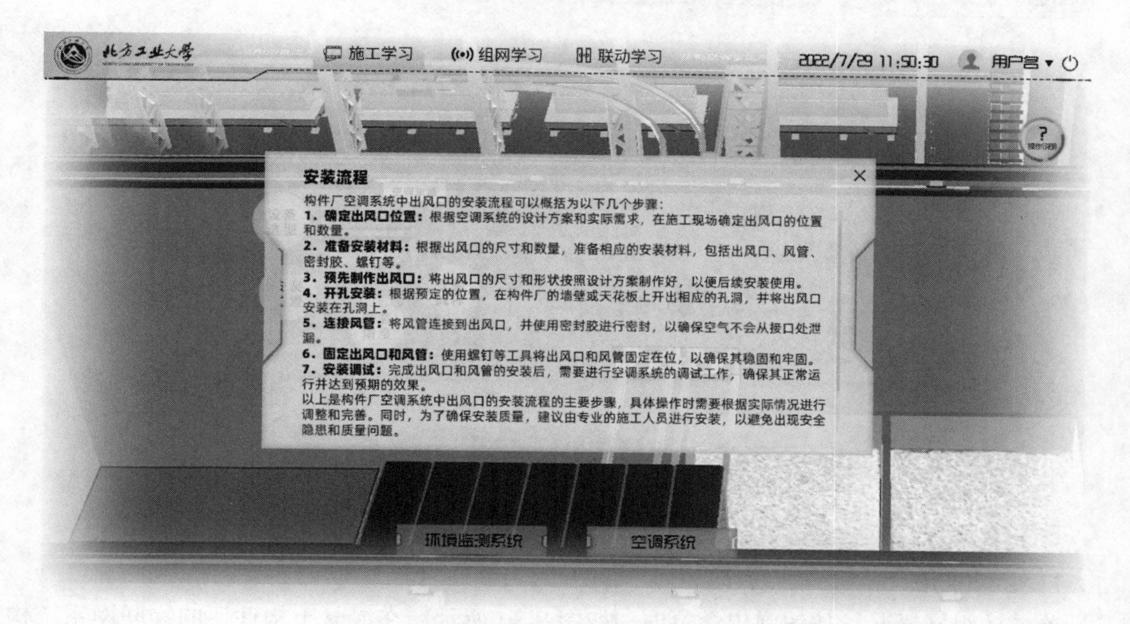

图 8-28　生产阶段空调末端安装流程

②准备安装材料：根据出风口的尺寸和数量，准备相应的安装材料，包括出风口、风管、密封胶、螺钉等。

③预先制作出风口：将出风口的尺寸和形状按照设计方案制作好，以便后续安装使用。

④开孔安装：根据预定的位置，在构件厂的墙壁或顶棚上开出相应的孔洞，并将出风口安装在孔洞上。

⑤连接风管：将风管连接到出风口，并使用密封胶进行密封，以确保空气不会从接口处泄漏。

⑥固定出风口和风管：使用螺钉等工具将出风口和风管固定在位，以确保其稳定和牢固。

⑦安装调试：完成出风口和风管的安装后，需要进行空调系统的调试工作，确保其正常运行并达到预期的效果。

以上是构件厂空调系统中出风口的安装流程的主要步骤，具体操作时需要根据实际情况进行调整和完善。同时，为了确保安装质量，建议由专业的施工人员进行安装，以避免出现安全隐患和质量问题。

8.2.3 组网学习

从生产阶段初级学习菜单页单击【组网学习】按钮进入组网学习，如图 8-29 所示。页面上基于三维混凝土预制构件厂 BIM 模型设置了四个按钮，分别为【组网概况】、【组网目标】、【相关标准】和【学习重点】。

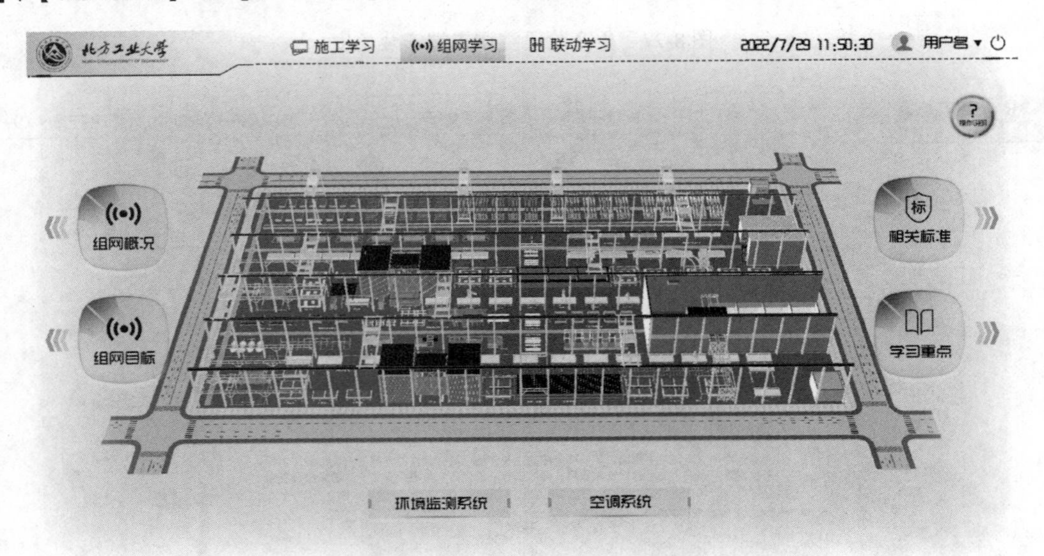

图 8-29 生产阶段初级学习组网学习

1. 组网概况

单击【组网概况】按钮弹出学习框，如图 8-30 所示。在混凝土构件厂的物联网系统构建中，主要包含了物联网的三大核心组成部分：感知层、网络层和应用层。

（1）感知层 这一层主要由各种物理设备和传感器组成，用于采集现场环境和设备状态信息。这些设备和传感器被安装在生产线关键部位，如混凝土搅拌机、模具、起重设备等，用以实时收集生产数据，如环境温湿度、设备运行状态、混凝土成分比例、硬化时间等。

（2）网络层 这一层主要负责数据的传输和处理。收集到的数据通过物联网网关设备，利用有线或无线通信技术（如以太网、Wi-Fi、4G、5G、LoRa 等）传输到数据处理中心。数据处理中心通常设有大数据平台和云计算设备，进行数据的整合、分析和存储。

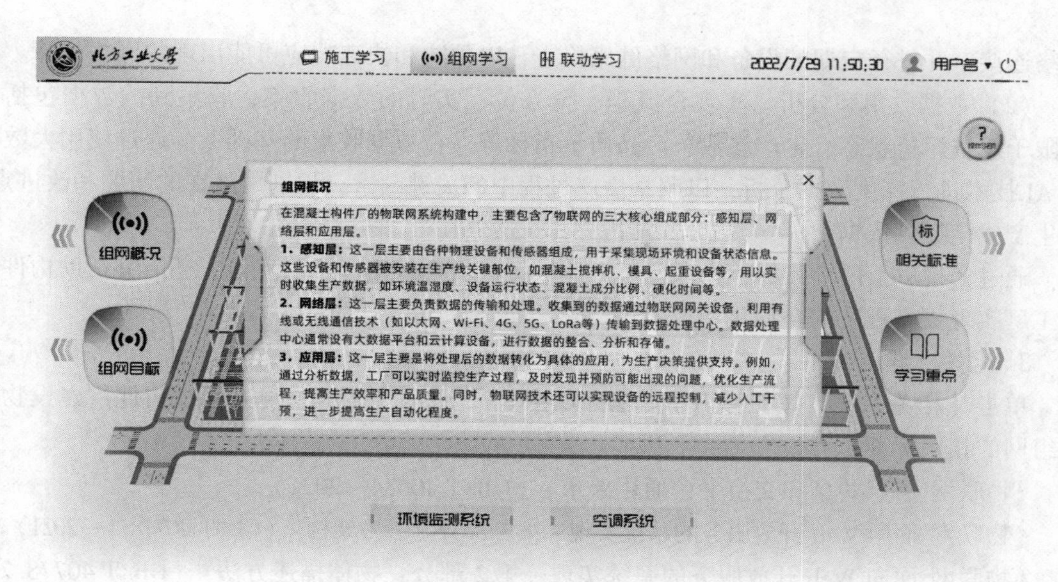

图 8-30　生产阶段初级学习组网概况

（3）应用层　这一层主要是将处理后的数据转化为具体的应用，为生产决策提供支持。例如，通过分析数据，工厂可以实时监控生产过程，及时发现并预防可能出现的问题，优化生产流程，提高生产效率和产品质量。同时，物联网技术还可以实现设备的远程控制，减少人工干预，进一步提高生产自动化程度。

2. 组网目标

单击【组网目标】按钮弹出学习框，如图 8-31 所示。在混凝土构件厂的物联网组网中，主要设定两个关键目标。

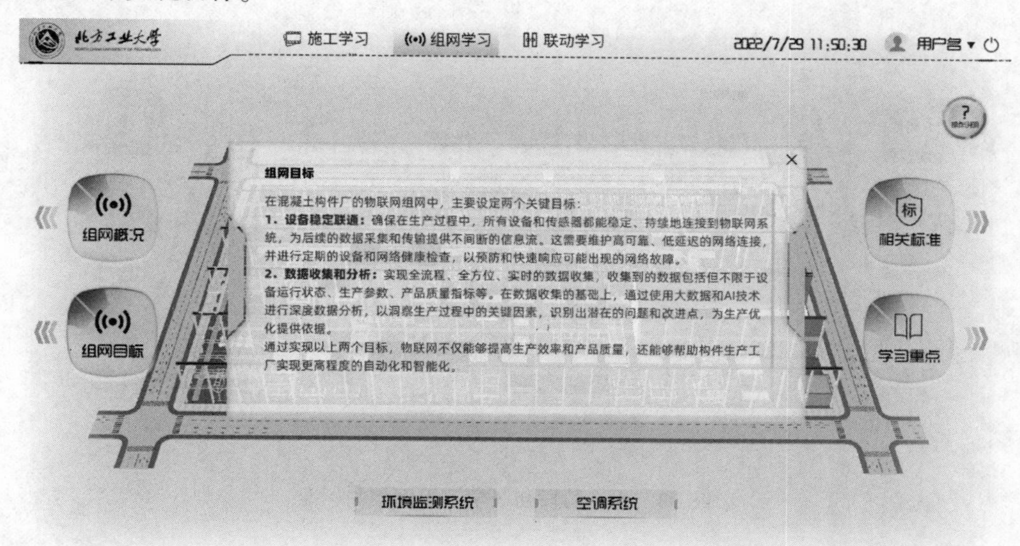

图 8-31　生产阶段初级学习组网目标

（1）设备稳定联通　确保在生产过程中，所有设备和传感器都能稳定、持续地连接到物联网系统，为后续的数据采集和传输提供不间断的信息流。这需要维护高可靠、低延迟的网络连接，并进行定期的设备和网络健康检查，以预防和快速响应可能出现的网络故障。

（2）数据收集和分析　实现全流程、全方位、实时的数据收集，收集到的数据包括但不限于设备运行状态、生产参数、产品质量指标等。在数据收集的基础上，通过使用大数据和 AI 技术进行深度数据分析，以洞察生产过程中的关键因素，识别出潜在的问题和改进点，为生产优化提供依据。

通过实现以上两个目标，物联网不仅能够提高生产效率和产品质量，还能够帮助构件生产工厂实现更高程度的自动化和智能化。

3. 相关标准

单击【相关标准】按钮弹出学习框，如图 8-32 所示，显示混凝土预制构件厂建设物联网组网的相关标准：

《物联网 信息共享和交换平台通用要求》（GB/T 40684—2021）

《物联网 面向 Web 开放服务的系统实现　第 1 部分：参考架构》（GB/T 40778. 1—2021）

《物联网 面向 Web 开放服务的系统实现　第 2 部分：物体描述方法》（GB/T 40778. 2—2021）

《物联网 生命体征感知设备通用规范》（GB/T 40687—2021）

《物联网 生命体征感知设备数据接口》（GB/T 40688—2021）

《面向智慧城市的物联网技术应用指南》（GB/T 36620—2018）

《预拌混凝土智能工厂评价要求》（T/CBMF 89—2020/ T/CCPA 16—2020）

《混凝土预制构件智能工厂 通则》（T/TMAC 012. 1—2019）

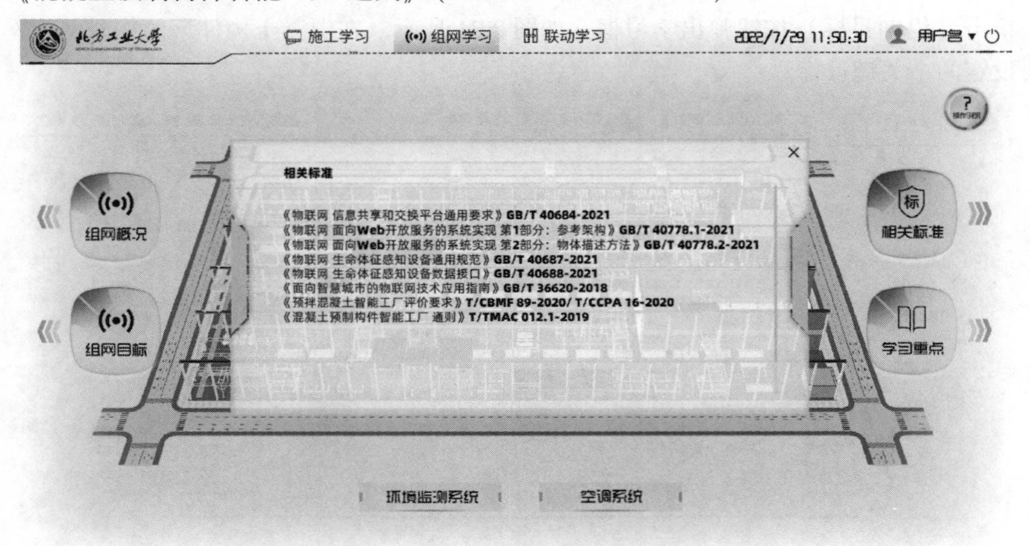

图 8-32　生产阶段初级学习组网相关标准

4. 学习重点

单击【学习重点】按钮弹出学习框，如图 8-33 所示，显示组网学习的学习重点。

（1）物联网系统架构　理解系统的结构和组成部分。了解每个组件的功能和相互之间的关系。

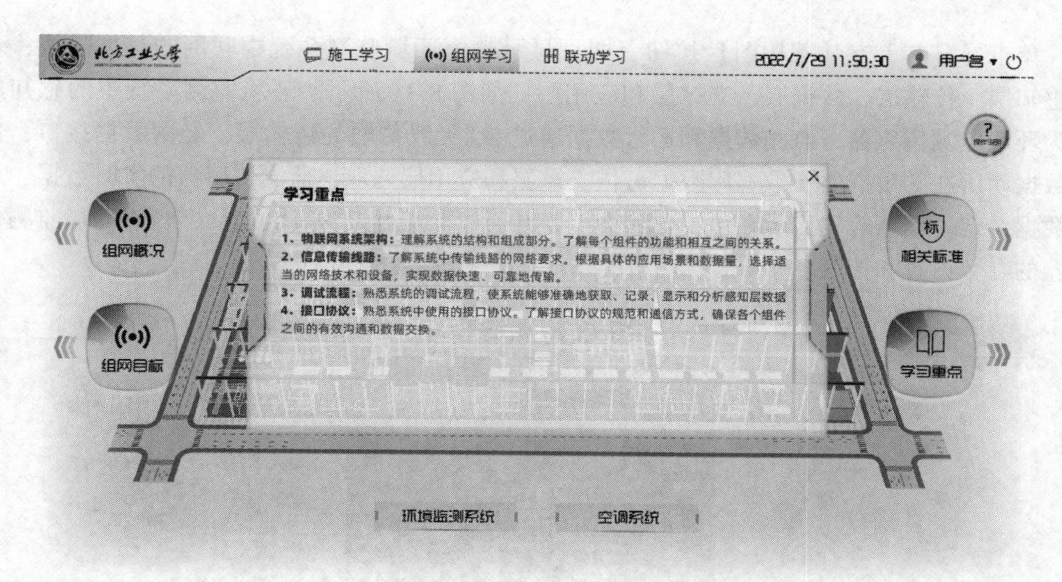

图 8-33　生产阶段初级学习组网学习重点

（2）信息传输线路　了解系统中传输线路的网络要求。根据具体的应用场景和数据量，选择适当的网络技术和设备，实现数据快速、可靠地传输。

（3）调试流程　熟悉系统的调试流程，使系统能够准确地获取、记录、显示和分析感知层数据。

（4）接口协议　熟悉系统中使用的接口协议。了解接口协议的规范和通信方式，确保各个组件之间的有效沟通和数据交换。

5. 环境监测系统

（1）环境监测系统-架构图　单击屏幕下方【环境监测系统】，进入环境监测系统的学习。三维场景中会高亮标识出环境监测系统，包括硬件设备、信息传输线路和相关技术，信息传输线路中虚线为无线传输，实线为有线传输，如图 8-34 所示。

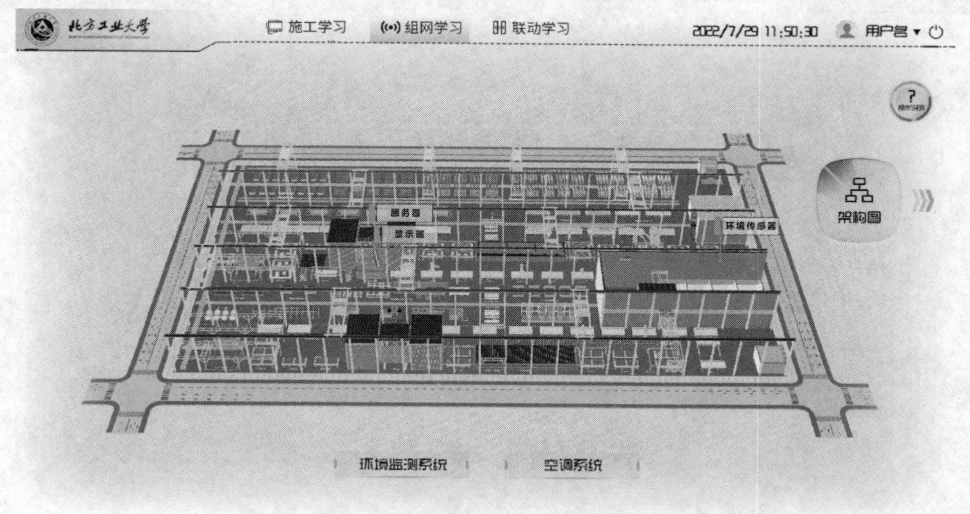

图 8-34　生产阶段环境监测系统

单击屏幕右上方【架构图】按钮，即可显示整个环境监测系统物联网的整体架构，包括感知层、传输层、数据层、支撑层和应用层，如图 8-35 所示。环境监测系统中的感知层即为环境监测传感器，监测数据和运行数据通过 5G 无线传输的传输层，经由数据接口，传入数据库所在的数据层，数据库数据可供支撑层和应用层调取，监测传感器的实时数据、历史数据、定位信息等均显示在可视化界面上，并通过前端开发交互功能，实现对环境监测传感器的参数设置和控制。

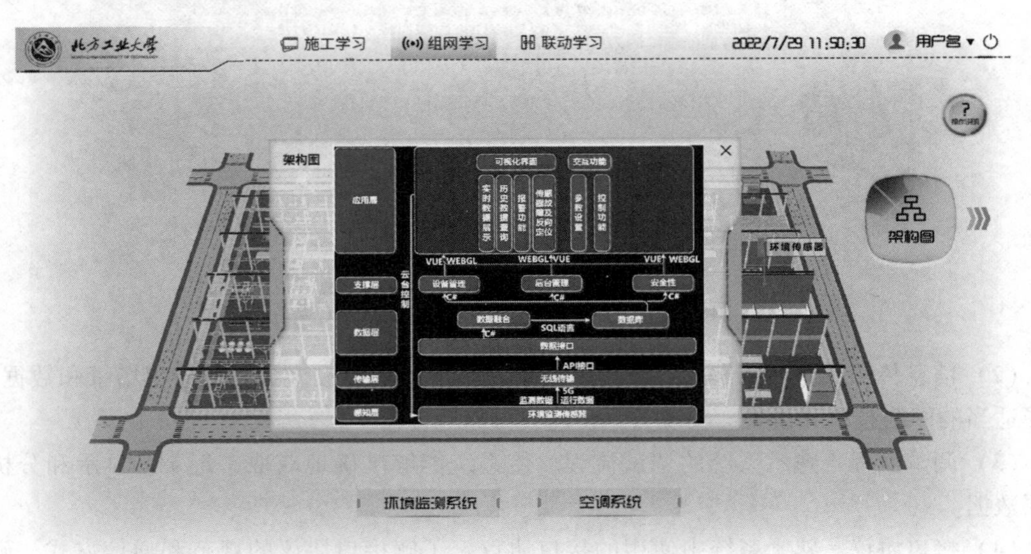

图 8-35　生产阶段环境监测系统组网架构图

（2）信息传输线路　单击三维模型中的信息传输线路，出现相关学习按钮，包括【网络要求】、【调试流程】和【接口协议】，如图 8-36 所示。

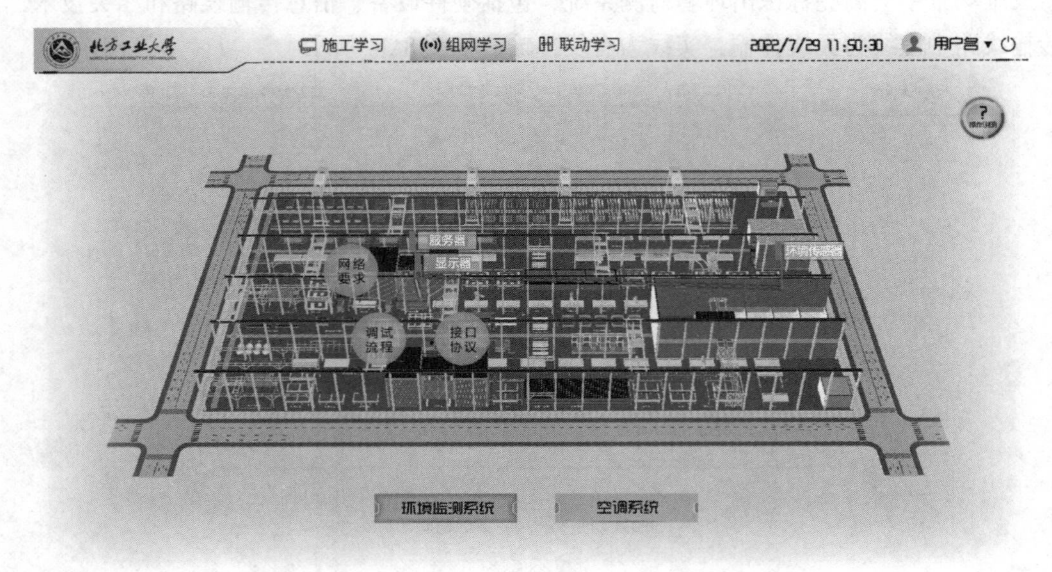

图 8-36　生产阶段环境监测系统信息传输线路

1）网络要求：单击【网络要求】按钮，弹出环境监测系统信息传输线路网络要求的学习框，如图 8-37 所示。环境监测系统通常需要实时监测和传输大量的环境数据，因此网络类型的选择需要满足以下要求：

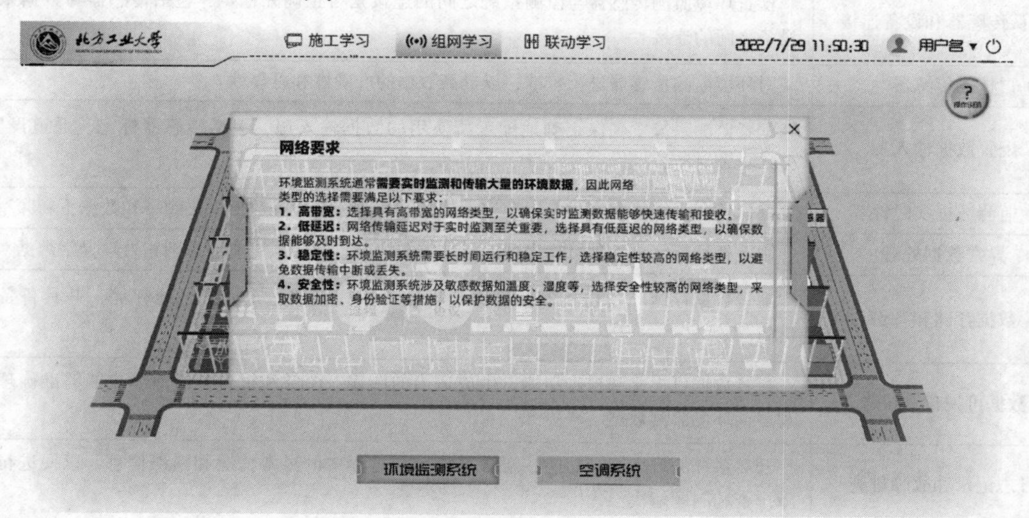

图 8-37　生产阶段环境监测系统信息传输线路网络要求

①高带宽：选择具有高带宽的网络类型，以确保实时监测数据能够快速传输和接收。

②低延迟：网络传输延迟对于实时监测至关重要，选择具有低延迟的网络类型，以确保数据能够及时到达。

③稳定性：环境监测系统需要长时间运行和稳定工作，选择稳定性较高的网络类型，以避免数据传输中断或丢失。

④安全性：环境监测系统涉及敏感数据，如温度、湿度等，选择安全性较高的网络类型，采取数据加密、身份验证等措施，以保护数据的安全。

2）调试流程：单击【调试流程】按钮，弹出环境监测系统信息传输线路调试流程的学习框，如图 8-38 所示。环境监测系统信息传输线路调试流程主要内容见表 8-5。

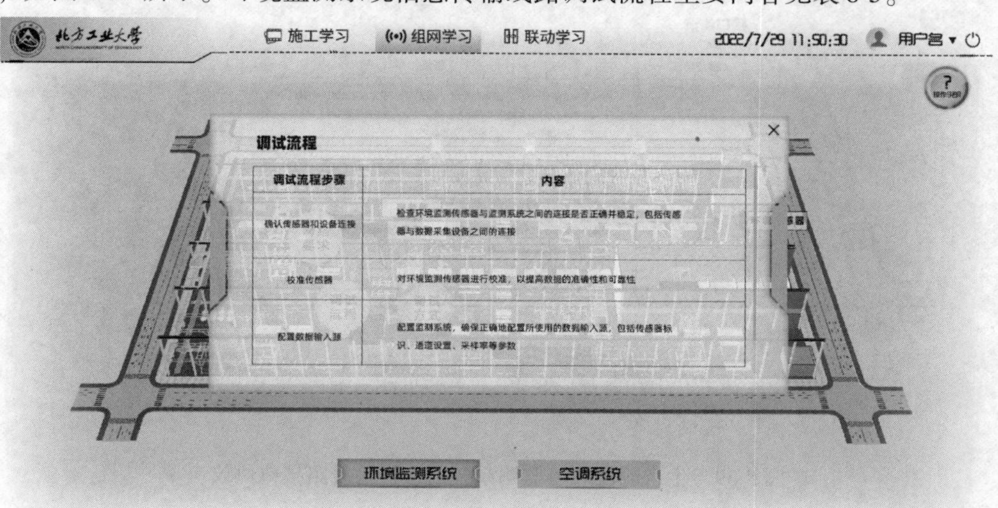

图 8-38　生产阶段环境监测系统信息传输线路调试流程

表 8-5　环境监测系统信息传输线路调试流程

调试流程步骤	内容
确认传感器和设备连接	检查环境监测传感器与监测系统之间的连接是否正确并稳定，包括传感器与数据采集设备之间的连接
校准传感器	对环境监测传感器进行校准，以提高数据的准确性和可靠性
配置数据输入源	配置监测系统，确保正确地配置所使用的数据输入源，包括传感器标志、通道设置、采样率等参数
监测数据实时性	确保监测系统能够实时显示和记录传感器的数据，检查数据采集频率和数据更新频率
异常数据处理	制定处理策略，处理可能出现的异常数据情况，确保系统能够识别和处理异常数据
数据存储和备份	配置数据存储和备份机制，确保环境监测数据能够稳定、安全地存储，并具备备份措施
数据可视化和报告	配置数据可视化和报告功能，生成适当的图表、图像和报告，以便用户能够准确理解和解读环境监测数据
日志记录和故障排查	开启系统的日志记录功能，记录系统运行过程中的异常情况和错误信息，以便进行故障排查和问题解决
安全性考虑	确保环境监测系统具备必要的安全性保护措施，如数据加密、身份验证、访问控制等
测试和验证	在正式使用之前，进行充分的测试和验证，确保系统的各项功能正常运行，并验证环境监测数据的准确性和一致性

3）接口协议：单击【接口协议】按钮，弹出环境监测系统信息传输线路接口协议的学习框，如图 8-39 所示。在环境监测系统的信息传输线路方面，可能的接口协议选项见表 8-6。

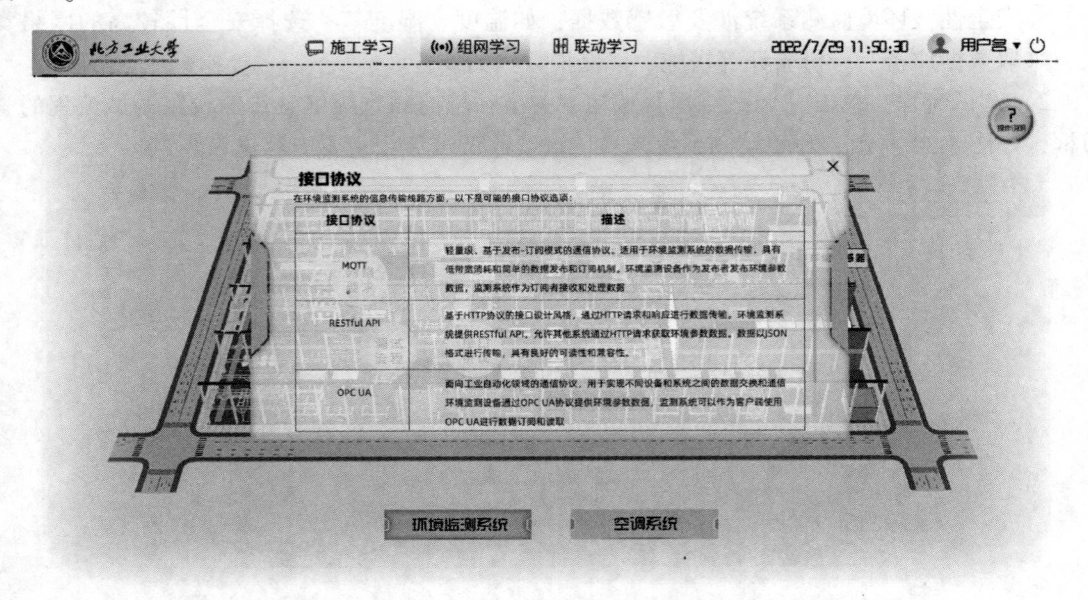

图 8-39　生产阶段环境监测系统信息传输线路接口协议

表 8-6 环境监测系统信息传输线路接口协议

接口协议	描述
MQTT	轻量级、基于发布-订阅模式的通信协议。适用于环境监测系统的数据传输，具有低带宽消耗和简单的数据发布和订阅机制。环境监测设备作为发布者发布环境参数数据，监测系统作为订阅者接收和处理数据
RESTful API	基于 HTTP 协议的接口设计风格，通过 HTTP 请求和响应进行数据传输。环境监测系统提供 RESTful API，允许其他系统通过 HTTP 请求获取环境参数数据。数据以 JSON 格式进行传输，具有良好的可读性和兼容性
OPC UA	面向工业自动化领域的通信协议，用于实现不同设备和系统之间的数据交换和通信。环境监测设备通过 OPC UA 协议提供环境参数数据，监测系统可以作为客户端使用 OPC UA 进行数据订阅和读取

6. 空调系统

（1）空调系统-架构图　单击屏幕下方【空调系统】，进入空调系统的学习。三维场景中会高亮标识出空调系统，包括硬件设备和信息传输线路和相关技术，信息传输线路中虚线为无线传输，实线为有线传输，如图 8-40 所示。

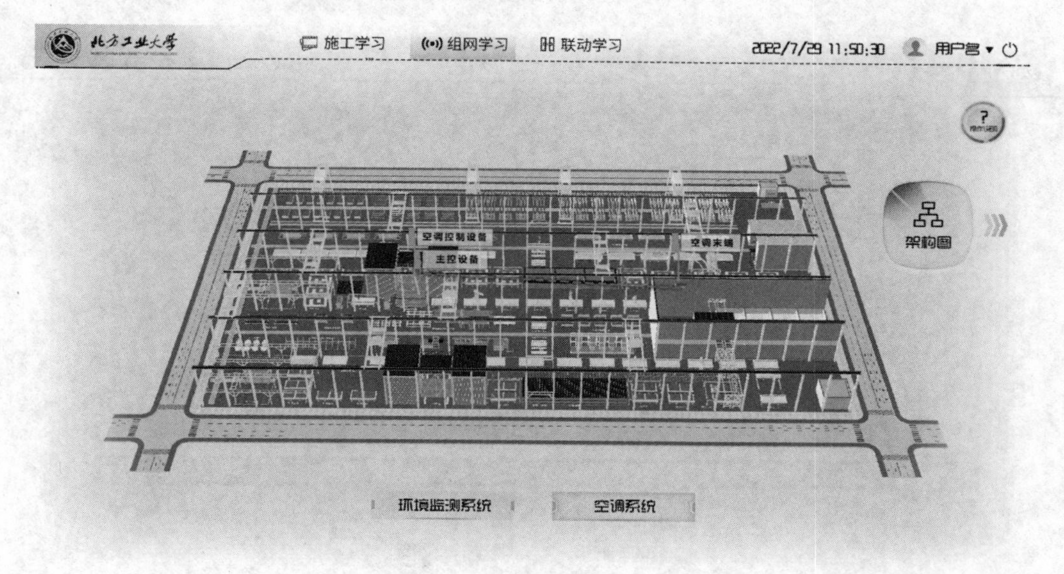

图 8-40　生产阶段空调系统

单击屏幕右上方【架构图】按钮，即可显示整个空调系统物联网的整体架构，包括感知层、传输层、数据层、支撑层和应用层，如图 8-41 所示。空调系统中的感知层即为空调设备，运行数据通过有线传输的传输层，经由 API 数据接口，传入数据库所在的数据层，数据库数据可供支撑层和应用层调取，空调设备的实时数据显示在可视化界面上，并通过前端开发交互功能，实现对空调设备的参数设置和控制。

（2）信息传输线路　单击三维模型中的信息传输线路，出现相关学习按钮，包括【网络要求】、【调试流程】和【接口协议】，如图 8-42 所示。

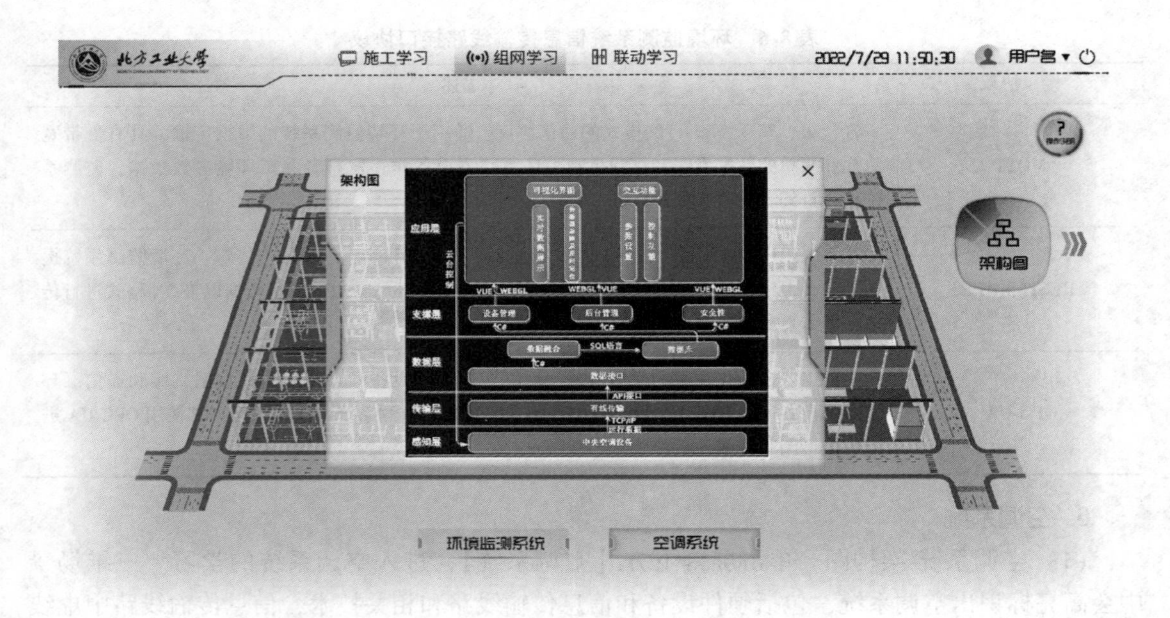

图 8-41　生产阶段空调系统架构图

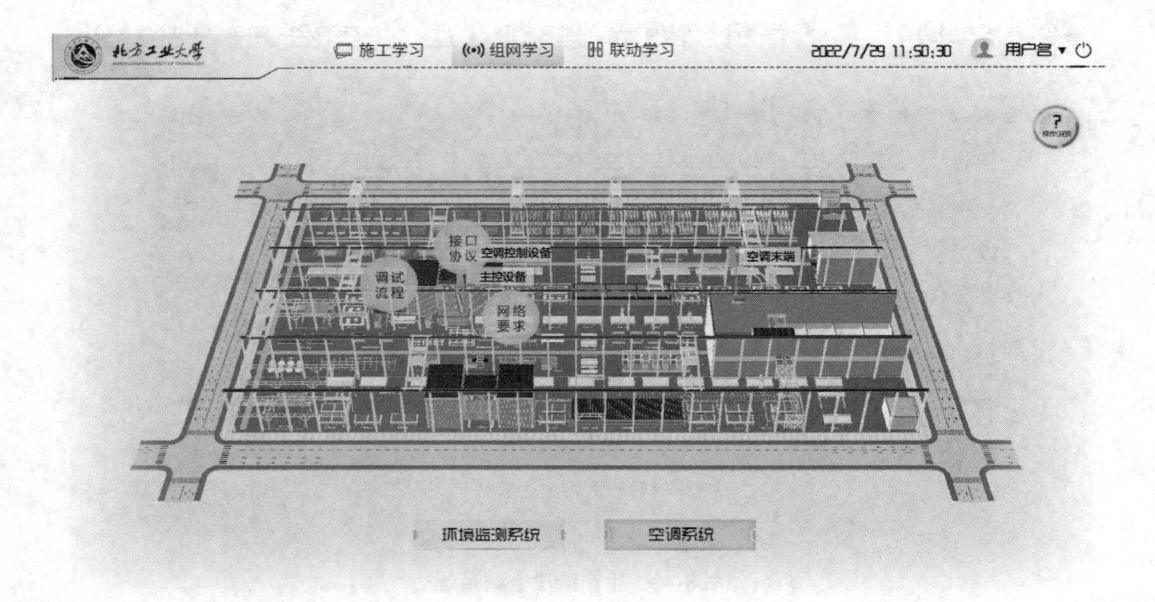

图 8-42　生产阶段空调系统信息传输线路

1）网络要求：单击【网络要求】按钮，弹出空调系统信息传输线路网络要求的学习框，如图 8-43 所示。空调系统的信息传输线路主要用于控制和监测空调设备的运行状态和环境数据，因此网络类型的选择考虑以下要求。

①可靠性：选择可靠性较高的网络类型，确保空调系统与监控中心之间的数据传输稳定可靠，保证空调设备的正常运行和监测数据的准确性。

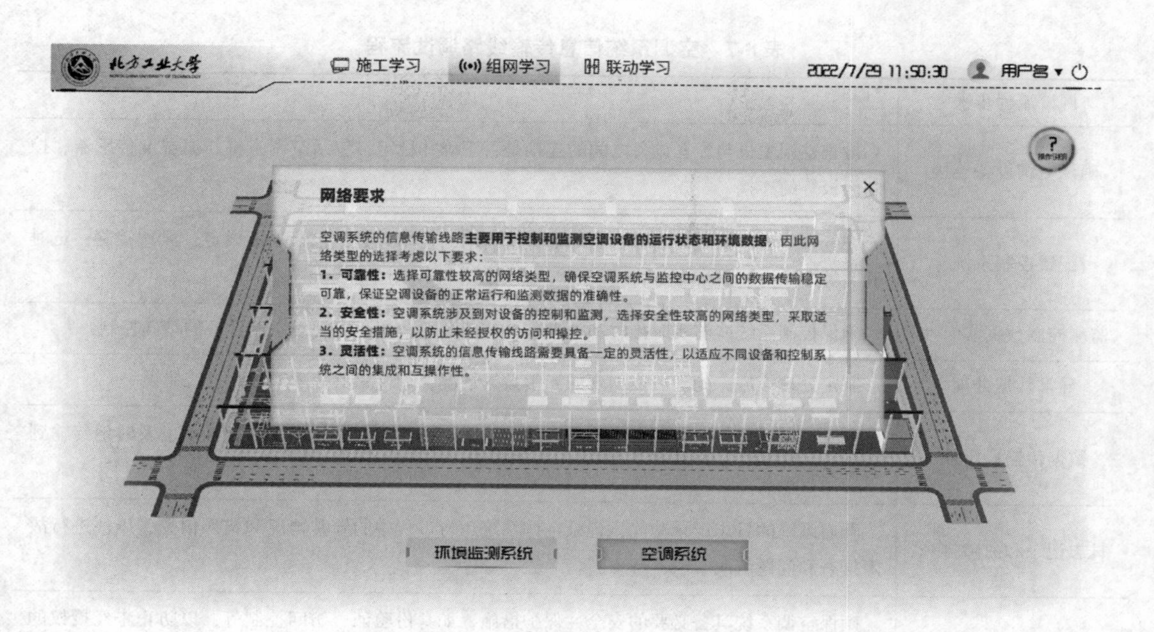

图 8-43　生产阶段空调系统信息传输线路网络要求

②安全性：空调系统涉及对设备的控制和监测，选择安全性较高的网络类型，采取适当的安全措施，以防止未经授权的访问和操控。

③灵活性：空调系统的信息传输线路需要具备一定的灵活性，以适应不同设备和控制系统之间的集成和互操作性。

2）调试流程：单击【调试流程】按钮，弹出空调系统信息传输线路调试流程的学习框，如图 8-44 所示。空调系统信息传输线路调试流程主要内容见表 8-7。

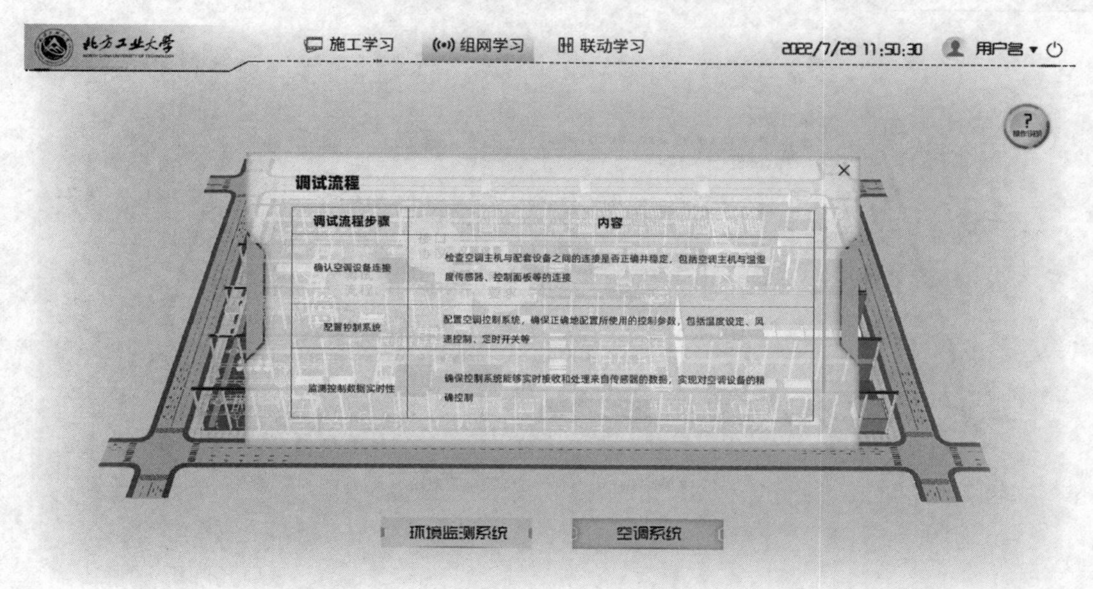

调试流程步骤	内容
确认空调设备连接	检查空调主机与配套设备之间的连接是否正确并稳定，包括空调主机与温湿度传感器、控制面板等的连接
配置控制系统	配置空调控制系统，确保正确地配置所使用的控制参数，包括温度设定、风速控制、定时开关等
监测控制数据实时性	确保控制系统能够实时接收和处理来自传感器的数据，实现对空调设备的精确控制

图 8-44　生产阶段空调系统信息传输线路调试流程

表 8-7　空调系统信息传输线路调试流程

调试流程步骤	内容
确认空调设备连接	检查空调主机与配套设备之间的连接是否正确并稳定，包括空调主机与温湿度传感器、控制面板等的连接
配置控制系统	配置空调控制系统，确保正确地配置所使用的控制参数，包括温度设定、风速控制、定时开关等
监测控制数据实时性	确保控制系统能够实时接收和处理来自传感器的数据，实现对空调设备的精确控制
异常数据处理	制定处理策略，处理可能出现的异常数据情况，如传感器故障或控制系统错误
数据传输稳定性	检查控制系统与空调设备之间的数据传输稳定性，确保控制指令能够准确、及时地传输到空调设备
日志记录和故障排查	开启系统的日志记录功能，记录空调系统运行过程中的异常情况和错误信息，以便进行故障排查和问题解决
安全性考虑	确保空调系统具备必要的安全性保护措施，如身份验证、访问控制等，以防止未经授权的访问和操作
测试和验证	在正式使用之前，进行充分的测试和验证，确保空调系统的各项功能正常运行，并验证控制指令的准确性和响应性

3）接口协议：单击【接口协议】按钮，弹出空调系统信息传输线路接口协议的学习框，如图 8-45 所示。在空调系统的信息传输线路方面，可能的接口协议选项见表 8-8。

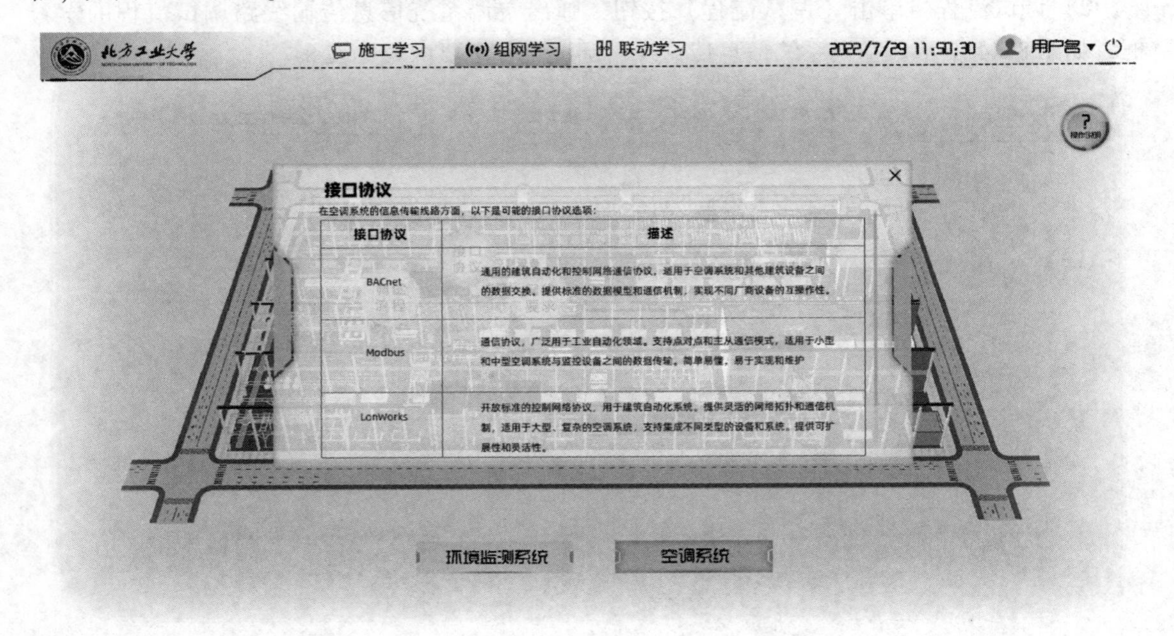

图 8-45　生产阶段空调系统信息传输线路接口协议

表 8-8　空调系统信息传输线路接口协议

接口协议	描述
BACnet	通用的建筑自动化和控制网络通信协议，适用于空调系统和其他建筑设备之间的数据交换。提供标准的数据模型和通信机制，实现不同厂商设备的互操作性
Modbus	通信协议，广泛用于工业自动化领域。支持点对点和主从通信模式，适用于小型和中型空调系统与监控设备之间的数据传输。简单易懂，易于实现和维护
LonWorks	开放标准的控制网络协议，用于建筑自动化系统。提供灵活的网络拓扑和通信机制，适用于大型、复杂的空调系统，支持集成不同类型的设备和系统。提供可扩展性和灵活性

8.2.4　联动学习

从生产阶段初级学习菜单页单击【联动学习】按钮进入联动学习，如图 8-46 所示。页面上基于三维混凝土预制构件厂 BIM 模型设置了四个按钮，分别为【联动概况】、【联动目标】、【相关标准】和【学习重点】。

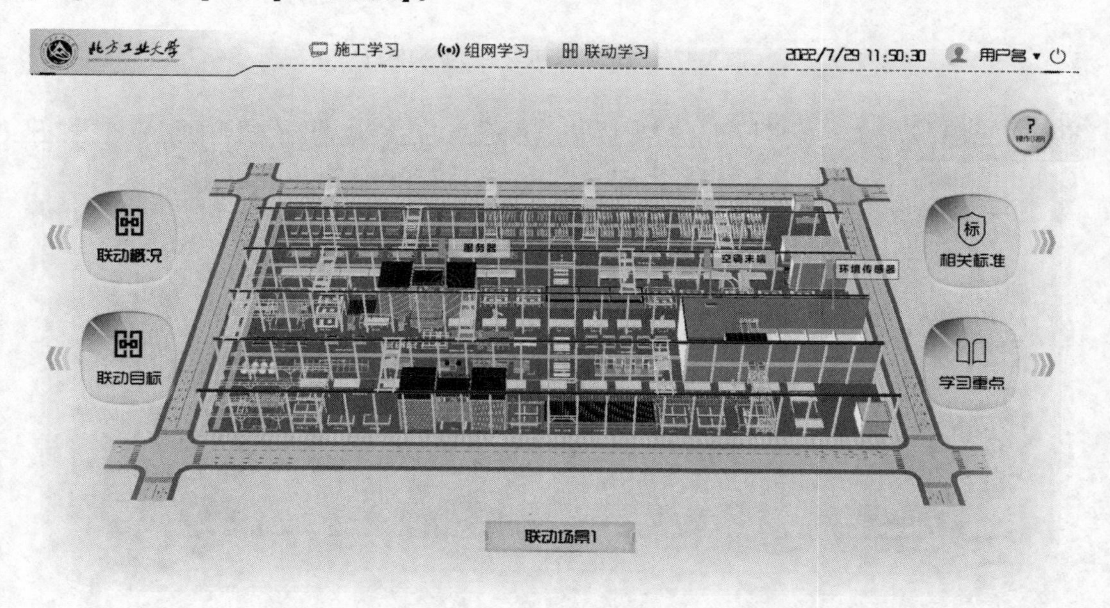

图 8-46　生产阶段初级学习联动学习

1. 联动概况

单击【联动概况】按钮弹出学习框，如图 8-47 所示。在构件厂中，物联网设备的联动是通过将多个智能设备连接到一个网络中，使得这些设备之间可以相互通信和协作，以实现自动化的生产和管理。

2. 联动目标

单击【联动目标】按钮弹出学习框，如图 8-48 所示。构件厂内物联网设备联动目标主要包括以下内容。

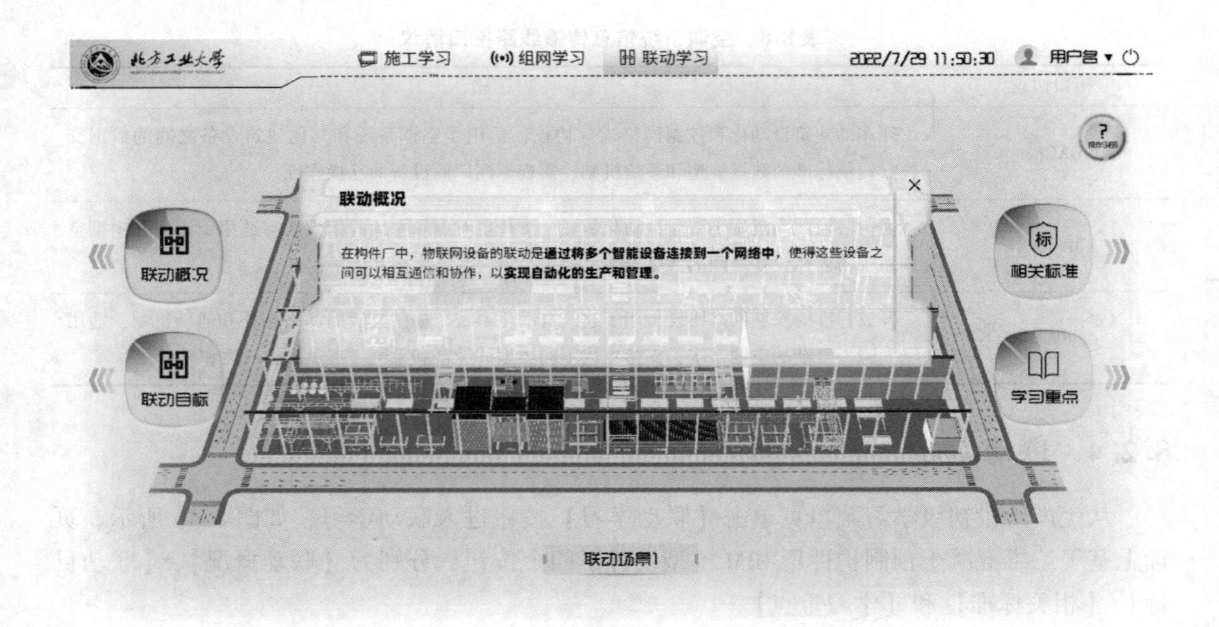

图 8-47　生产阶段初级学习联动概况

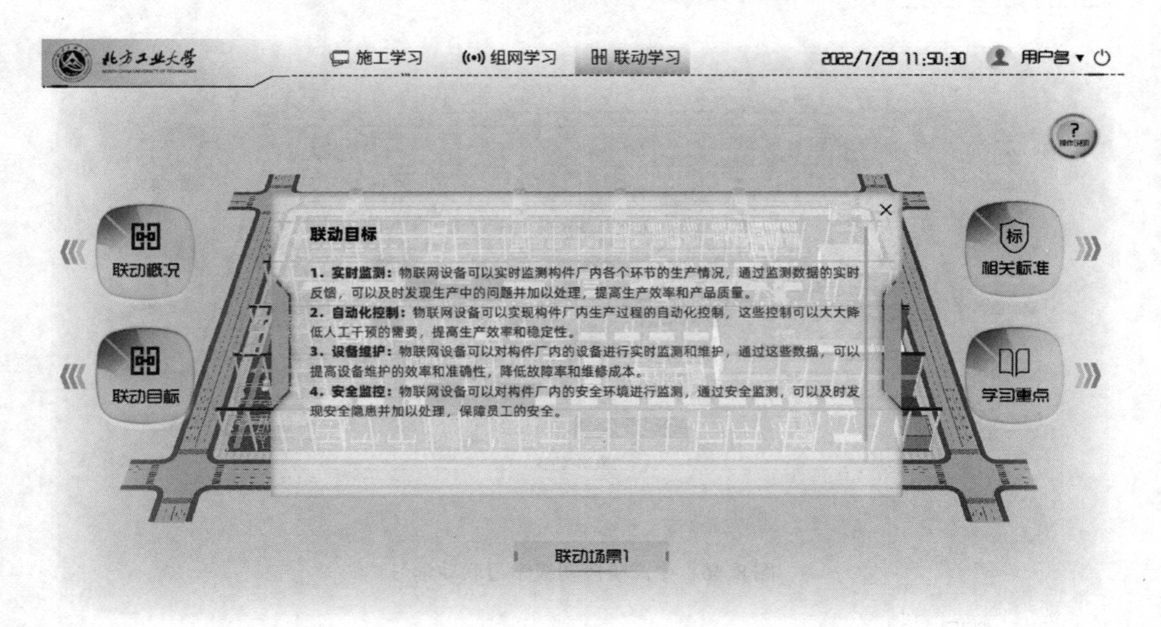

图 8-48　生产阶段初级学习联动目标

（1）实时监测　物联网设备可以实时监测构件厂内各个环节的生产情况，通过监测数据的实时反馈，可以及时发现生产中的问题并加以处理，提高生产效率和产品质量。

（2）自动化控制　物联网设备可以实现构件厂内生产过程的自动化控制，这些控制可以大大降低人工干预的需要，提高生产效率和稳定性。

（3）设备维护　物联网设备可以对构件厂内的设备进行实时监测和维护，通过这些数据，可以提高设备维护的效率和准确性，降低故障率和维修成本。

（4）安全监控　物联网设备可以对构件厂内的安全环境进行监测，通过安全监测，可以及时发现安全隐患并加以处理，保障员工的安全。

3. 相关标准

单击【相关标准】按钮弹出学习框，如图 8-49 所示，显示混凝土预制构件厂建设物联网联动的相关标准：

《物联网 感知控制设备接入　第 2 部分：数据管理要求》（GB/T 38637. 2—2020）

《工业物联网 数据采集结构化描述规范》（GB/T 38619—2020）

《预拌混凝土智能工厂评价要求》（T/CBMF 89—2020/ T/CCPA 16—2020）

《混凝土预制构件智能工厂 通则》（T/TMAC 012. 1—2019）

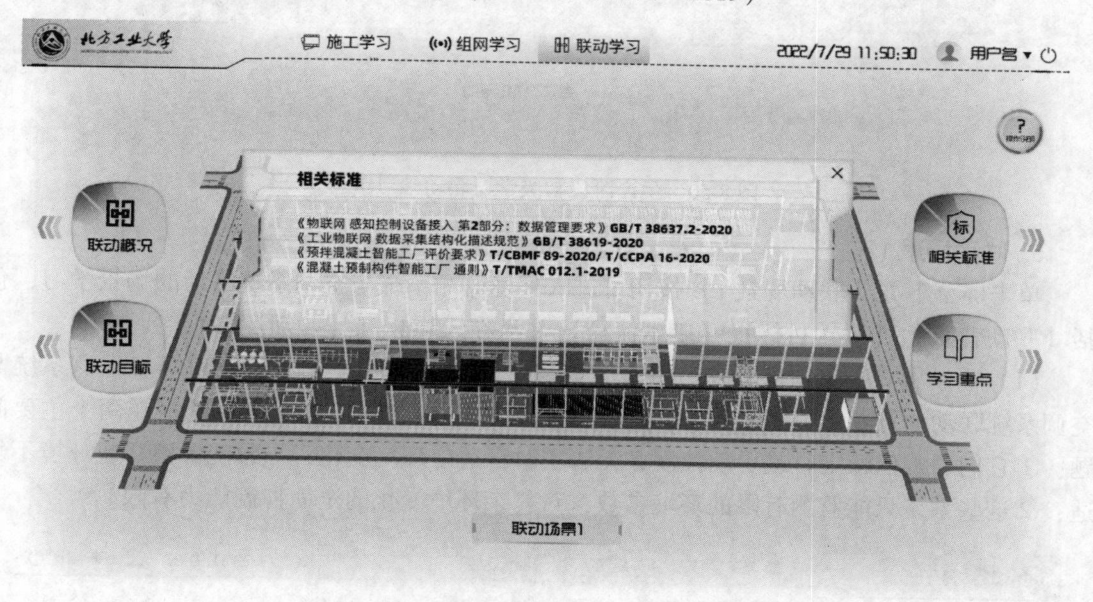

图 8-49　生产阶段初级学习联动相关标准

4. 学习重点

单击【学习重点】按钮弹出学习框，如图 8-50 所示，显示联动学习的学习重点。

（1）联动原理　了解不同设备之间的联动原理，以及设备之间的关系如何影响控制效果。例如，在构件厂中，温度传感器和空调系统之间的联动原理是根据温度传感器的测量值自动控制空调系统的启停和运行模式，以维持厂房内适宜的温度。

（2）联动逻辑　理解联动控制的逻辑和算法，以确定何时启动或停止设备，并且如何调节设备的运行模式和参数。例如，当温度传感器测量到的温度高于预设值时，联动控制系统应该启动空调制冷系统来降低温度，反之亦然。

（3）联动结果　了解联动控制系统的效果如何影响设备的运行和生产环境，以便进行优化和调整。例如，在温度控制系统中，可以通过分析温度传感器的数据，调整联动控制算法来提高系统的能效和稳定性。

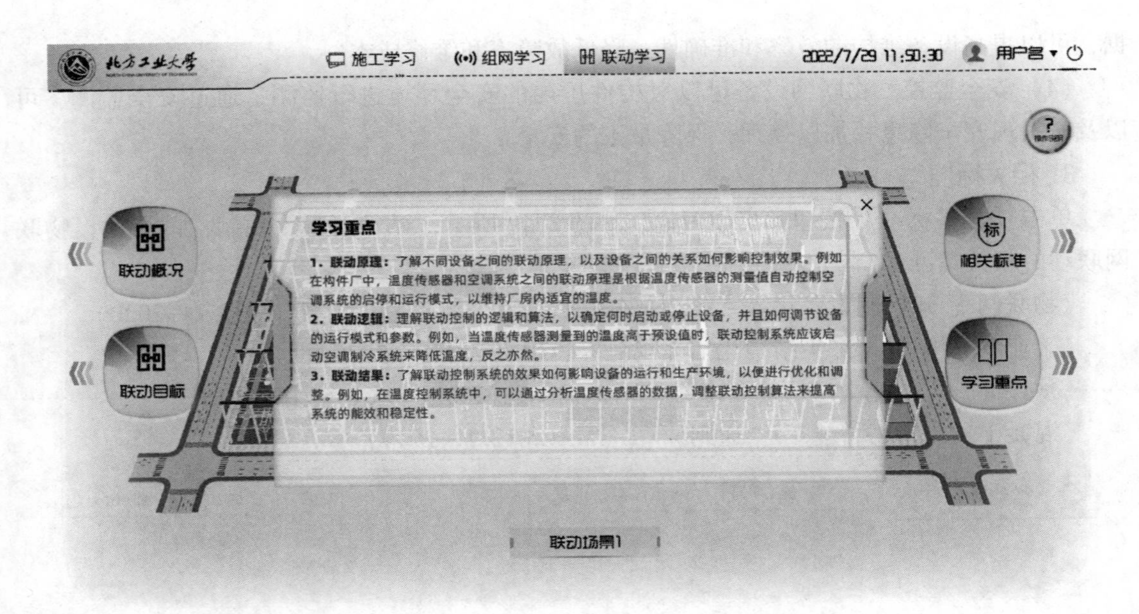

图 8-50　生产阶段初级学习联动学习重点

5. 联动场景 1

单击屏幕下方【联动场景 1】按钮可进入环境监测系统与空调系统联动的场景学习，包括【联动背景】、【联动目标】、【基本流程】、【潜在风险】和【联动逻辑】。

（1）联动背景　单击屏幕左方【联动背景】按钮，弹出学习框，讲解环境监测系统与空调系统联动的背景，如图 8-51 所示。在构件厂中，传统的环境调节系统存在两个主要问题：①它们通常依赖定时或手动控制，无法实时自适应环境变化，导致能源浪费或环境不舒适；②这些系统只能监测有限的环境参数，对复杂环境变化的全面控制能力有限。

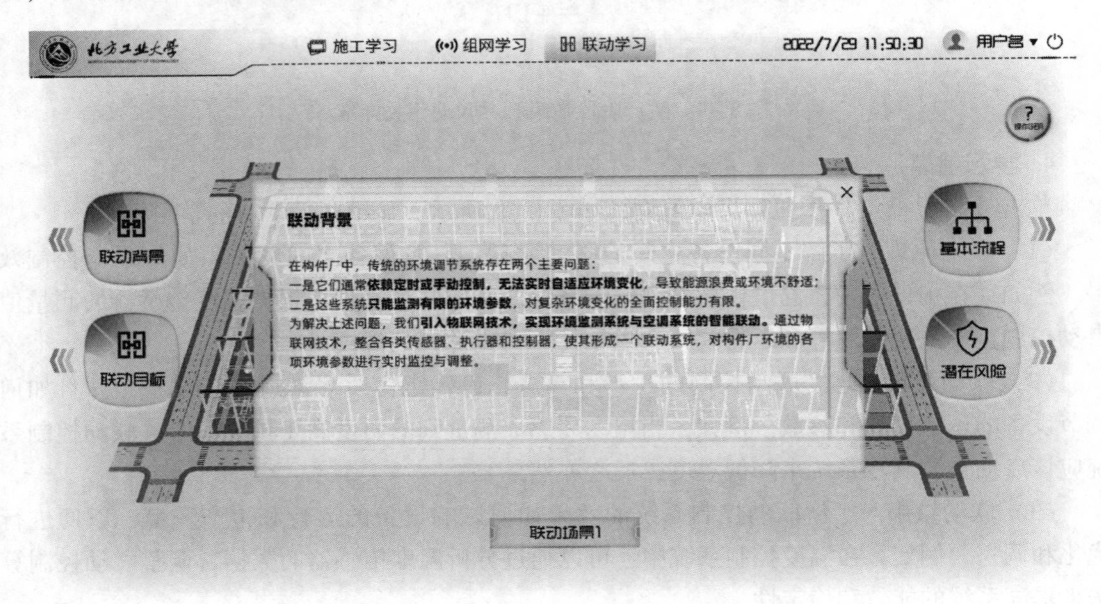

图 8-51　生产阶段联动场景 1 联动背景

为解决上述问题，我们引入物联网技术，实现环境监测系统与空调系统的智能联动。通过物联网技术，整合各类传感器、执行器和控制器，使其形成一个联动系统，对构件厂环境的各项环境参数进行实时监控与调整。

（2）联动目标　单击屏幕左方【联动目标】按钮，弹出学习框，讲解环境监测系统与空调系统联动的目标，如图 8-52 所示。

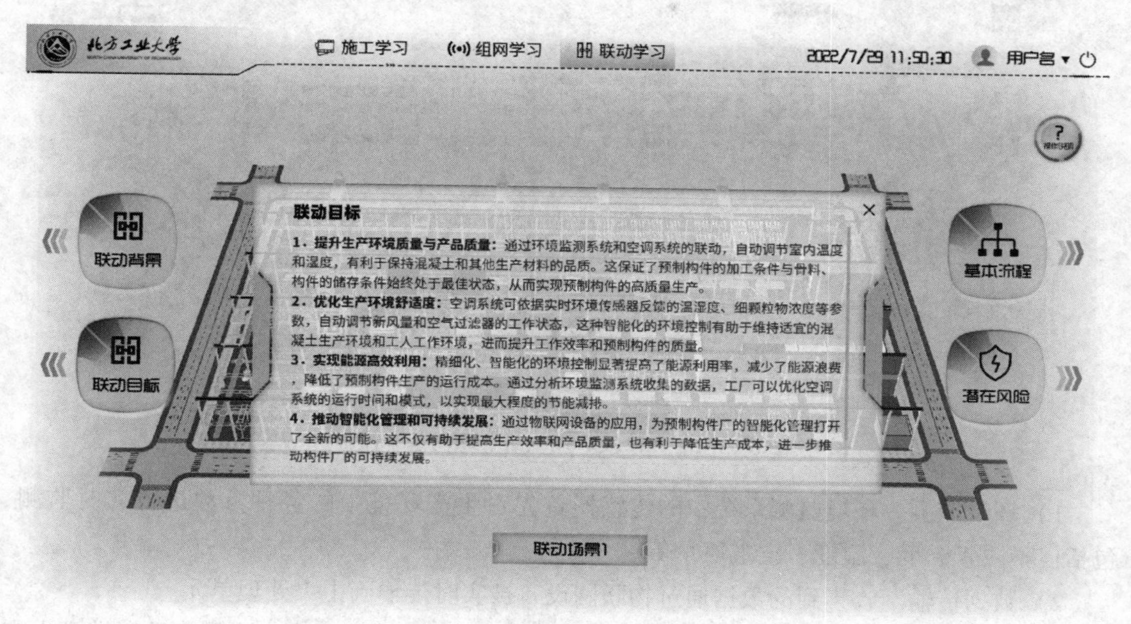

图 8-52　生产阶段联动场景 1 联动目标

1）提升生产环境质量与产品质量。通过环境监测系统和空调系统的联动，自动调节室内温度和湿度，有利于保持混凝土和其他生产材料的品质。这保证了预制构件的加工条件与骨料、构件的储存条件始终处于最佳状态，从而实现预制构件的高质量生产。

2）优化生产环境舒适度。空调系统可依据实时环境传感器反馈的温湿度、细颗粒物浓度等参数，自动调节新风量和空气过滤器的工作状态，这种智能化的环境控制有助于维持适宜的混凝土生产环境和工人工作环境，进而提升工作效率和预制构件的质量。

3）实现能源高效利用。精细化、智能化的环境控制显著提高了能源利用率，减少了能源浪费，降低了预制构件生产的运行成本。通过分析环境监测系统收集的数据，工厂可以优化空调系统的运行时间和模式，以实现最大程度的节能减排。

4）推动智能化管理和可持续发展。通过物联网设备的应用，为预制构件厂的智能化管理打开了全新的可能。这不仅有助于提高生产效率和产品质量，也有利于降低生产成本，进一步推动构件厂的可持续发展。

（3）基本流程　单击屏幕右方【基本流程】按钮，弹出学习框，讲解环境监测系统与空调系统联动的基本流程，如图 8-53 所示。环境监测系统与空调系统联动的基本流程和相关要求如下。

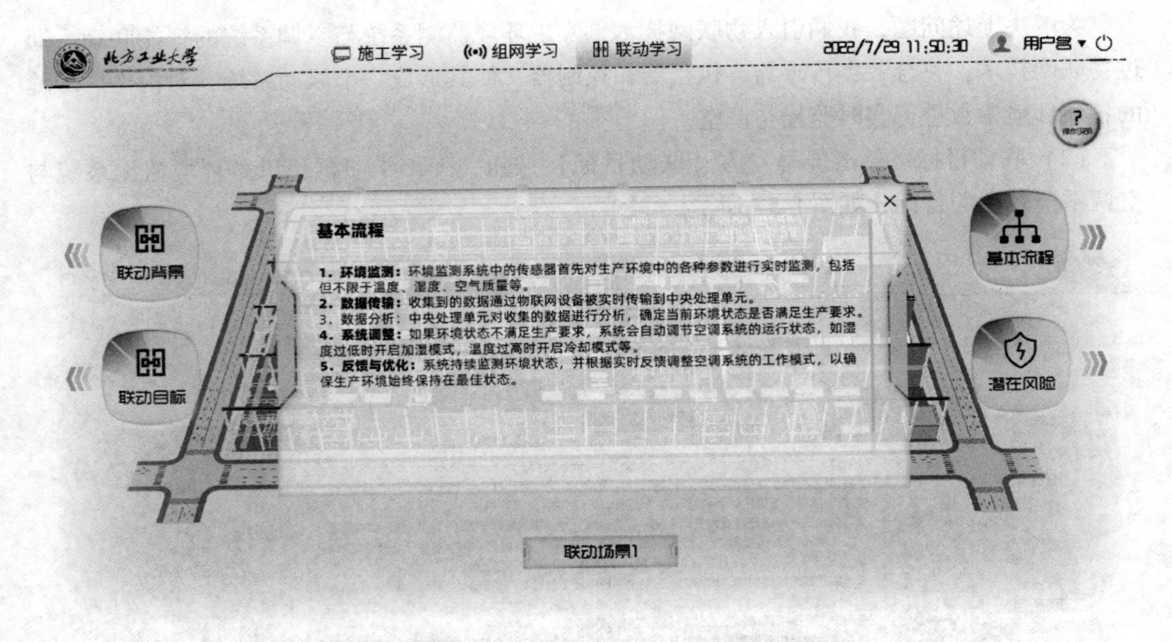

图 8-53　生产阶段联动场景 1 联动基本流程

1）环境监测。环境监测系统中的传感器首先对生产环境中的各种参数进行实时监测，包括但不限于温度、湿度、空气质量等。

2）数据传输。收集到的数据通过物联网设备被实时传输到中央处理单元。

3）数据分析。中央处理单元对收集的数据进行分析，确定当前环境状态是否满足生产要求。

4）系统调整。如果环境状态不满足生产要求，系统会自动调节空调系统的运行状态，如湿度过低时开启加湿模式，温度过高时开启冷却模式等。

5）反馈与优化。系统持续监测环境状态，并根据实时反馈调整空调系统的工作模式，以确保生产环境始终保持在最佳状态。

联动系统的基本要求包括：

①实时性：环境监测系统需要能够实时监测环境状态，并及时将数据传输给空调系统。

②精确性：传感器需要有足够的精度，以确保测量数据的准确性。

③稳定性：联动系统需要具有稳定的运行性能，能够持续不断地进行环境监测和系统调整。

④智能化：系统应能根据监测数据智能调整空调系统的运行状态，以满足生产环境的需求。

⑤能源效率：联动系统应能有效利用能源，通过优化空调系统的运行模式，实现能源的高效利用。

⑥可维护性：系统设计需要考虑到后期的维护工作，方便进行系统升级和维修。

（4）潜在风险　单击屏幕右方【潜在风险】按钮，弹出学习框，讲解环境监测系统与空调系统联动潜在风险，如图 8-54 所示。混凝土构件厂中的环境监测系统与空调系统联动可能存在以下潜在的风险。

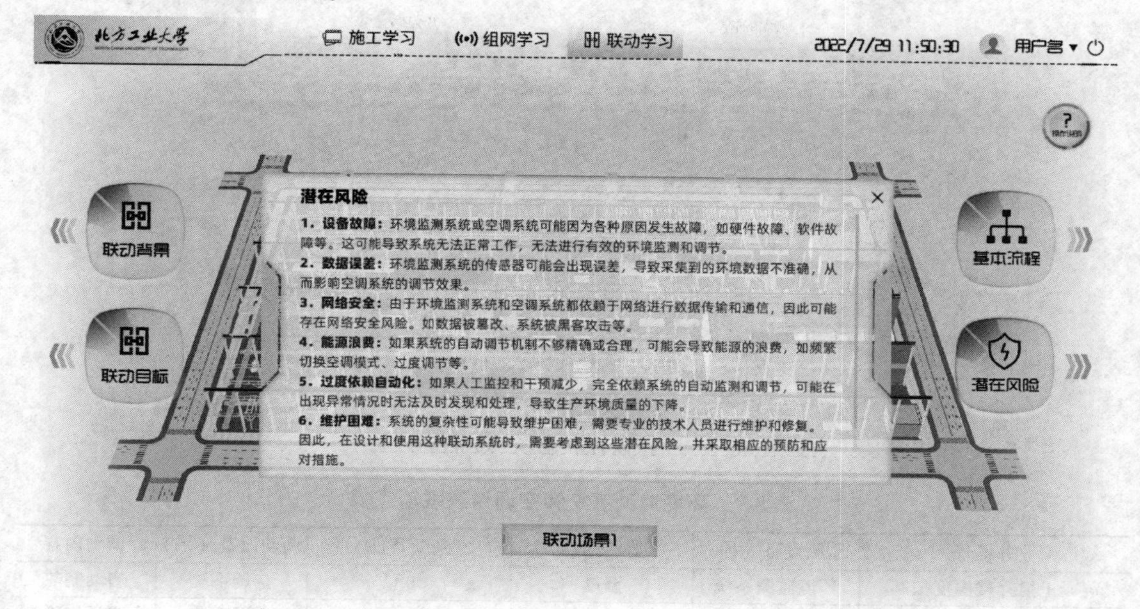

图 8-54　生产阶段联动场景 1 联动潜在风险

1）设备故障。环境监测系统或空调系统可能因为各种原因发生故障，如硬件故障、软件故障等。这可能导致系统无法正常工作，无法进行有效的环境监测和调节。

2）数据误差。环境监测系统的传感器可能会出现误差，导致采集到的环境数据不准确，从而影响空调系统的调节效果。

3）网络安全。由于环境监测系统和空调系统都依赖于网络进行数据传输和通信，因此可能存在网络安全风险。如数据被篡改、系统被黑客攻击等。

4）能源浪费。如果系统的自动调节机制不够精确或合理，可能会导致能源的浪费，如频繁切换空调模式、过度调节等。

5）过度依赖自动化。如果人工监控和干预减少，完全依赖系统的自动监测和调节，可能在出现异常情况时无法及时发现和处理，导致生产环境质量的下降。

6）维护困难。系统的复杂性可能导致维护困难，需要专业的技术人员进行维护和修复。

因此，在设计和使用这种联动系统时，需要考虑到这些潜在风险，并采取相应的预防和应对措施。

6. 联动逻辑

拉近场景，即可看到联动的因果逻辑，即环境监测系统为因，收集环境中温度、湿度等信息用于联动；空调末端为果，接收传感器数据后调整设备状态和参数，如图 8-55 所示。

单击屏幕左方【联动逻辑】按钮，弹出根据业务需求确定的环境监测系统和空调系统联动逻辑表（表 8-9），如图 8-56 所示。

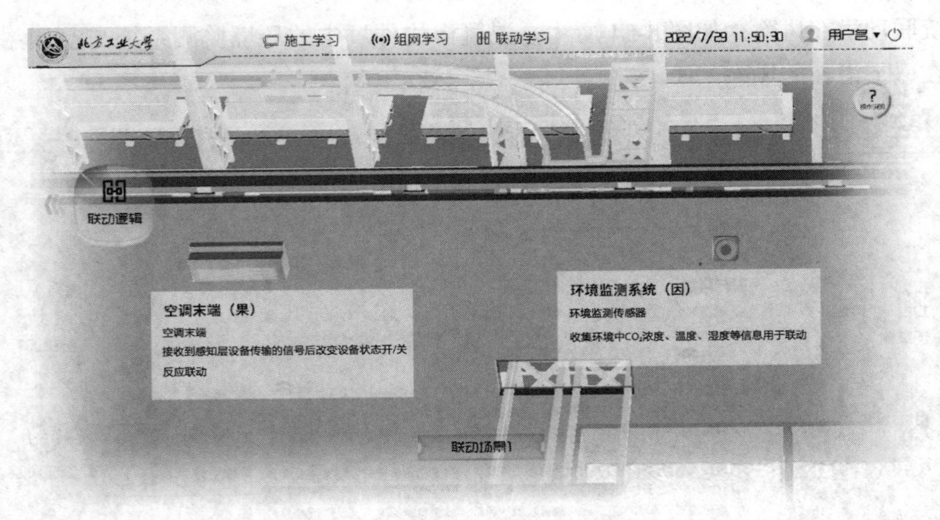

图 8-55　生产阶段联动场景 1 联动因果

表 8-9　环境监测系统和空调系统联动逻辑

业务场景	监测设备（因）	监测内容	判断条件	调动设备（果）	调动内容
混凝土搅拌楼温度控制	环境监测系统	温度	<0℃	空调系统	启动制热
预制构件加热养护温度控制	环境监测系统	温度	>70℃	空调系统	启动制冷
混凝土蒸汽养护温度控制	环境监测系统	温度	>70℃	空调系统	启动制冷
混凝土拆模温度控制	环境监测系统	温度	（环境温度－构件表面温度）>25℃	空调系统	启动制冷
混凝土标准养护室湿度控制	环境监测系统	湿度	<95%	空调系统	启动加湿
骨料堆场粉尘监控	环境监测系统	细颗粒物平均浓度	>75μg/m^3	空调系统	启动新风系统
搅拌站操作间粉尘监控	环境监测系统	总悬浮颗粒物浓度	>400μg/m^3	空调系统	启动新风系统

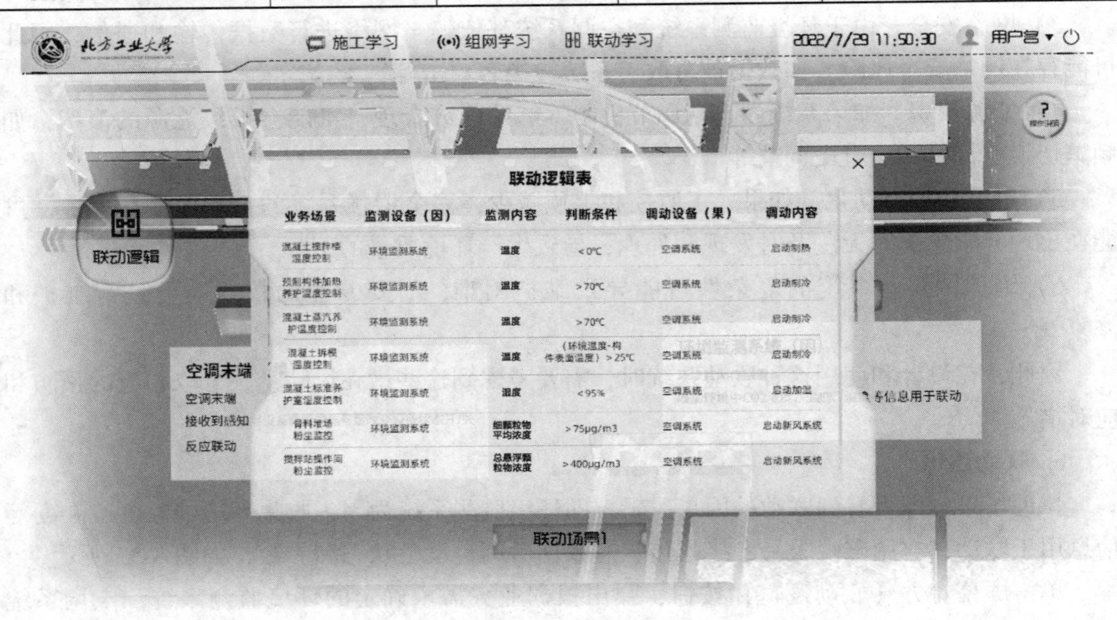

图 8-56　生产阶段联动场景 1 联动逻辑

8.3 中级

8.3.1 学习目标

单击主菜单上生产阶段中级学习栏目（图8-57），进入欢迎页面，如图8-58所示。该页面列出了生产阶段中级学习的学习目标：

1）基于设定场景，能够自主修改物联网设备布置。

2）理解设备监测数据可视化方法及相关代码。

3）理解联动配置方法及相关代码。

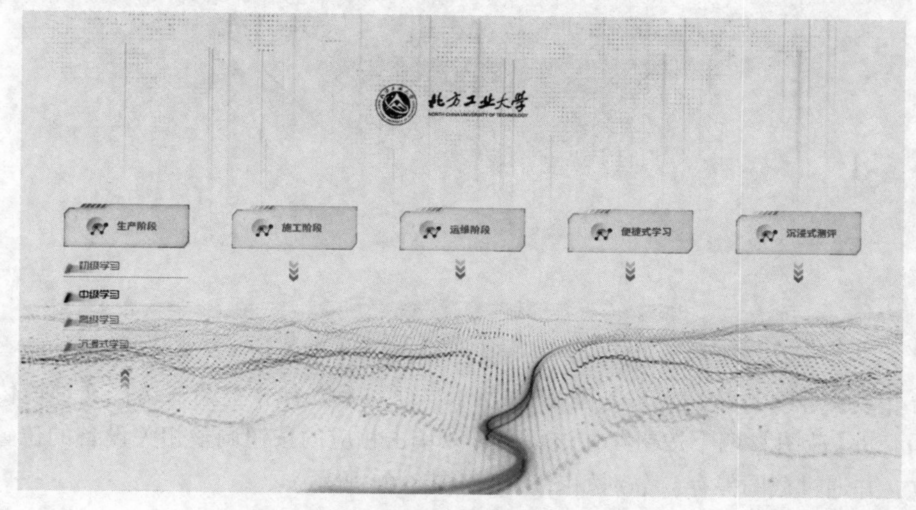

图8-57 主菜单进入生产阶段中级学习

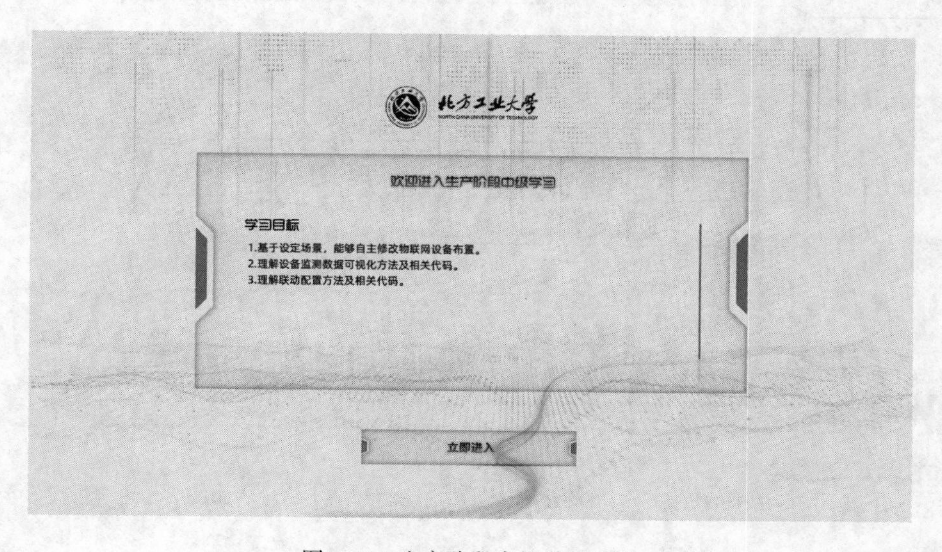

图8-58 生产阶段中级学习目标

8.3.2 场景修改

单击欢迎页面【立即进入】按钮后，进入生产阶段中级学习主菜单页，如图8-59所示，包括【场景修改】、【数据分析代码展示】和【联动配置代码展示】三部分，可自由选择学习顺序。本书按照【场景修改】、【数据分析代码展示】和【联动配置代码展示】的顺序依次讲解。

图8-59 生产阶段中级学习主菜单

单击【场景修改】按钮，进入图8-60所示界面。下方有【空调末端】、【环境传感器】、【服务器】和【截图】四个按钮。在该页面可以单击相应的按钮调整相关设备的位置对场景进行修改，并通过截图保存，分别如图8-61～图8-64所示。

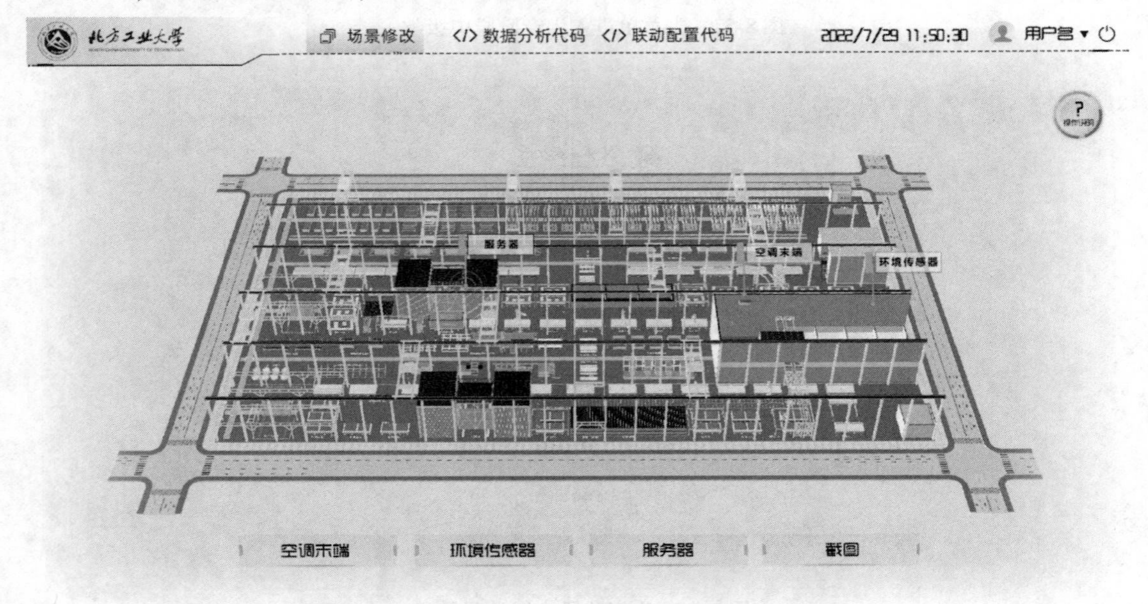

图8-60 生产阶段中级学习场景修改

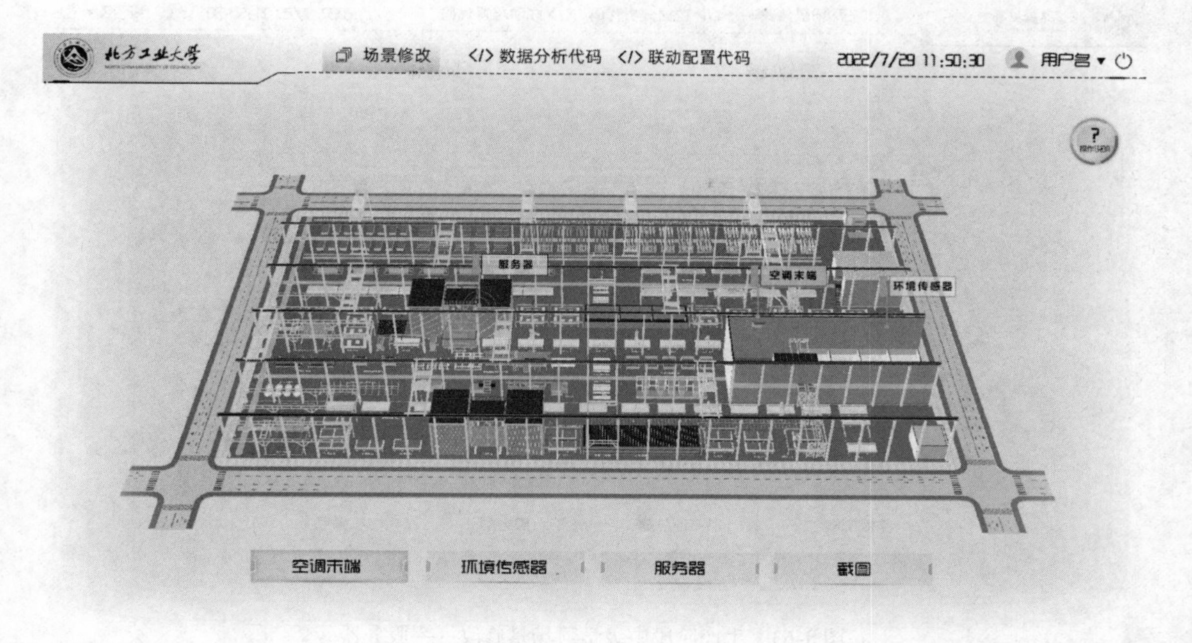

图 8-61　生产阶段中级学习场景修改——空调末端

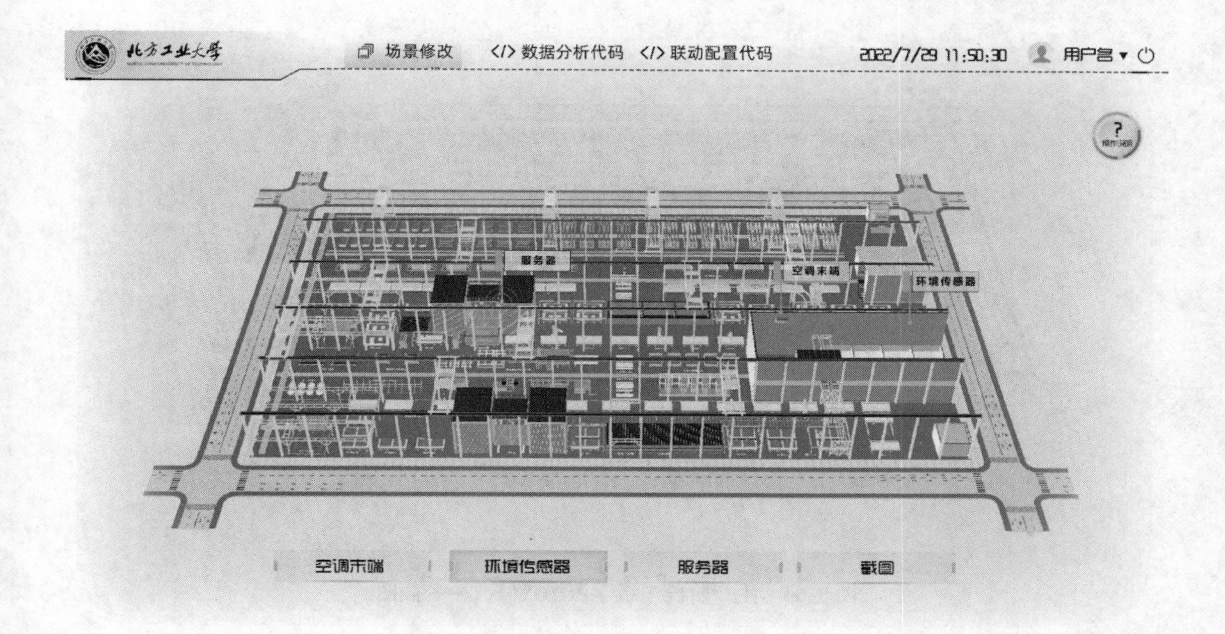

图 8-62　生产阶段中级学习场景修改——环境传感器

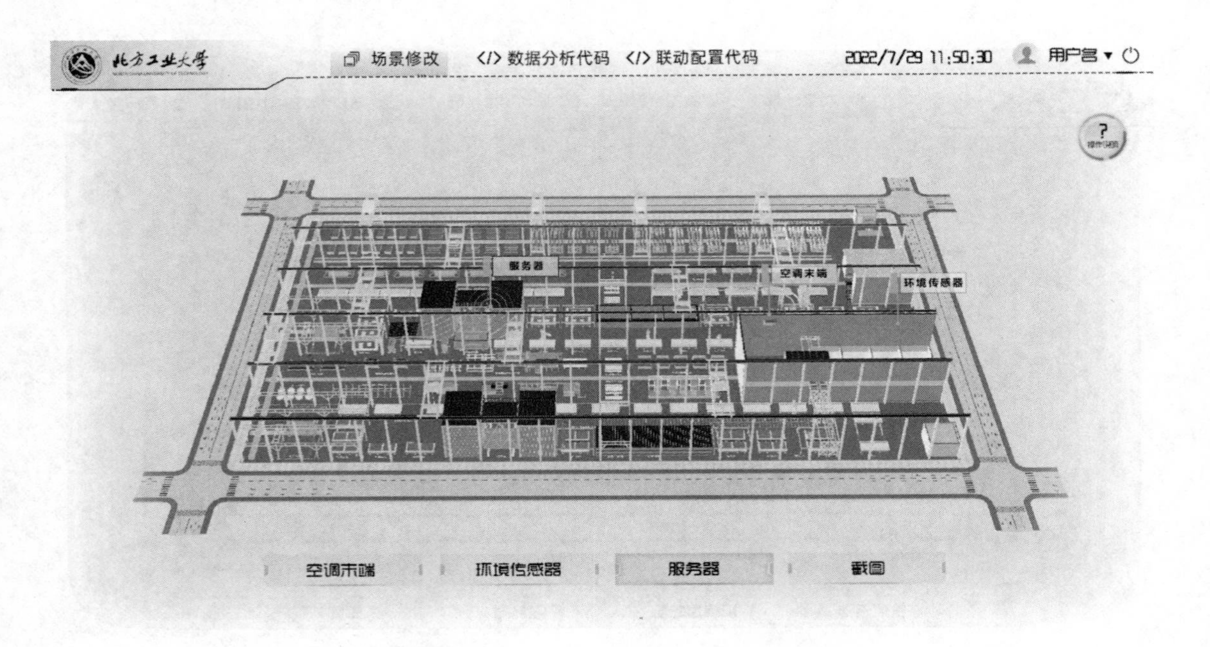

图 8-63　生产阶段中级学习场景修改——服务器

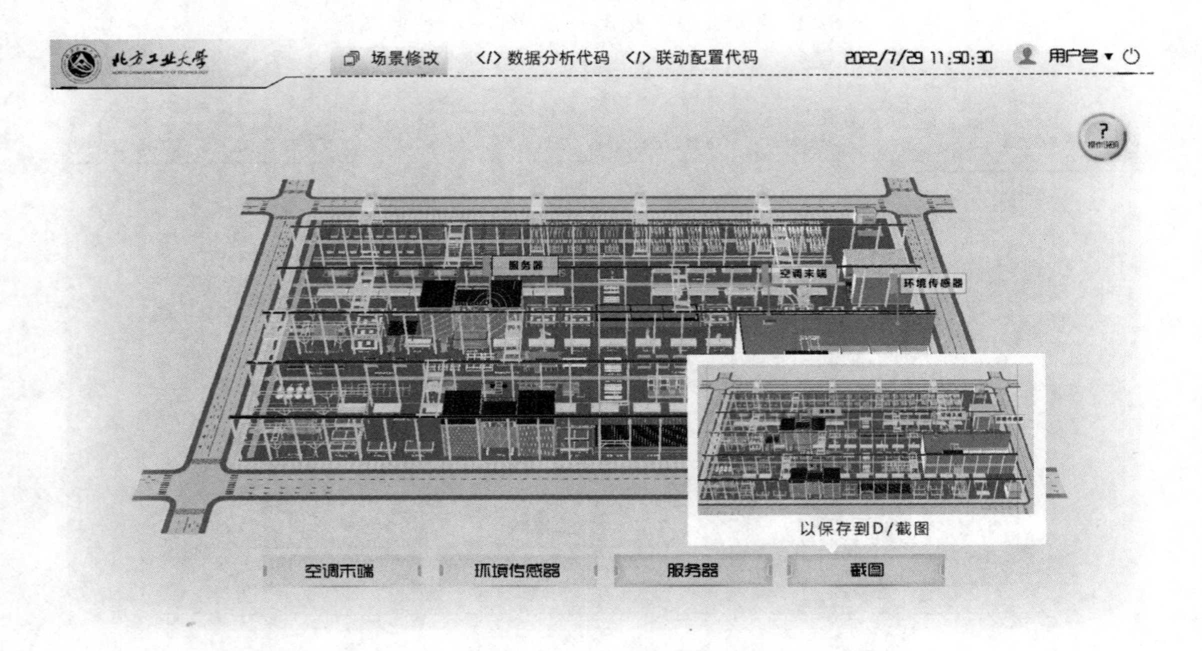

图 8-64　生产阶段中级学习场景修改——截图

8.3.3　数据分析代码展示

单击【数据分析代码】按钮，进入图 8-65 所示界面。单击设备可在三维模型中拉近镜头，显示可视化数据图表。以环境监测传感器为例，环境监测数据通过柱状图、折线图、数字看板和饼状图显示，如图 8-66 所示。单击相应的图即可查看相应的可视化代码，分别如图 8-67 ~ 图 8-70 所示。

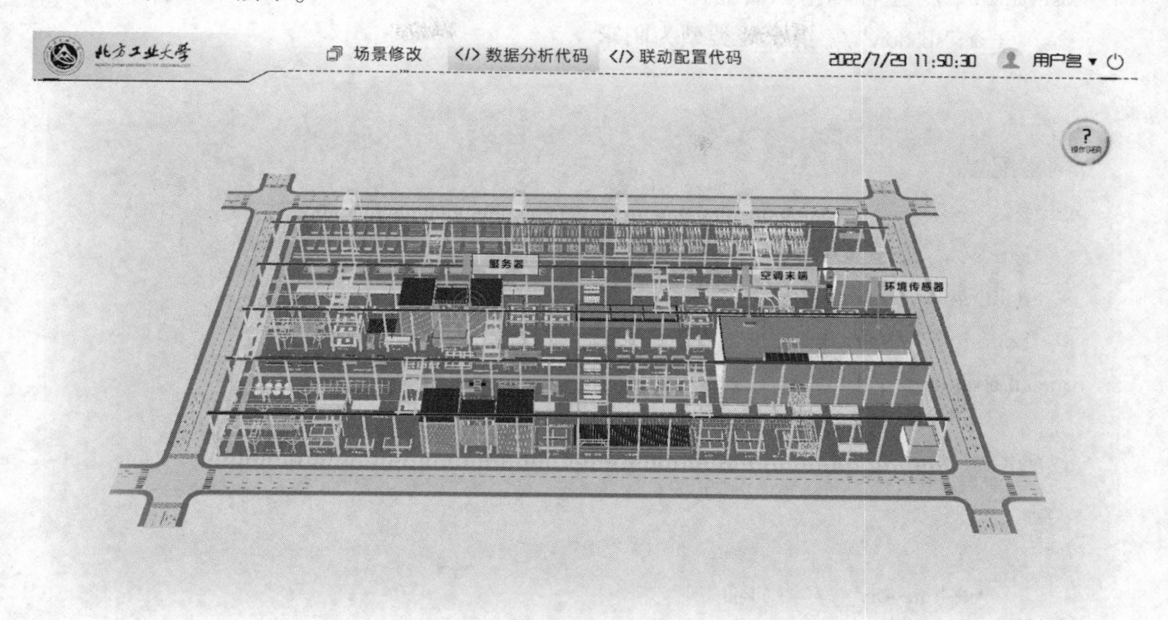

图 8-65　生产阶段中级学习数据分析代码

图 8-66　生产阶段中级学习环境监测系统数据可视化

CO_2周变化柱状图代码示例（图 8-67）：

```
#提示框配置
tooltip: {
```

```
        trigger: 'axis', // 触发类型为坐标轴
axisPointer: { // 坐标轴指示器配置
            type: 'shadow' // 指示器类型为阴影
        }
    },
#网格配置
grid: {
        left: '3%', // 左边距
        right: '4%', // 右边距
        bottom: '3%', // 底边距
containLabel: true // 包含标签在内
    },
#横轴配置
xAxis: [
        {
            type: 'category', // 类别轴
            data: ['周一', '周二', '周三', '周四', '周五', '周六', '周日'], // 类别数据
axisTick: { // 坐标轴刻度相关设置
alignWithLabel: true // 刻度线和标签对齐
            }
        }
    ],
#纵轴配置
yAxis: [
        {
            type: 'value' // 数值轴
        }
    ],
#系列配置
series: [
        {
            name: 'CO2', // 系列名称
            type: 'bar', // 图表类型为柱状图
barWidth: '60%', // 柱状宽度
            data: [10, 52, 200, 334, 390, 330, 220] // 柱状图数据
        }
    ]
```

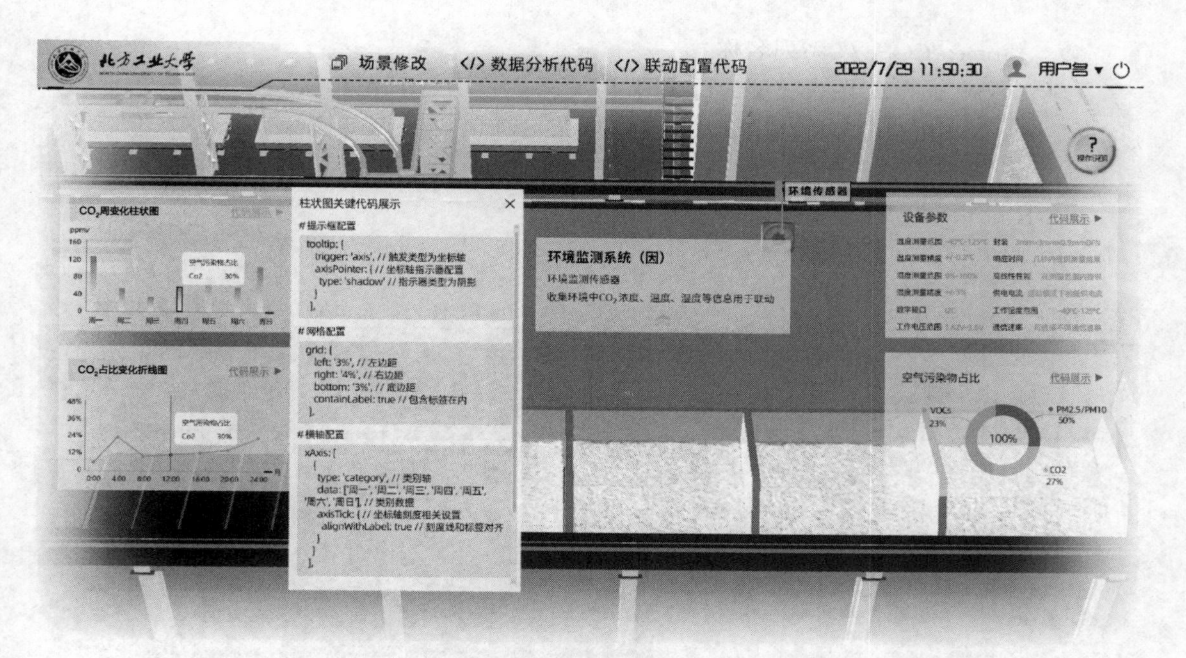

图 8-67 生产阶段中级学习环境监测系统数据柱状图代码展示

CO_2 占比变化折线图代码示例（图 8-68）：

```
#标题配置
title: {
    text: 'CO2 占比变化折线图' // 标题文本
  },
#提示框配置
tooltip: {
    trigger: 'axis' // 触发类型为坐标轴
  },
#横轴配置
xAxis: {
    type: 'category', // 类别轴
boundaryGap: false, // 两端无留白
    data: ['0: 00', '4: 00', '8: 00', '12: 00', '16: 00', '20: 00', '24: 00'] // 类别数据
  },
#纵轴配置
yAxis: {
    type: 'value', // 数值轴
  },
#系列配置
series: [
    {
```

```
        name: 'CO₂', // 系列名称
        type: 'line', // 图表类型为折线图
        data: [10, 11, 13, 11, 12, 12, 9], // 数据项
        }
    },
  ]
```

图 8-68　生产阶段中级学习环境监测系统数据折线图代码展示

数字看板关键代码示例（图 8-69）：

```
#请求数据库接口
export const reqcarInNum = () = > get(`$ {pre}/api/parking/lou/carInNum') // 发送一个 HTTP GET 请求到接口
#风格配置
 <el-table
    : data =" tableData" // 绑定表格数据
    stripe //斑马纹样式，交替显示不同背景色
style =" width: 100% " > // 设置元素样式的属性，将元素的宽度设置为 100%
#行配置
  <el-table-column
      prop =" temperature" // 绑定数据对象中的温度测量范围属性
      label =" 温度测量范围" // 列标题为" 温度测量范围"
      width =" 180" > // 列宽度为 180 像素
#纵轴配置
```

```
export default {
data () {
        return {
tableData: [                    // 表格数据数组
            {
screen size: ' - 40°C 至 125°C', // 参数
            }
          ]
        }
}
```

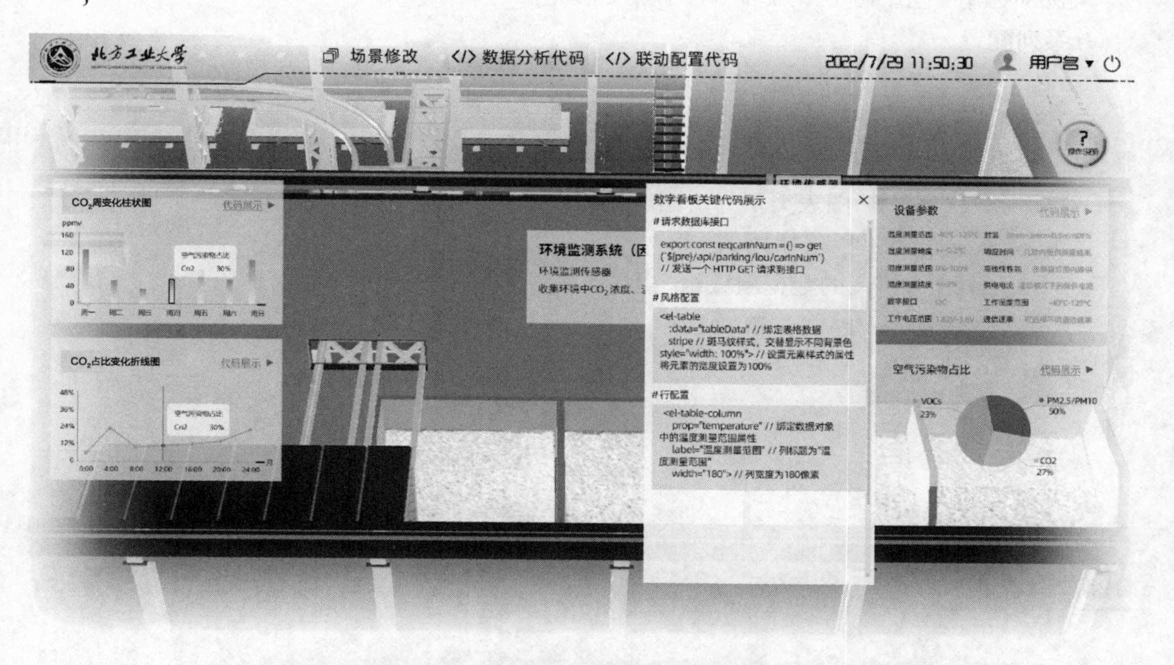

图 8-69　生产阶段中级学习环境监测系统数字看板代码展示

空气污染物占比饼状图代码示例（图 8-70）：

```
#标题配置
title: {
    text: '空气污染物占比饼图', // 主标题文本
    left: 'center' // 标题的水平位置
  }
#提示框配置
tooltip: {
    trigger: 'item' // 触发类型为数据项
  }
#图例配置
```

```
legend: {
    orient: 'vertical', // 图例的布局方式为垂直
    left: 'left' // 图例的水平位置
  },
#提示框配置
emphasis: {
itemStyle: { // 数据项的样式设置
shadowBlur: 10, // 阴影的模糊大小
shadowOffsetX: 0, // 阴影的水平偏移量
shadowColor: 'rgba (0, 0, 0, 0. 5) ' // 阴影的颜色
#系列配置
series: [
     {
      name: 'PM2. 5 和 PM10', // 系列名称
      type: 'pie', // 图表类型为饼图
      radius: ['50% '], // 饼图的半径
      data: [ //饼图的数据项数组
           { name: 'PM2. 5 和 PM10' },
{ name: '' },
{ name: '' },
{ name: '' },
{ name: '' }
      ],
```

图 8-70　生产阶段中级学习环境监测系统数据饼状图代码展示

8.3.4 联动配置代码展示

单击【联动配置代码】按钮，进入图 8-71 所示界面。单击设备可显示联动配置相关代码，如图 8-72 所示。联动配置代码包括“获取设备路径”“配置服务的 IP 地址、端口号以及鉴权信息”和“联动条件判定”三部分。

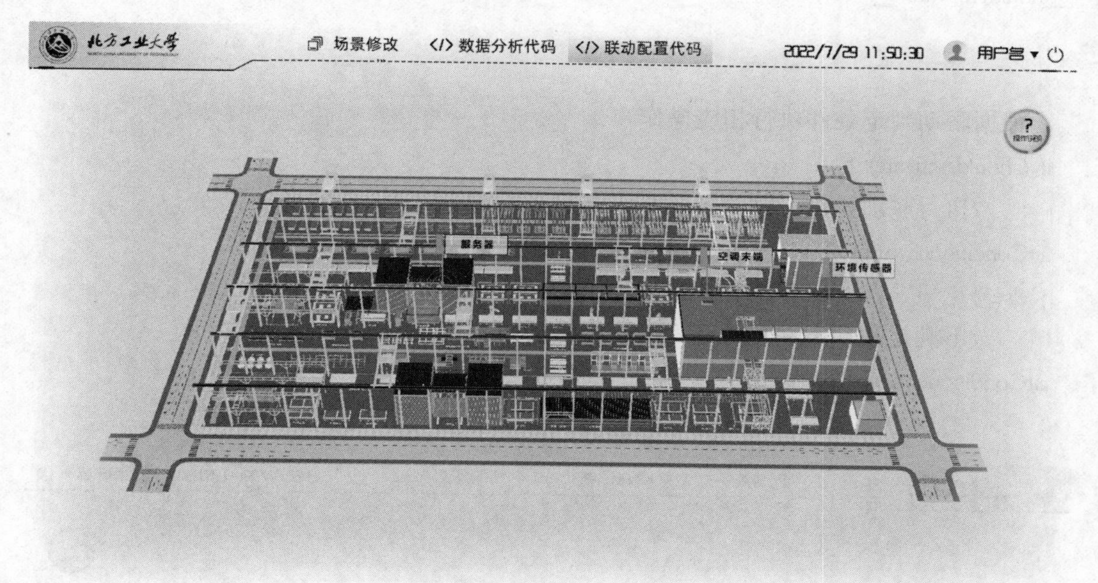

图 8-71 生产阶段中级学习联动配置代码界面

环境监测传感器和空调末端设备联动代码示例：

```
#获取设备路径
final String getCamsApi = ARTEMIS_ PATH + " /api/resource/v2/camera/search";

#配置服务的 IP 地址、端口号以及鉴权信息
ArtemisConfig artemisConfig = new ArtemisConfig (" 192. 168. 0. 206: 443 ", " 27719626 ",
" I0ZDnd536c9HgApOqVE1");

#联动条件判定
//获取空调末端的状态值
int airConditionerState = airConditioner. getState ();

//获取环境传感器的温度和湿度值
int temperature = environmentSensor. getTemperature ();
int humidity = environmentSensor. getHumidity ();

//初始化联动判定条件
```

```
boolean shouldActivate = false;

//判定条件：如果温度超过阈值，并且湿度超过阈值，则启动联动
if (temperature > 30 && humidity > 60) {
shouldActivate = true;
}

//根据联动判定条件执行相应操作
if (shouldActivate) {
    //执行联动操作，例如打开空调末端
airConditioner. turnOn ();
} else {
    //不满足联动条件，执行其他操作，例如关闭空调末端
airConditioner. turnOff ();
}
```

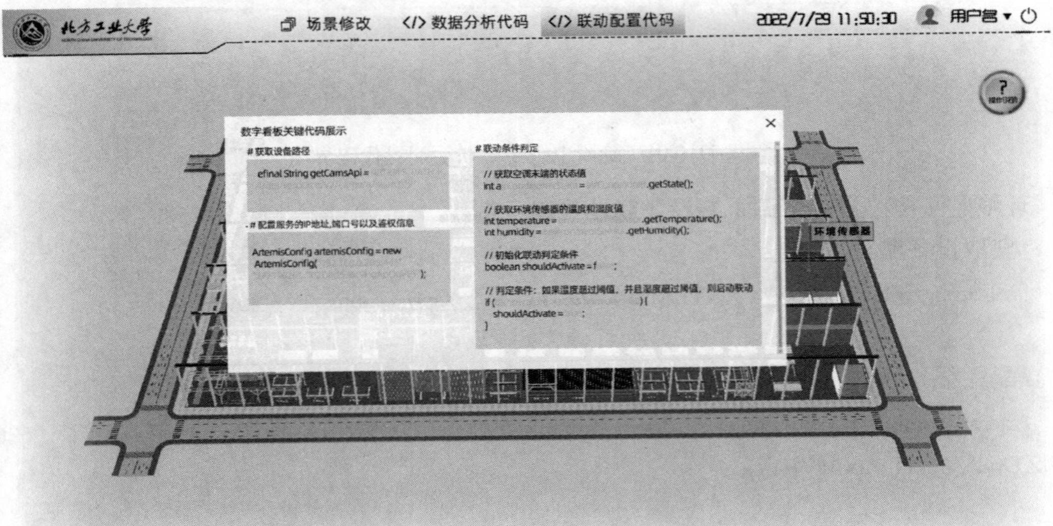

图 8-72　生产阶段中级学习联动配置代码展示

8.4　高级

8.4.1　学习目标

单击主菜单上生产阶段高级学习栏目（图 8-73），进入欢迎页面，如图 8-74 所示。该页面列出了生产阶段高级学习的学习目标：

1）基于设定场景，能够自主完成物联网系统搭建。

2）掌握设备监测数据可视化方法，并能够自主修改相关代码实现个性化数据分析和展示。

3）掌握系统联动配置方法，并能够自主修改相关代码基于设定的联动逻辑实现系统联动。

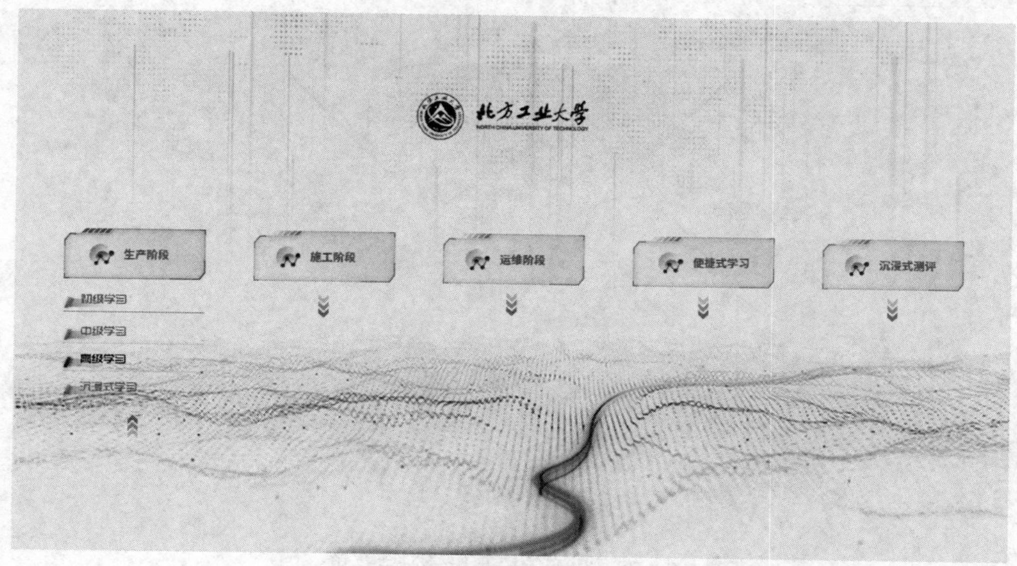

图 8-73　主菜单进入生产阶段高级学习

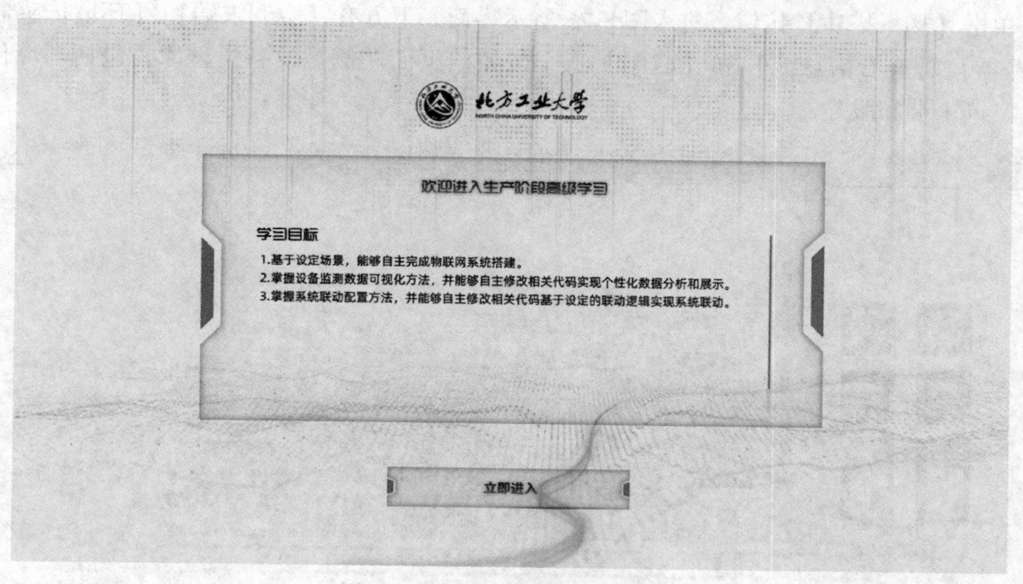

图 8-74　生产阶段高级学习目标

8.4.2　场景搭建

单击欢迎页面【立即进入】按钮后，进入生产阶段高级学习主菜单页，如图 8-75 所示，包括【场景搭建】、【数据分析代码编辑】和【联动配置代码编辑】三部分，可自由选择学习顺序。本书按照【场景搭建】、【数据分析代码编辑】和【联动配置代码编辑】的顺序依次讲解。

图 8-75　生产阶段高级学习主菜单

单击【场景搭建】按钮，进入图 8-76 所示界面。下方有【空调末端】、【环境传感器】、【服务器】、【查看信息流】和【截图】五个按钮。页面左侧是设备模型库，包括环境传感器、空调末端和服务器。

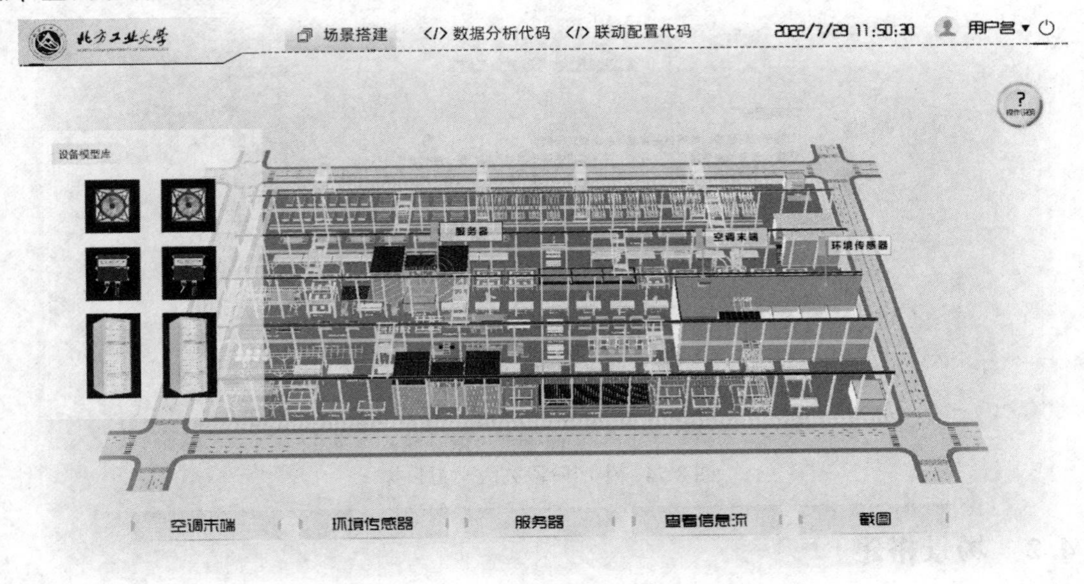

图 8-76　生产阶段高级学习场景搭建

单击【空调末端】按钮，左侧空调末端设备高亮，即可将空调末端设备拖入三维场景中，放置于符合要求的位置，如图 8-77 所示。

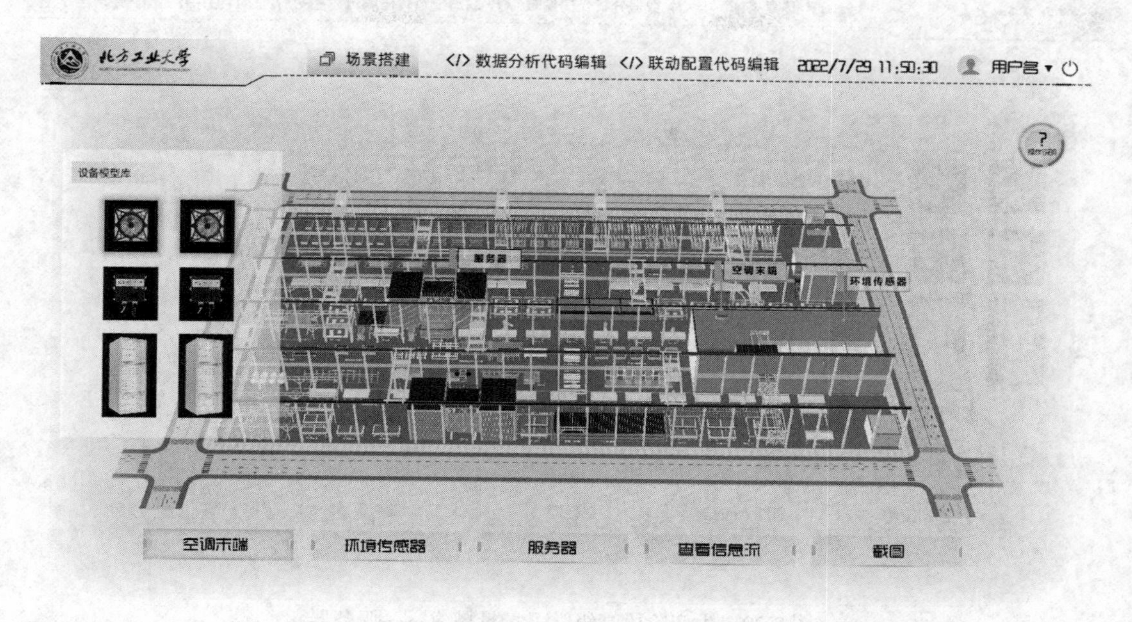

图 8-77　生产阶段高级学习场景搭建——空调末端

单击【环境传感器】按钮，左侧环境传感器设备高亮，即可将环境传感器设备拖入三维场景中，放置于符合要求的位置，如图 8-78 所示。

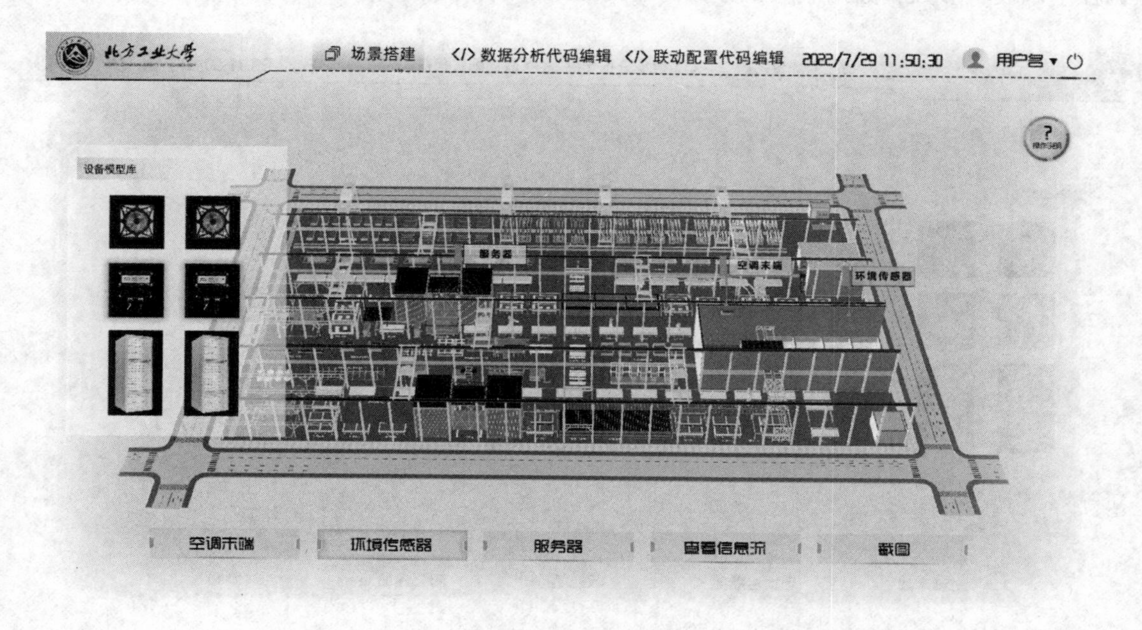

图 8-78　生产阶段高级学习场景搭建——环境传感器

单击【服务器】按钮，左侧服务器设备高亮，即可将服务器设备拖入三维场景中，放置于符合要求的位置，如图 8-79 所示。

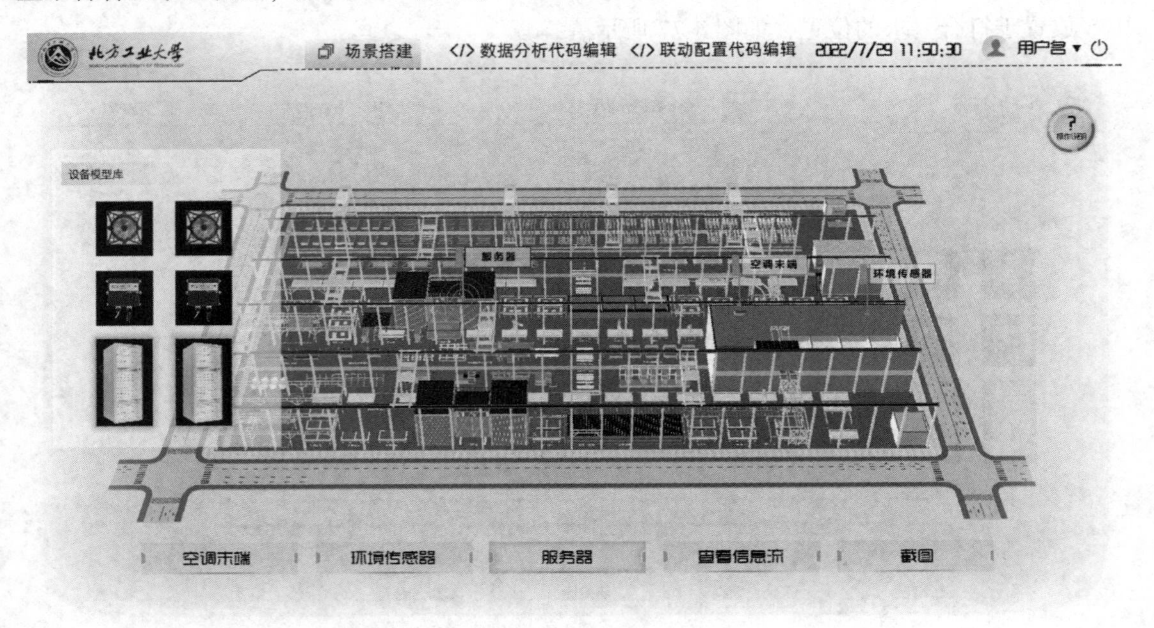

图 8-79　生产阶段高级学习场景搭建——服务器

放置好设备后，即可设置并查看信息流，如图 8-80 所示。信息流主要包括：由环境传感器监测到的环境数据和空调末端设备运行数据等上传到服务器；服务器根据环境监测数据调控空调设备参数，数据流从服务器传输到空调末端，如图 8-81 ~ 图 8-83 所示。

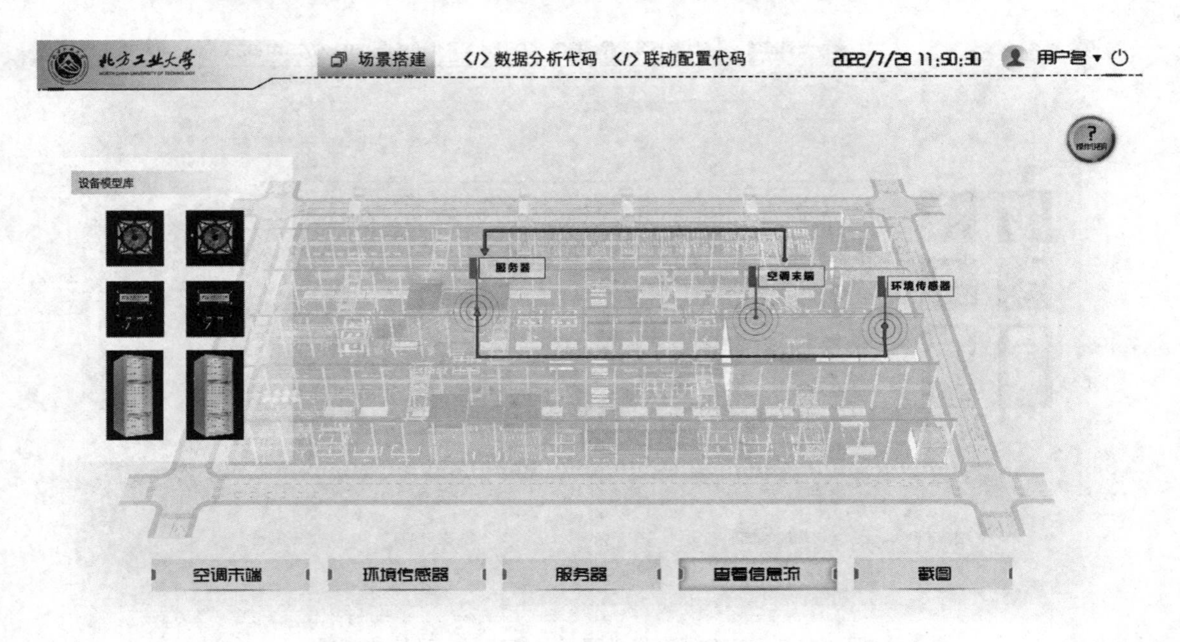

图 8-80　生产阶段高级学习场景搭建——查看信息流

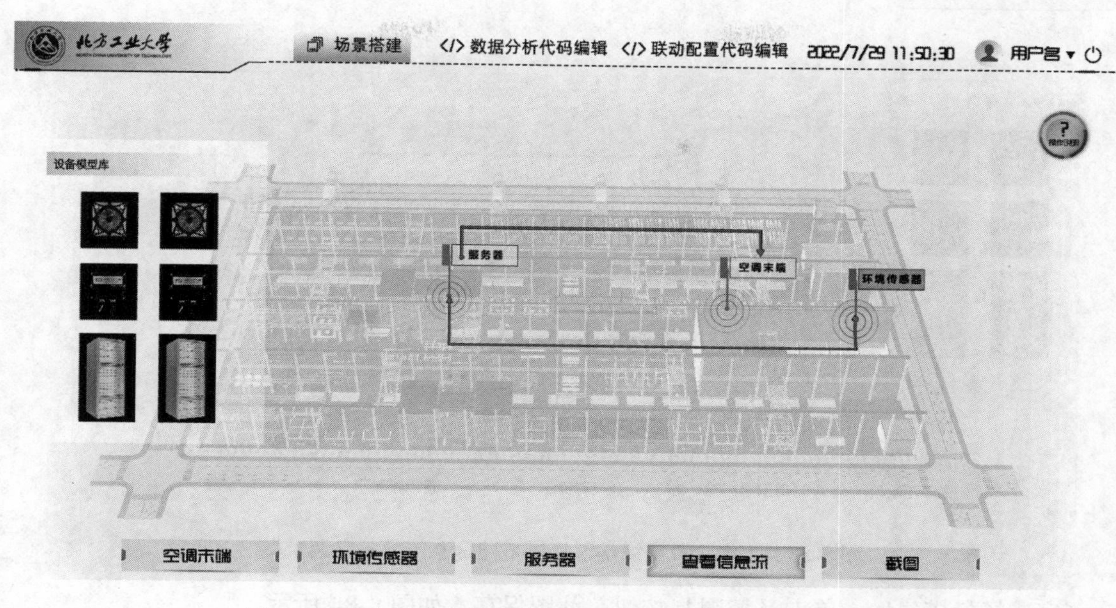

图 8-81　生产阶段高级学习场景搭建信息流——环境传感器

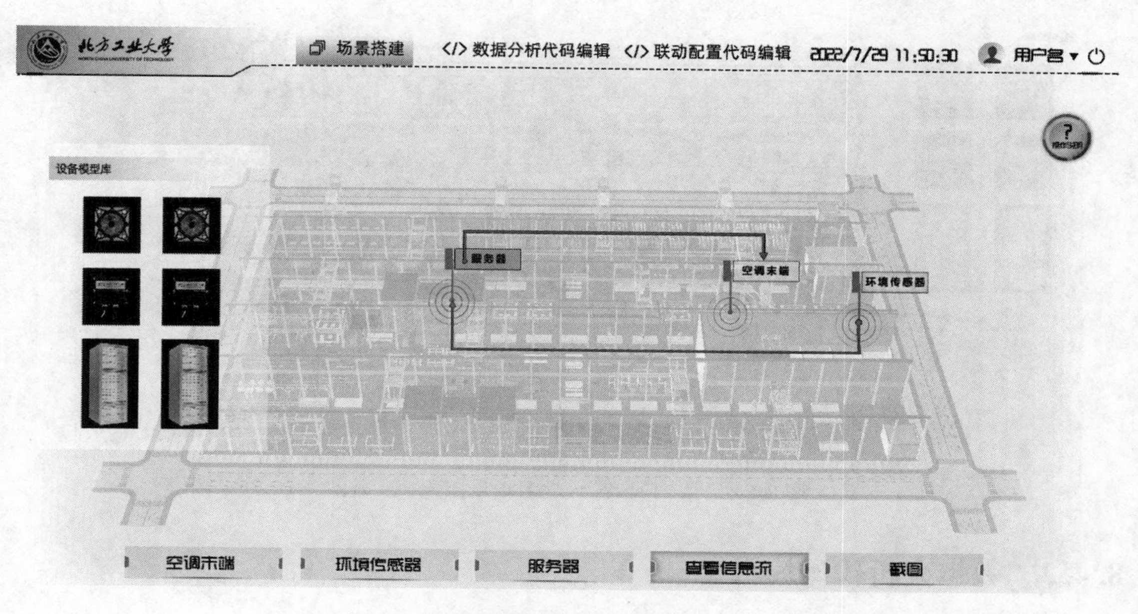

图 8-82　生产阶段高级学习场景搭建信息流——服务器

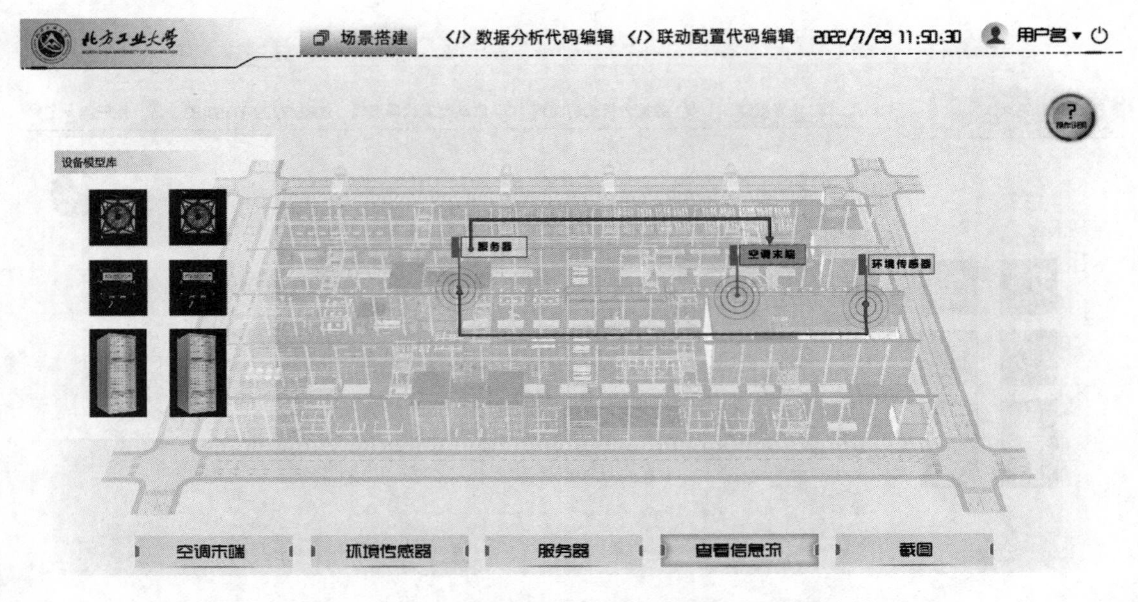

图 8-83　生产阶段高级学习场景搭建信息流——空调末端

完成场景搭建后，单击【截图】按钮，截图保存，如图 8-84 所示。

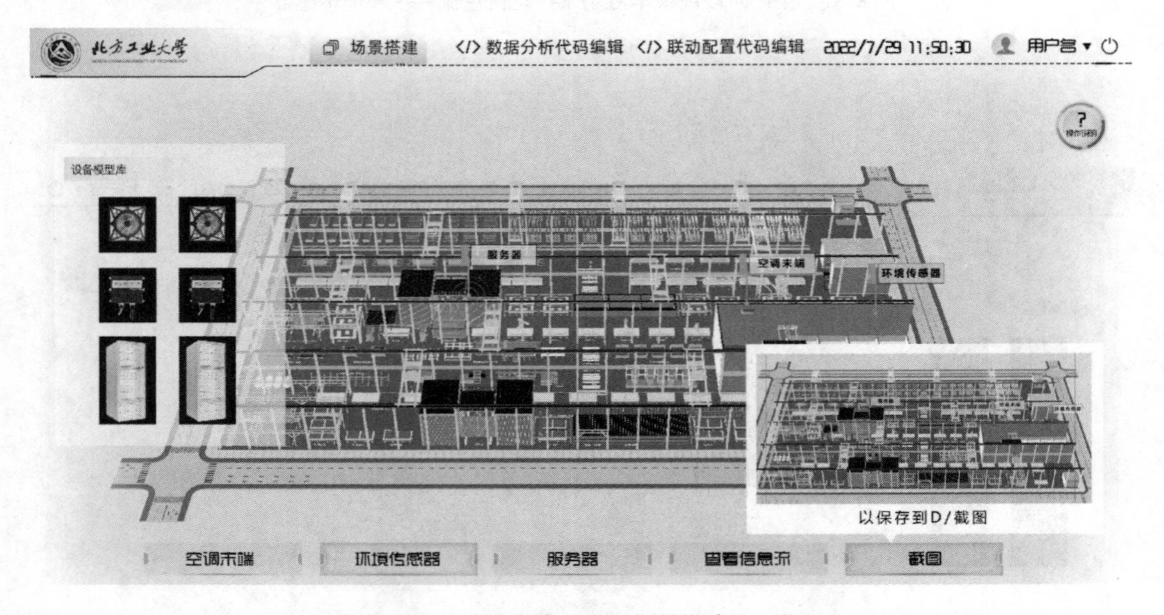

图 8-84　生产阶段高级学习场景搭建——截图

8.4.3　数据分析代码编辑

单击【数据分析代码编辑】按钮，进入数据分析代码编辑界面。单击设备可在三维模型中拉近镜头。单击左侧标题即可显示可视化图表和其相对应的代码。以环境监测传感器为例，单击柱状图、折线图、数字看板和饼状图显示相应的环境监测数据及代码编辑页面，如

图 8-85 ~ 图 8-88 所示。编辑完成代码后单击右下角【运行】按钮，即可显示代码运行的效果。可视化界面应清晰、直观地反映数据的特征，可根据运行结果对代码进行修改完善，直到达到满意的效果。

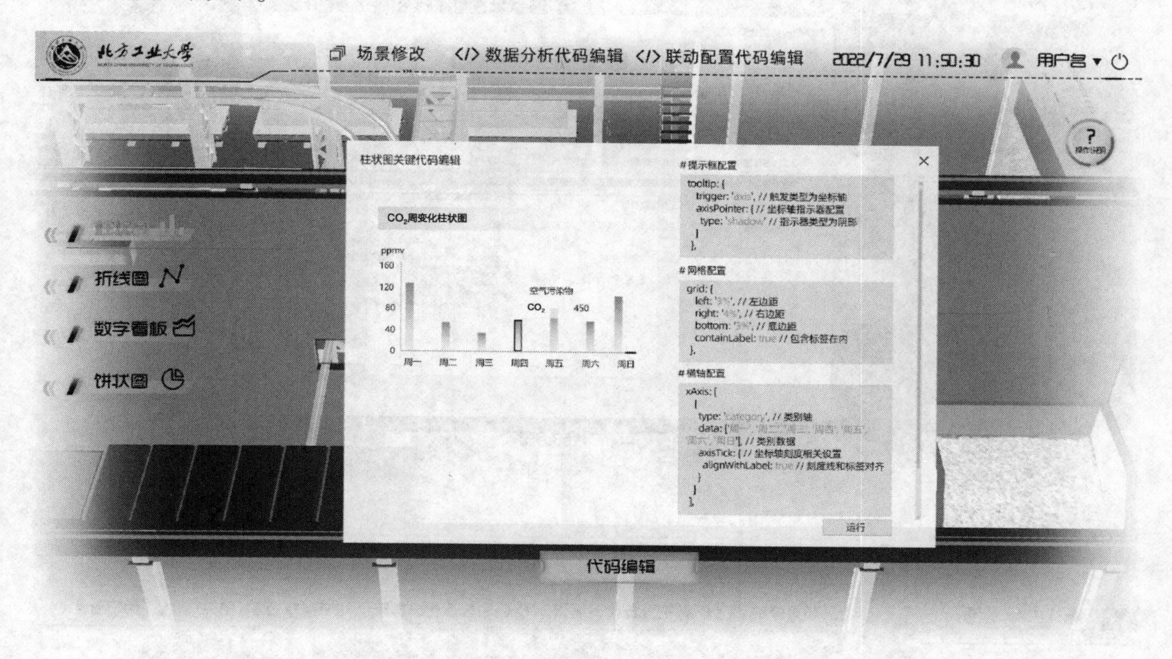

图 8-85　生产阶段高级学习环境监测系统数据柱状图代码编辑

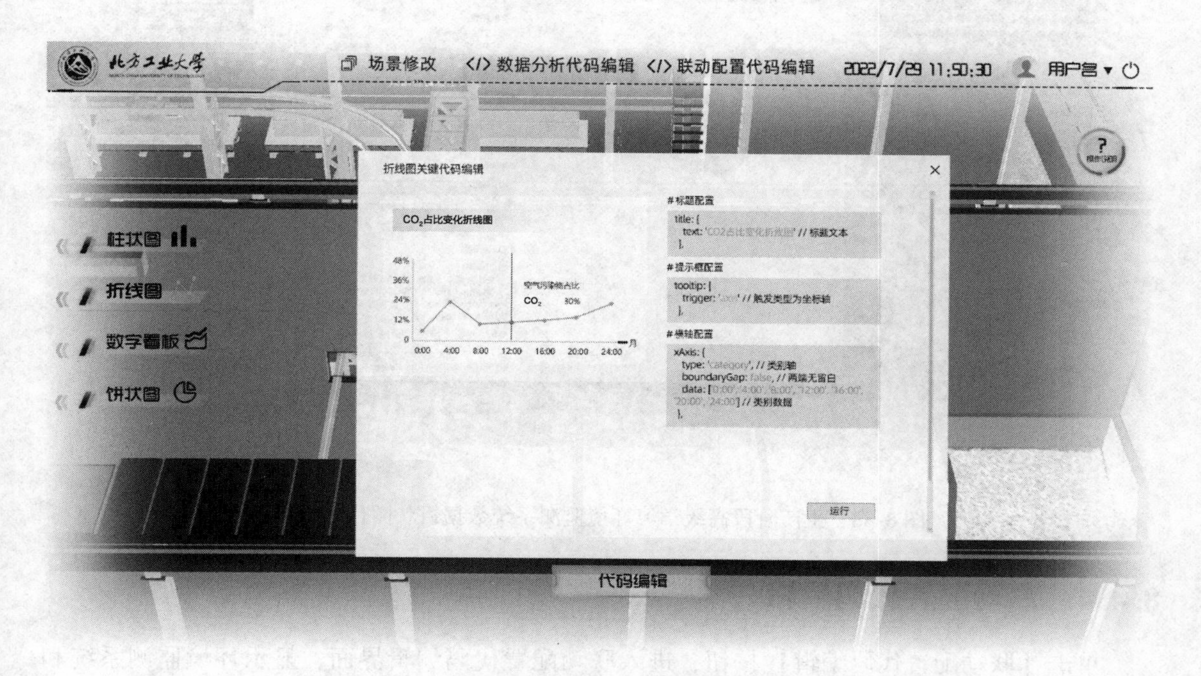

图 8-86　生产阶段高级学习环境监测系统数据折线图代码编辑

图 8-87　生产阶段高级学习环境监测系统数字看板代码编辑

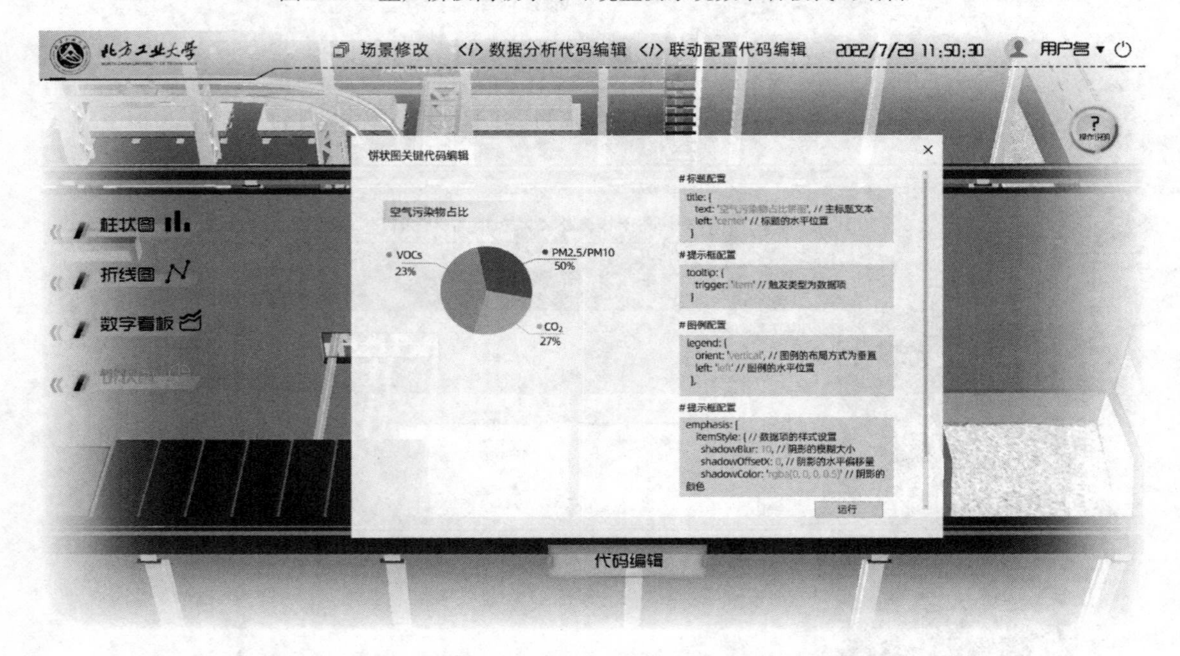

图 8-88　生产阶段高级学习环境监测系统数据饼状图代码编辑

8.4.4　联动配置代码编辑

单击【联动配置代码编辑】按钮，进入联动配置代码编辑界面，显示环境监测系统和空调系统物联架构，如图 8-89 所示。编辑联动配置代码“获取设备路径”中的设备路径地址，修改“配置服务的 IP 地址、端口号以及鉴权信息”里的相应内容，根据设定的业务需求编写“联动条件判定”中的相应代码，如图 8-90 所示。

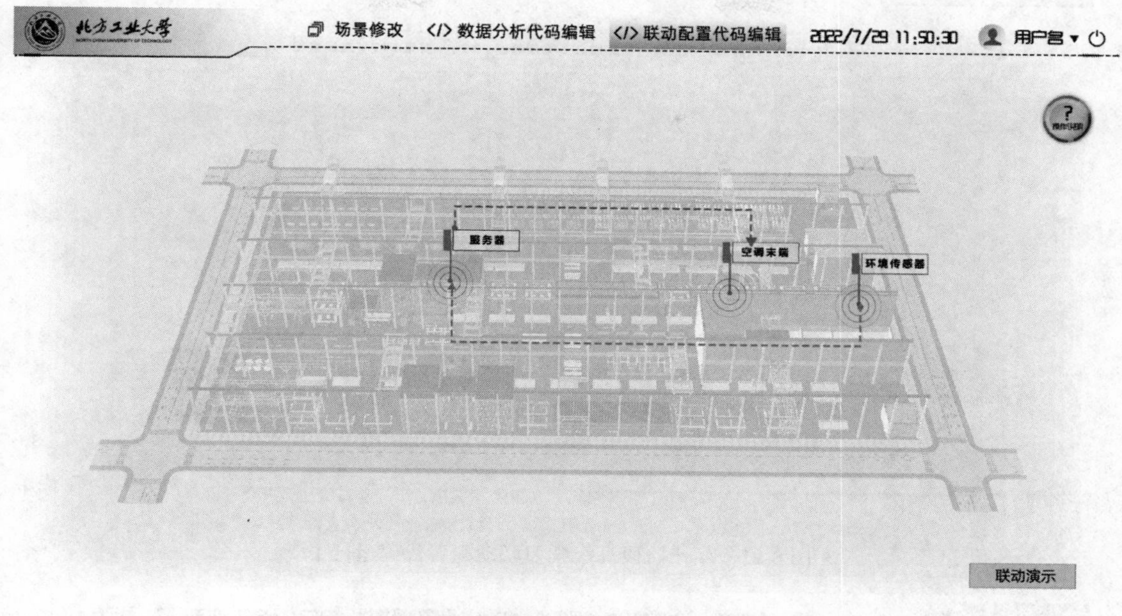

图 8-89　生产阶段高级学习联动配置代码编辑界面

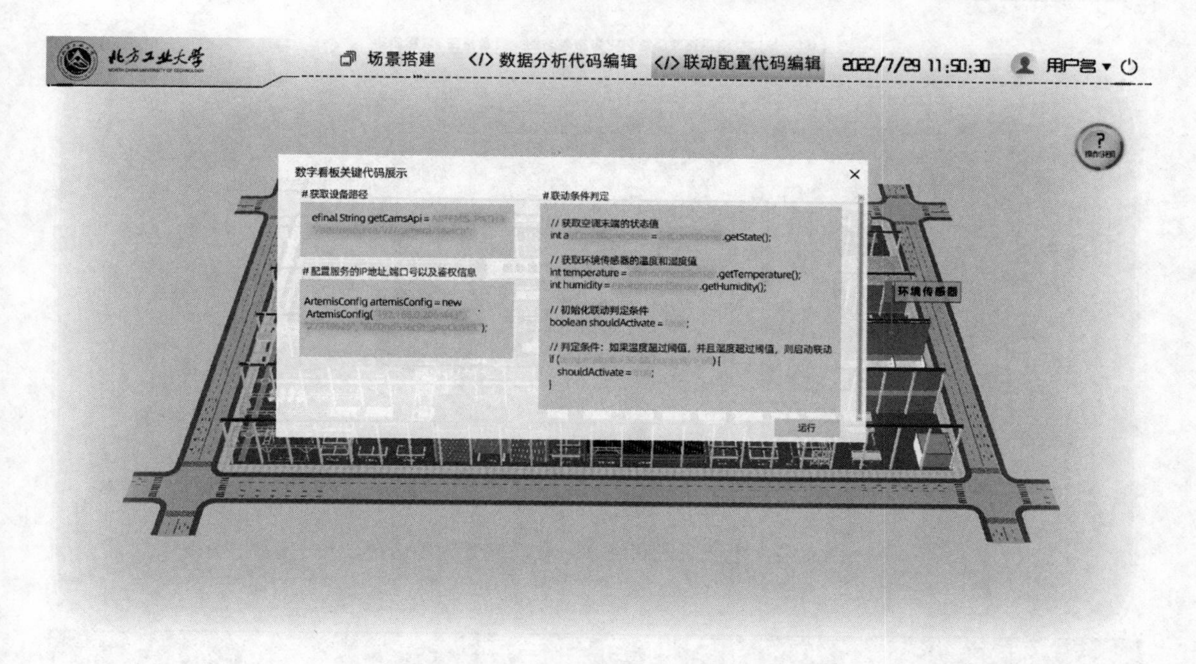

图 8-90　生产阶段高级学习联动配置代码编辑框

代码编写完成后，单击右下方【运行】按钮，即可测试联动代码运行效果，在 BIM 模型中采用虚拟的方式将环境监测传感器和空调系统的联动通过动画形式展示出来，如图 8-91

和图 8-92 所示。可多次修改联动配置代码，进行基于不同业务场景的联动设置。

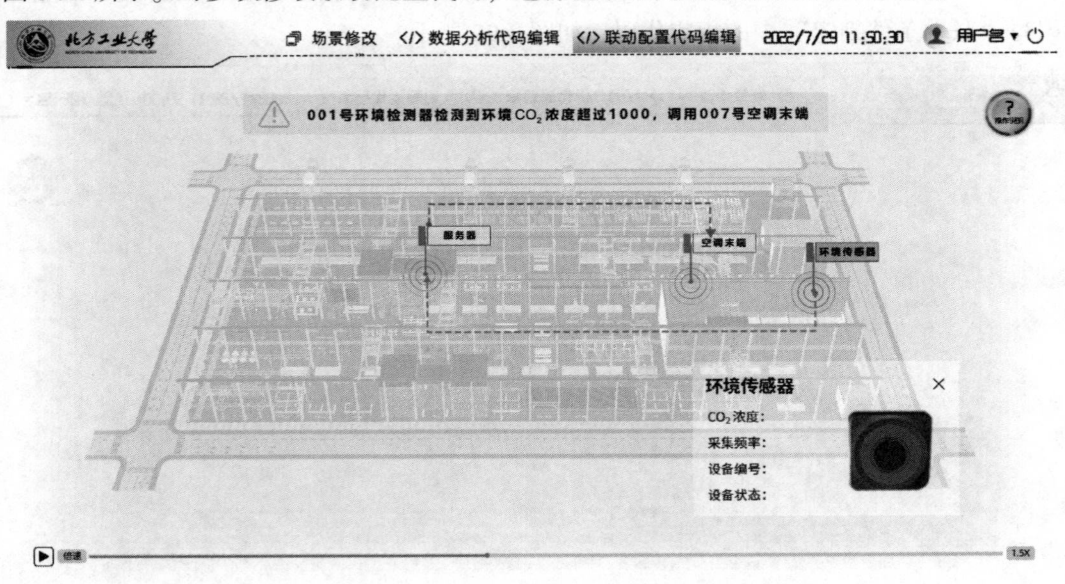

图 8-91　生产阶段高级学习联动配置代码运行 1

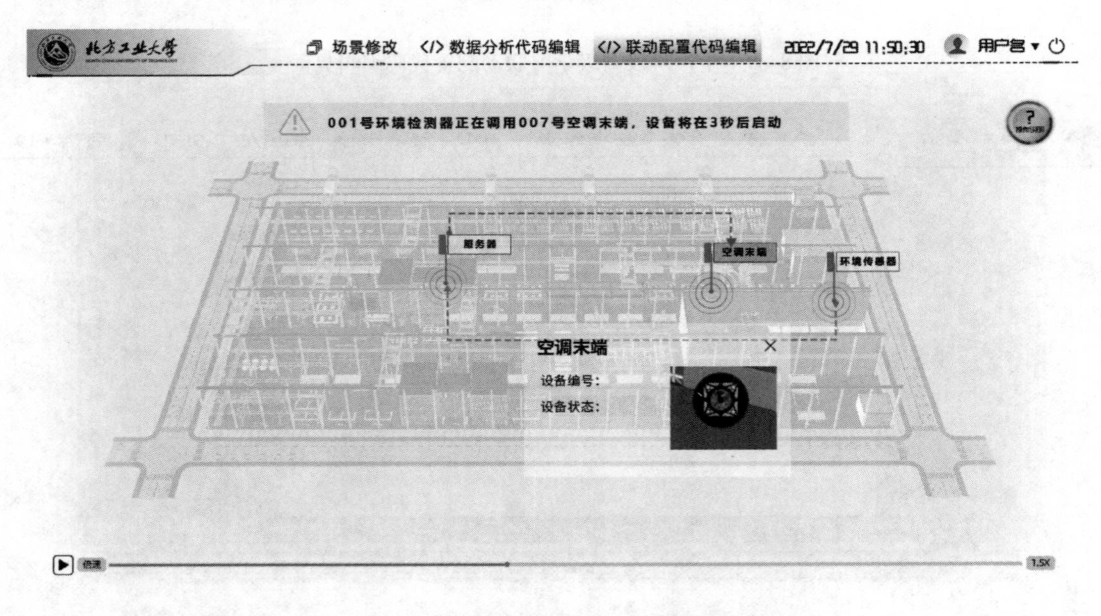

图 8-92　生产阶段高级学习联动配置代码运行 2

习题与思考题

1. 请简述生产阶段预制混凝土构件厂物联网工程施工的主要目标。

2. 预制混凝土构件厂与环境监控系统有关的业务需求有哪些？依据的标准和规范是哪些？

3. 请简述环境监测传感器安装流程和要求。

4. 请简述空调系统的选型原则，并谈一谈你认为预制混凝土构件厂的空调系统应满足哪些要求？

5. 请绘制环境监测系统的架构图，并描述信息传输线路。

6. 请分析将环境监测系统和空调系统进行联动有哪些潜在风险，你认为有哪些措施可以降低风险？

7. 请使用建筑物联网工程综合实训平台，选择两种数据可视化图表，完成环境监测传感器数据可视化代码编写。

8. 请使用建筑物联网工程综合实训平台，针对温度、湿度和粉尘三种监测对象，各选择一个相关业务需求场景，编写完成环境监测系统和空调系统的联动配置代码。

第 9 章　虚实联动的智能建造物联网实训

9.1　学习目标

单击主菜单上【便携式学习】栏目，进入欢迎页面，如图 9-1 所示。该页面列出了便携式学习的学习目标：

1）理解智能建造过程中物联网常用硬件设备的功能、参数、接线方法等。

2）掌握物联网基础感知设备和通信设备的连接方式，并能自主完成简易的设备连接和接入网设置。

3）掌握不同设备之间的联动逻辑和设置方法，并能自主完成联动设置。

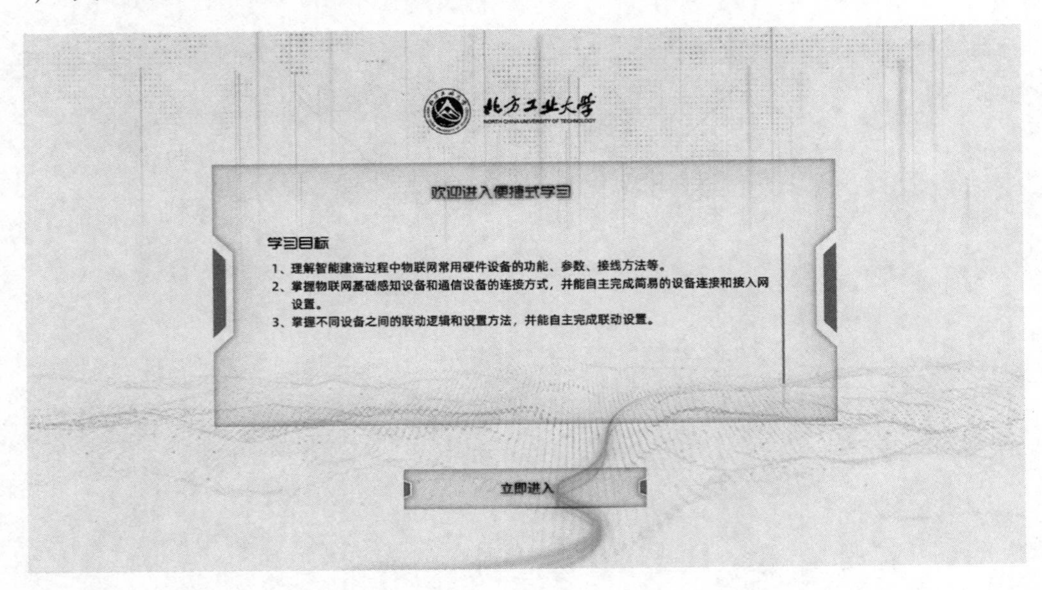

图 9-1　便携式学习目标

9.2　传感器接入和测试

单击欢迎页面【立即进入】按钮后，进入便携式学习菜单页，如图 9-2 所示，包括【生产阶段】、【施工阶段】和【运维阶段】三部分，可对应虚拟实训的三个阶段开展虚实联动实训。本书以【生产阶段】的环境监测系统和空调系统为例进行讲解，其中实际场景中的空调末端在便携式实训箱中以小风扇来代替。

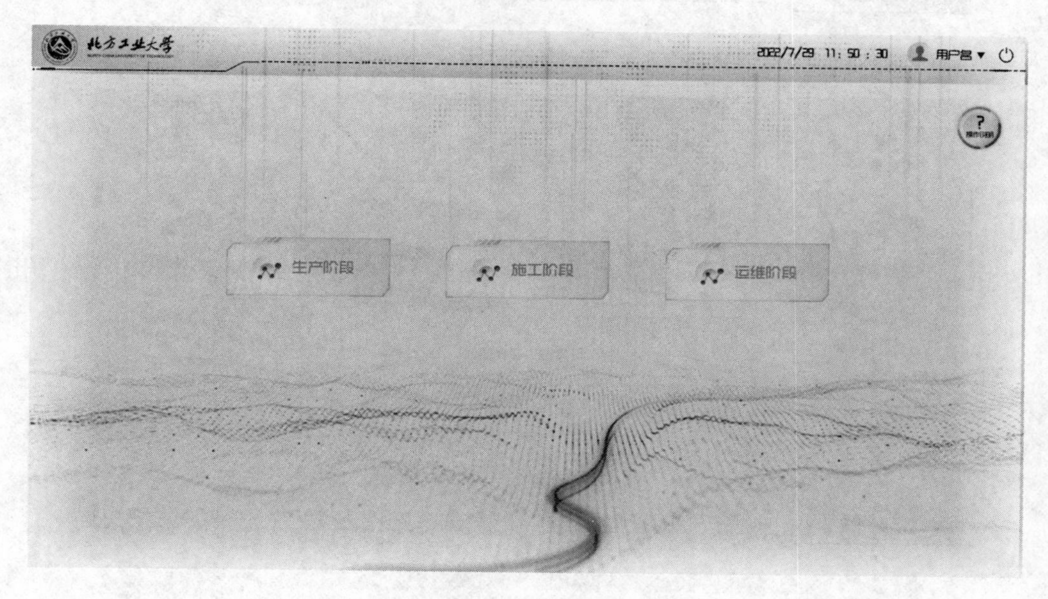

图 9-2　便携式学习主菜单

从便携式学习菜单页单击【生产阶段】按钮进入，如图 9-3 所示。页面上基于三维混凝土预制构件厂 BIM 模型设置了四个按钮，分别为【接线教学】、【配置设置】、【设备测试】和【联动测试】。

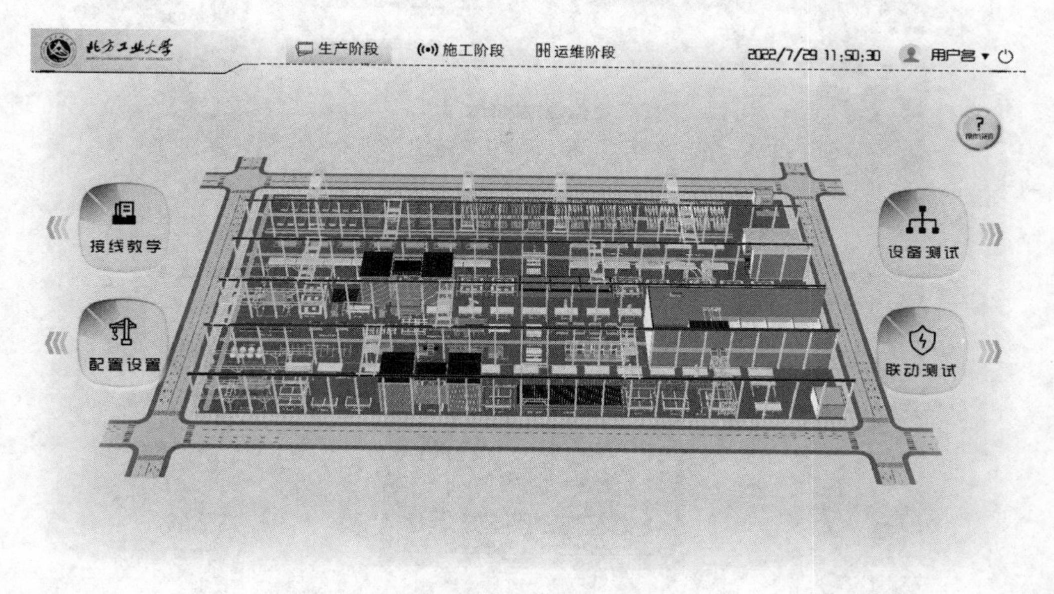

图 9-3　便携式学习生产阶段界面

以环境监测传感器和小风扇为例，单击【接线教学】按钮，即弹出实物接线教学框，在实训箱中找到对应的设备依次进行连接，如图 9-4 ~ 图 9-12 所示。

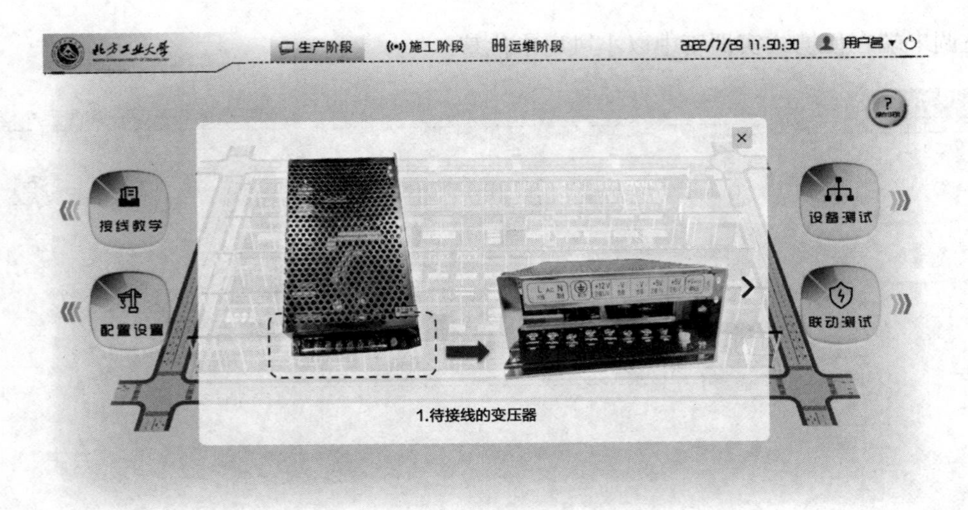

图 9-4　便携式学习生产阶段接线教学 1

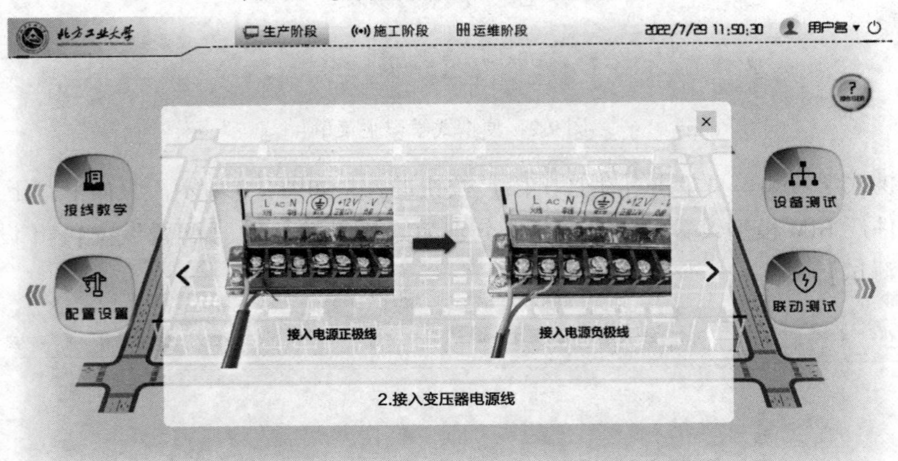

图 9-5　便携式学习生产阶段接线教学 2

图 9-6　便携式学习生产阶段接线教学 3

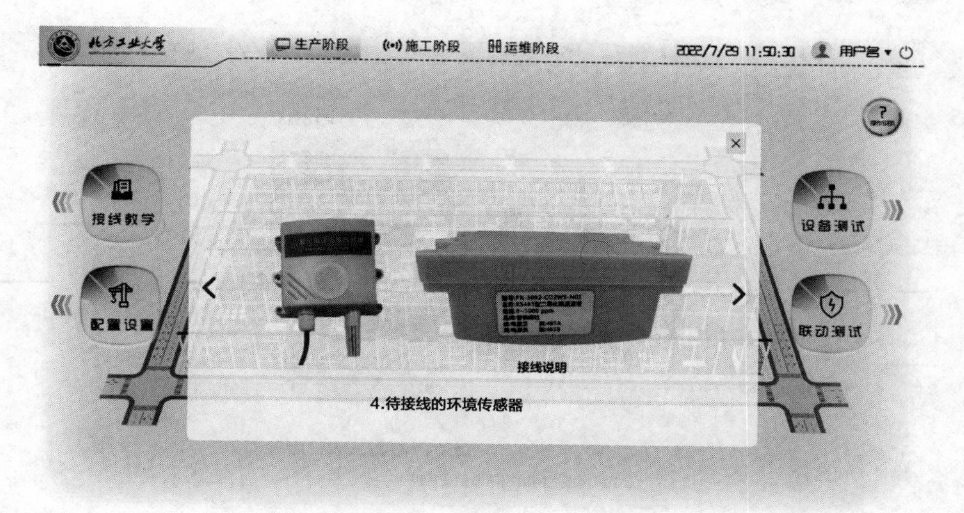

图 9-7　便携式学习生产阶段接线教学 4

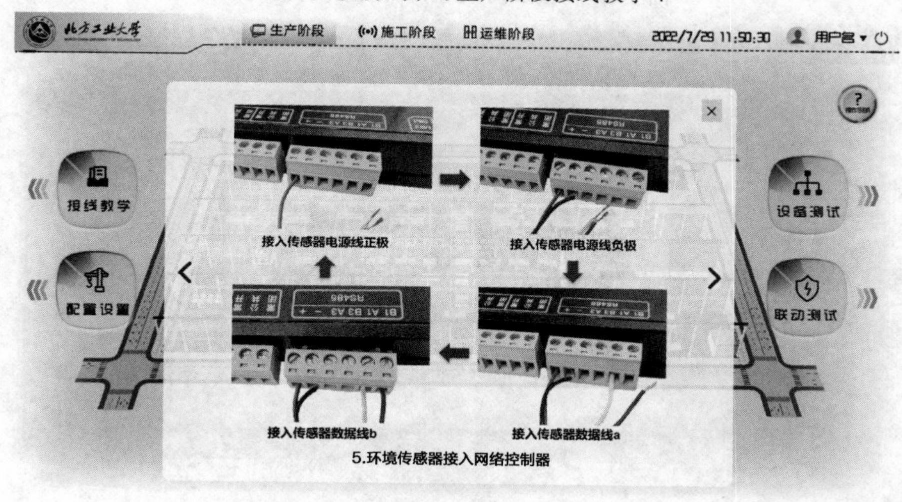

图 9-8　便携式学习生产阶段接线教学 5

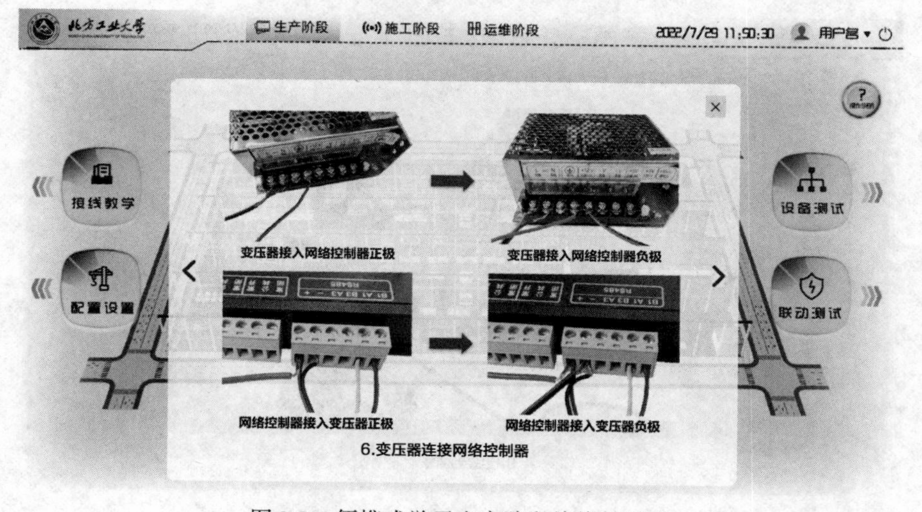

图 9-9　便携式学习生产阶段接线教学 6

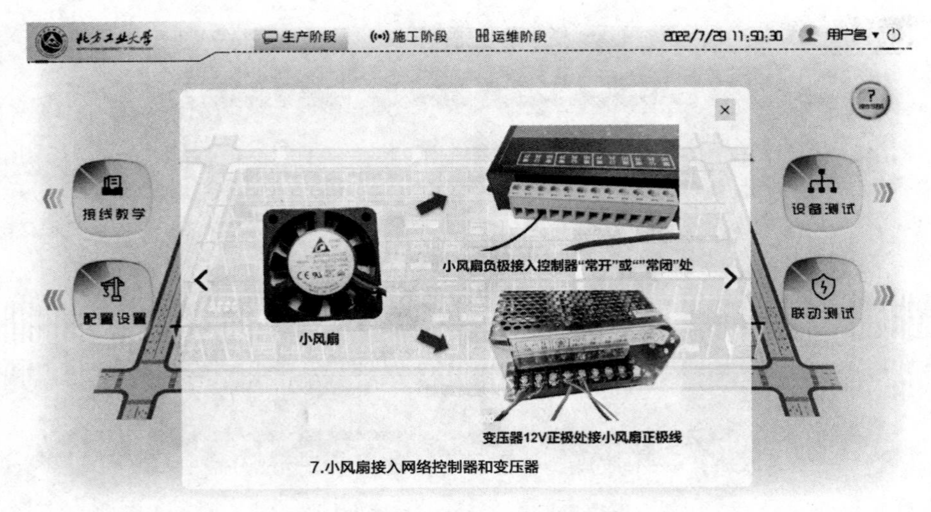

图 9-10　便携式学习生产阶段接线教学 7

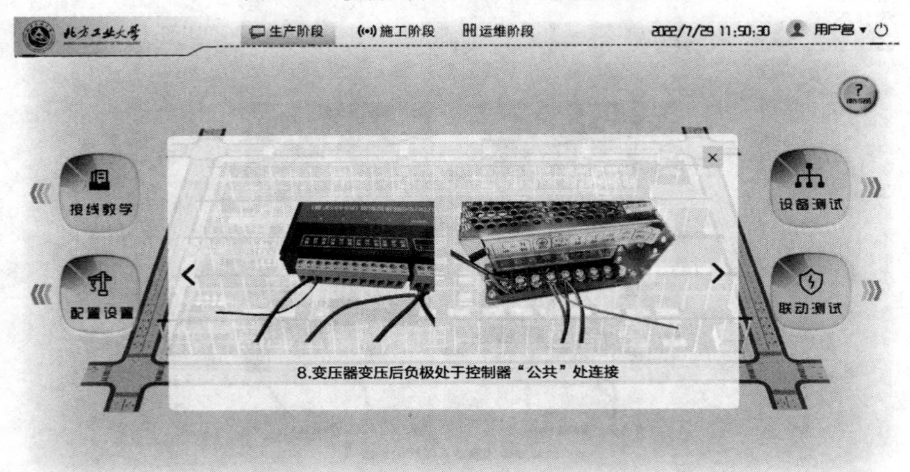

图 9-11　便携式学习生产阶段接线教学 8

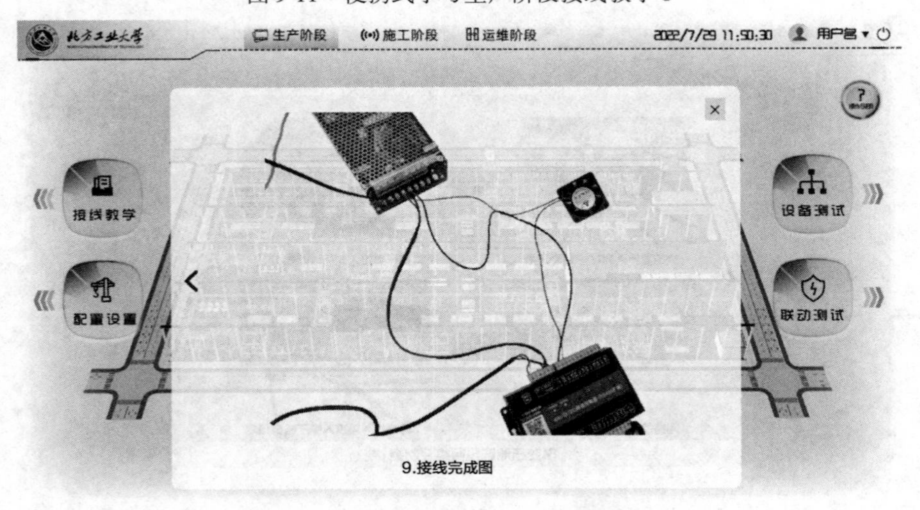

图 9-12　便携式学习生产阶段接线教学 9

接线完成后，单击【配置设置】按钮，弹出传感器接入设置对话框，选择对应的分组、设备，填写数据名称，选择采集端口、数据类型等信息，将设备接入物联网系统，如图 9-13 所示。

图 9-13　便携式学习生产阶段环境传感器接入配置设置

传感器接入配置完成后，单击【设备测试】按钮，在三维 BIM 模型场景中对应的位置处查看设备的状态信息，如图 9-14 和图 9-15 所示。

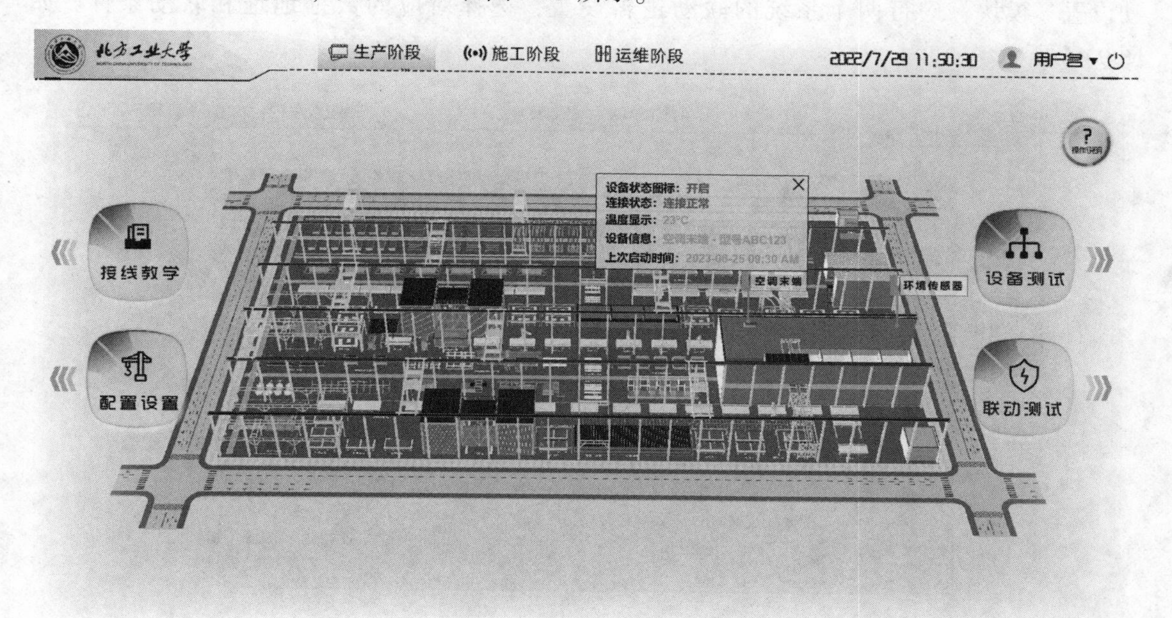

图 9-14　便携式学习生产阶段空调末端接入设备测试

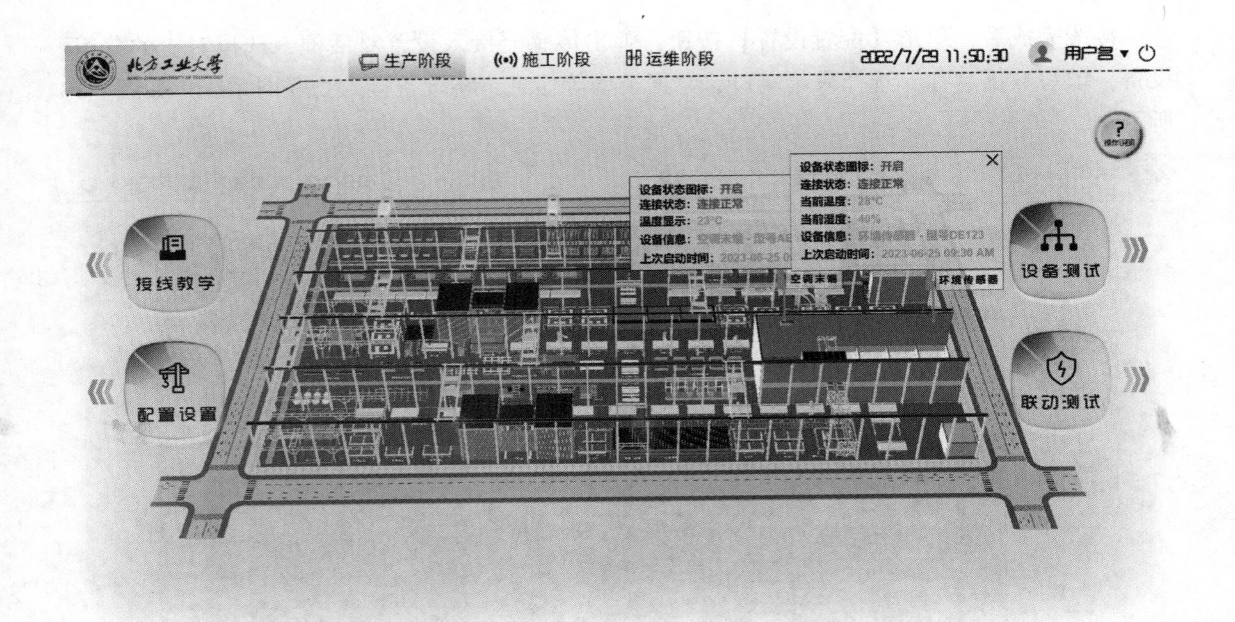

图 9-15　便携式学习生产阶段环境传感器和空调末端接入设备测试

9.3　联动配置和测试

传感器接入配置和测试完成后，单击【配置设置】按钮，在弹出的对话框中选择“联动设置”模块，进行两个系统的联动逻辑设置，选择对应的数据地址和联动条件，如图 9-16 所示。

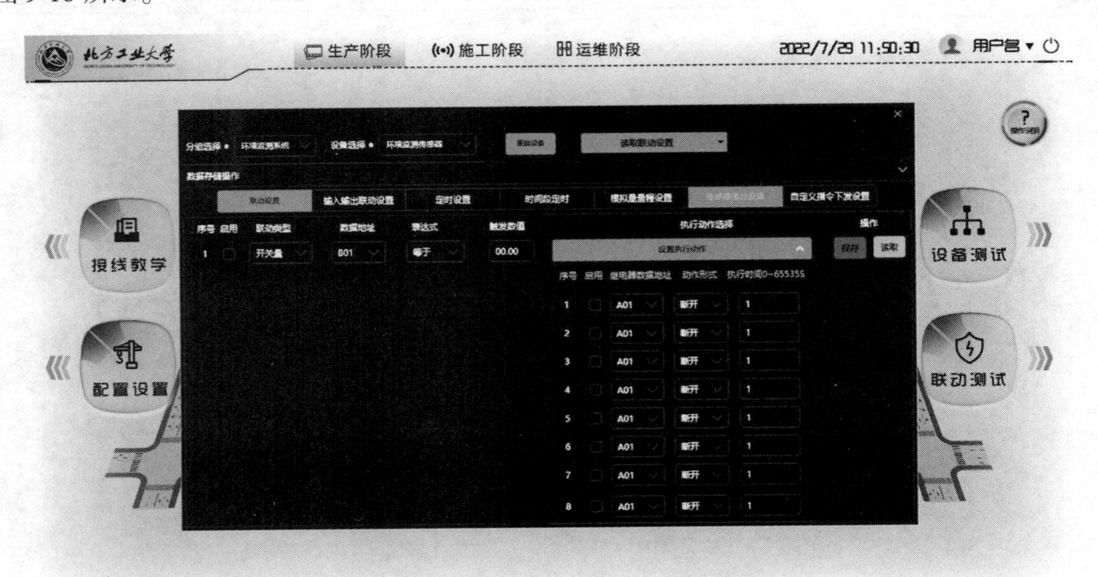

图 9-16　便携式学习生产阶段环境传感器和空调末端联动配置

完成联动配置后，单击【联动测试】按钮，可以在三维场景中查看联动状态信息，同时可以测试实训箱中设备的状态变化，如图 9-17 所示。

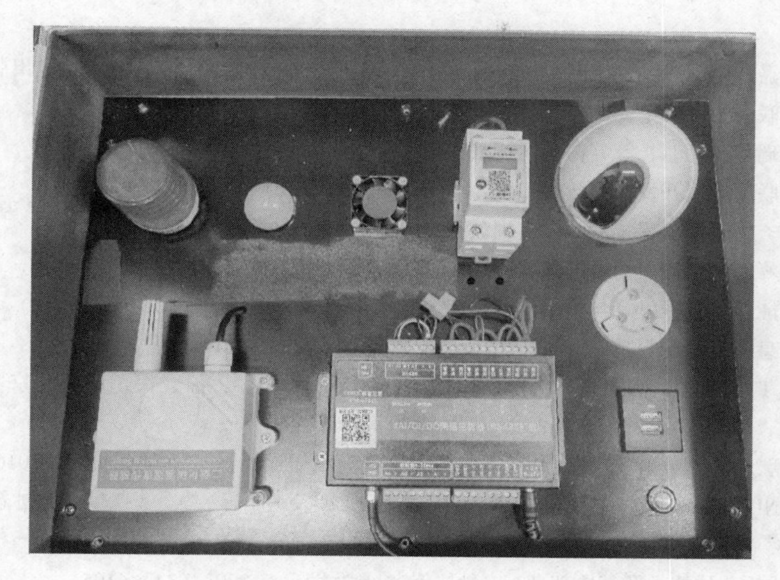

图 9-17　便携式学习生产阶段环境传感器和空调末端联动测试

习题与思考题

1. 请简述环境监测传感器接入物联网的配置设置方法和内容。

2. 请使用建筑物联网工程综合实训平台和便携式实训箱，完成生产阶段、施工阶段和运维阶段各一套系统的设备接线、配置设置和设备测试。

3. 请使用建筑物联网工程综合实训平台和便携式实训箱，选择一个业务场景，完成两个不同系统之间的联动配置，并在三维虚拟场景和实训箱中分别进行联动测试。

参 考 文 献

[1] 张学生，匡嘉智，李忠．物联网 + BIM 构建数字孪生的未来［M］. 北京：电子工业出版社，2021.
[2] 吴雅琴．物联网技术概论［M］. 北京：科学出版社，2020.
[3] 苏庆华，袁瑞萍，薛菲，等．物联网技术实训［M］. 北京：中国财富出版社，2020.
[4] 吴俊强．物联网应用开发实训教程［M］. 南京：东南大学出版社，2020.
[5] 华驰，高云．物联网工程技术综合实训教程［M］. 北京：化学工业出版社，2018.
[6] 殷燕南，傅峰，张正球．物联网综合应用实训［M］. 北京：机械工业出版社，2021.
[7] 秦兆海．智能楼宇技术设计与施工［M］. 北京：清华大学出版社，2003.
[8] 薛丽敏．信息安全理论与技术［M］. 北京：人民邮电出版社，2014.
[9] ANDREW S T，DAVID J W. 计算机网络（第 5 版）［M］. 严伟，潘爱民，译．北京：清华大学出版社，2012.
[10] 杨姗，陈鹏，韩斌．NB-IoT：核心标准完成在即，商用还远吗？［J］. 通信世界，2016（14）：35-36.
[11] 曲井致．NB-IoT 低速率窄带物联网通信技术现状及发展趋势［J］. 科技创新与应用，2016（31）：115.
[12] 杨筱莉．浅析蓝牙技术及其原理［J］. 科技信息（学术版），2008（34）：195.
[13] 吴昊，胡博．通信中的蓝牙技术［J］. 魅力中国，2018（33）：242.
[14] 吕春雨．企业网远程宽带接入的实现［J］. 炼油与化工，2004，15（3）：46-47.
[15] 杨小凡．TCP/IP 相关协议及其应用［J］. 通讯世界，2019，26（1）：27-28.
[16] 巫强．计算机网络中 TCP/IP 传输协议的时效性研究［J］. 电脑知识与技术，2019，15（1）：57-58.
[17] 吴皓月，李旭东，赵亮．浅谈 RS232 和 RS485 串行通讯［J］. 中国新通信，2016，18（20）：3-4.